Gruber I Neumann

Erfolg im Mathe-Abi

Übungsbuch Prüfungsaufgaben Grundkurs für Nordrhein-Westfalen mit Tipps und Lösungen

Gedruckt auf chlorfrei gebleichtem Papier
mit Öko-Druckfarben und umweltfreundlichem Strom der EWS Schönau
* Printed in Germany *

Gruber | Neumann

Erfolg im Mathe-Abi

Prüfungsaufgaben
Nordrhein-Westfalen

Übungsbuch für den Grundkurs
mit Tipps und Lösungen
für den wissenschaftlichen
Taschenrechner und den GTR
plus zusätzliche Aufgaben für CAS

Freiburger Verlag

Vorwort

Erfolg von Anfang an

Dieses Übungsbuch ist speziell auf die Anforderungen des zentralen Mathematik-Abiturs im Grundkurs abgestimmt und enthält Übaufgaben auf Prüfungsniveau aus allen Gebieten.

Der blaue Tippteil

Hat man keine Idee, wie man eine Aufgabe angehen soll, hilft der blaue Tippteil in der Mitte des Buches weiter: Zu jeder Aufgabe gibt es dort Tipps, die helfen, einen Ansatz zu finden, ohne die Lösung vorwegzunehmen.

Wie arbeitet man mit diesem Buch?

Am Anfang befinden sich die Aufgaben aus den drei Themenbereichen.
Die Aufgaben sind in der Regel in ihrer Schwierigkeit gestaffelt. In der Mitte des Buches befindet sich der blaue Tippteil mit Denk- und Lösungshilfen. Die Lösungen mit ausführlichem Lösungsweg bilden den dritten Teil des Übungsbuchs. Hier findet man die notwendigen Formeln, Rechenverfahren und Denkschritte sowie sinnvolle alternative Lösungswege.

Allen Schülerinnen und Schülern, die sich auf das Abitur vorbereiten, wünschen wir viel Erfolg.

Helmut Gruber, Gregor Kowalski und Robert Neumann

Die Abiturprüfung seit 2007

Seit 2007 werden die Mathematikaufgaben für die schriftliche Abiturprüfung in Nordrhein-Westfalen zentral gestellt. Dabei gibt es folgende inhaltliche Schwerpunkte, wobei die Inhalte des Lehrplans weiter verbindlich sind:

Analysis

- Fortführung der Differentialrechnung:
  - Untersuchung von ganzrationalen Funktionen (mit CAS einschließlich Funktionenscharen) und Exponentialfunktionen einschließlich notwendiger Ableitungsregeln (Produkt- und Kettenregel) in Sachzusammenhängen
- Integralrechnung:
  - Untersuchung von Wirkungen (Änderungsrate)
  - Flächenberechnung durch Integration

Lineare Algebra/Geometrie

- lineare Gleichungssysteme für $n > 2$, Matrix-Vektor-Schreibweise, systematisches Lösungsverfahren für lineare Gleichungssysteme
- Geraden- und Ebenengleichungen in Parameterform und Koordinatenform, Lagebeziehungen von Geraden und Ebenen
- Standard-Skalarprodukt mit den Anwendungen Orthogonalität und Länge von Vektoren
- Alternative 1: Abbildungsmatrizen, Matrizenmultiplikation als Abbildungsverkettung
  oder
- Alternative 2: Übergangsmatrizen, Matrizenmultiplikation als Verkettung von Übergängen

Stochastik

- Wahrscheinlichkeit, bedingte Wahrscheinlichkeit, Unabhängigkeit
- Binomialverteilung, einschließlich Erwartungswert und Standardabweichung
- Alternative 1: ein- und zweiseitiger Hypothesentest
  oder
- Alternative 2: Schätzen von Parametern für binomialverteilte Zufallsgrößen.

Übersicht über die verwendeten Operatoren

Anforderungsbereich I

Operator	Erläuterung
angeben, nennen	Objekte, Sachverhalte, Begriffe, Daten ohne nähere Erläuterungen, Begründungen und ohne Darstellung von Lösungsansätzen oder Lösungswegen aufzählen
berechnen	Ergebnisse von einem Ansatz ausgehend durch Rechenoperationen gewinnen
beschreiben	Strukturen, Sachverhalte oder Verfahren in eigenen Worten unter Berücksichtigung der Fachsprache sprachlich angemessen wiedergeben (hier sind auch Einschränkungen möglich z.B.: Beschreiben Sie in Stichworten...)
erstellen, darstellen	Sachverhalte, Zusammenhänge, Methoden in übersichtlicher, fachlich sachgerechter oder vorgegebener Form darstellen
skizzieren	Wesentliche Eigenschaften von Sachverhalten oder Objekten graphisch darstellen (auch Freihandskizzen möglich)
zeichnen, graphisch darstellen	Hinreichend exakte graphische Darstellungen von Objekten oder Daten anfertigen

Anforderungsbereich II

Operator	Erläuterung
begründen	Sachverhalte auf Gesetzmäßigkeiten bzw. kausale Zusammenhänge zurückführen (hierbei sind Regeln und mathematische Beziehungen zu nutzen)
beschreiben	Strukturen, Sachverhalte oder Verfahren unter Berücksichtigung der Fachsprache sprachlich angemessen wiedergeben (hier sind auch Einschränkungen möglich z.B.: Beschreiben Sie in Stichworten...)
bestimmen, ermitteln	Zusammenhänge bzw. Lösungswege finden und die Ergebnisse formulieren (die Wahl der Mittel kann eingeschränkt sein)
entscheiden	Sich bei Alternativen eindeutig und begründet auf eine Möglichkeit festlegen
erklären	Sachverhalte mit Hilfe eigener Kenntnisse verständlich und nachvollziehbar machen und in Zusammenhänge einordnen
herleiten	Die Entstehung oder Ableitung von gegebenen oder beschriebenen Sachverhalten oder Gleichungen aus anderen Sachverhalten darstellen
interpretieren	Zusammenhänge bzw. Ergebnisse begründet auf gegebene Fragestellungen beziehen
untersuchen, prüfen	Sachverhalte, Probleme Fragestellungen nach bestimmten, fachlich üblichen bzw. sinnvollen Kriterien bearbeiten
vergleichen	Gemeinsamkeiten, Ähnlichkeiten und Unterschiede ermitteln
zeichnen, graphisch darstellen	Hinreichend exakte graphische Darstellungen von komplexeren Objekten oder Daten anfertigen
zeigen, nachweisen	Aussagen oder Sachverhalte unter Nutzung von gültigen Schlussregeln, Berechnungen, Herleitungen oder logischen Begründungen bestätigen

Anforderungsbereich III

Operator	Erläuterung
begründen	Komplexere Sachverhalte auf Gesetzmäßigkeiten bzw. kausale Zusammenhänge zurückführen (hierbei sind Regeln und mathematische Beziehungen zu nutzen)
bestimmen, ermitteln	Komplexere Zusammenhänge bzw. Lösungswege finden und die Ergebnisse formulieren (die Wahl der Mittel kann eingeschränkt sein)
beurteilen	Zu Sachverhalten ein selbstständiges Urteil unter Verwendung von Fachwissen und Fachmethoden formulieren und begründen
beweisen, widerlegen	Beweise im mathematischen Sinne unter Verwendung von bekannten mathematischen Sätzen, logischen Schlüssen und Äquivalenzumformungen, ggf. unter Verwendung von Gegenbeispielen, führen
interpretieren	Komplexere Zusammenhänge bzw. Ergebnisse begründet auf eine gegebene Fragestellung beziehen
vergleichen	Gemeinsamkeiten, Ähnlichkeiten und Unterschiede in komplexeren Zusammenhängen ermitteln
zeigen, nachweisen	Umfangreichere Aussagen oder komplexere Sachverhalte unter Nutzung von gültigen Schlussregeln, Berechnungen, Herleitungen oder logischen Begründungen bestätigen

Diese Liste wurde vom Ministerium für Schule und Weiterbildung herausgegeben, um einen Überblick über die in der Prüfung verwendeten Operatoren zu bekommen..

Der Ablauf der Abiturprüfung

Im Abitur sind, neben einer mathematischen Formelsammlung und einem deutschen Wörterbuch ein wissenschaftlicher Taschenrechner ohne oder mit Grafikfähigkeit (TR oder GTR) oder ein Computer-Algebra-System (CAS) erlaubt.

Die Schule erhält zwei Aufgabensätze: einen Aufgabensatz für TR / GTR und einen Satz für CAS. Dabei enthält der Satz für TR / GTR je eine Aufgabe mehr als der Satz für CAS. Jeder Satz besteht aus zwei Aufgabengruppen:

Aufgabengruppe 1

Analysis Aufgabe 1	Analysis Aufgabe 2	Analysis Aufgabe 3 nur TR / GTR

Aufgabengruppe 2

Lineare Algebra / Geometrie Alternative 1 Abbildungsmatrizen	Lineare Algebra / Geometrie Alternative 2 Übergangsmatrizen	Lineare Algebra / Geometrie Alternative 1 oder 2 nur TR / GTR
Stochastik Aufgabe 1	Stochastik Aufgabe 2	

Die Fachlehrerin / der Fachlehrer wählt aus jeder der beiden Aufgabengruppen eine Aufgabe aus. **Die Abiturprüfung besteht also aus zwei Aufgaben**: In jedem Fall eine Analysisaufgabe und eine der Aufgaben aus der Aufgabengruppe 2. Die Bearbeitungszeit beträgt 180 Minuten. Eine Aufgabenauswahl durch den Schüler / die Schülerin ist nicht vorgesehen.

Inhaltsverzeichnis

Analysis

Lineare Algebra / Geometrie

Analysis

1 Ganzrationale Funktion – Mountainbike

Tipps ab Seite 53, Lösungen ab Seite 79

Eine kleine Firma stellt Mountainbikes her. Bei einer Monatsproduktion von x Mountainbikes entstehen Fixkosten in Höhe von 5000 Euro und variable Kosten $\mathrm{V}(x)$ (in Euro), die durch folgende Tabelle modellhaft gegeben sind:

x	0	2	6	10
$\mathrm{V}(x)$	0	306	954	1650

a) Bestimmen Sie die Funktionsgleichung der ganzrationalen Funktion 2. Grades $\mathrm{V}(x)$ sowie der monatlichen Herstellungskosten H in Abhängigkeit von x.
Skizzieren Sie den Graphen von H für $0 \leqslant x \leqslant 200$ in ein geeignetes Koordinatensystem.
Bei welcher Produktionszahl sind die variablen Kosten fünfmal so hoch wie die Fixkosten?

b) Alle monatlich produzierten Mountainbikes werden zu einem Preis von 450 Euro pro Stück an einen Händler verkauft.
Geben Sie den monatlichen Gewinn G in Abhängigkeit von x an und skizzieren Sie den Graphen der Gewinnfuktion in das vorhandene Koordinatensystem.
Bei welchen Produktionszahlen macht die Firma Gewinn?
Wie hoch ist der maximale Gewinn pro Monat?

c) Durch große Konkurrenz auf dem Markt muss die Firma den Preis pro Mountainbike senken.
Um wie viel Prozent vom ursprünglich erzielten Preis ist dies höchstens möglich, wenn pro Monat 90 Mountainbikes produziert werden und der Gewinn mindestens 2000 Euro betragen soll?

2 Ganzrationale Funktion – Swimmingpool

Tipps ab Seite 53, Lösungen ab Seite 81

Ein quaderförmiger Swimmingpool mit 8 m Länge, 5 m Breite und 3 m Höhe wird mit Wasser gefüllt. Zu Beginn beträgt die Wasserhöhe 0,1 m.
Der Zu- bzw. Abfluss des Wassers wird modellhaft beschrieben durch die Zulaufratenfunktion f mit

$$f(t) = t^3 - 13t^2 + 40t;\ \ 0 \leqslant t \leqslant 9$$

($f(t)$ in m^3 pro Stunde, t in Stunden).

a) Geben Sie die Zeitpunkte an, zu denen Wasser weder zu- noch abläuft, und berechnen Sie die Zeitpunkte maximalen Zu- bzw. Abflusses.
Skizzieren Sie den Graphen K_f der Zulaufratenfunktion f.

b) Wie viel Wasser befindet sich nach 3 Stunden im Pool?
Bestimmen Sie die Höhe des Wasserstands am Ende des gesamten Einfüllvorgangs.
Berechnen Sie die maximale Wassermenge im Pool.
Erklären Sie, weshalb die Definitionsmenge von f beschränkt ist.

3 Ganzrationale Funktion – Kurve 4. Grades

Tipps ab Seite 54, Lösungen ab Seite 83

a) Der Graph einer ganzrationalen Funktion 4. Grades ist achsensymmetrisch zur y-Achse, geht durch den Punkt $P(0 \mid 2{,}5)$ und hat den Wendepunkt $W(1 \mid 0)$.
Bestimmen Sie den zugehörigen Funktionsterm $f(x)$.

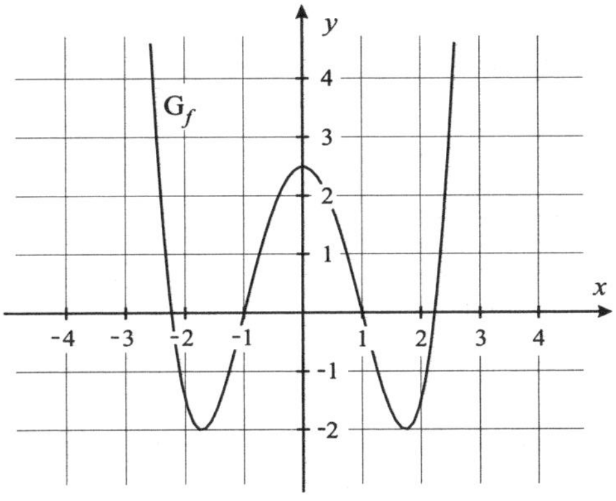

Abbildung 1

b) Abbildung 1 zeigt den Graphen G_f der Funktion $f(x) = \frac{1}{2}x^4 - 3x^2 + \frac{5}{2}$.
Beschreiben und begründen Sie den Verlauf dieses Graphen zunächst ohne Rechnung allein mit Hilfe des Funktionsterms.
Bestätigen Sie durch Rechnung, dass $P(0 \mid 2{,}5)$ ein Hochpunkt von G_f ist.

c) Zeichnen Sie die Parabel mit der Gleichung $p(x) = \frac{1}{8}x^2 - \frac{1}{8}$ und K_f in ein gemeinsames Koordinatensystem ein.
Zeigen Sie, dass die Parabel den Graphen von f im Wendepunkt $W(1 \mid 0)$ senkrecht schneidet.
Berechnen Sie den Flächeninhalt derjenigen Fläche, welche von der Parabel und G_f begrenzt wird und den Punkt $T(0 \mid 1)$ enthält.

d) Die Punkte $Q(u \mid f(u))$, $R(-u \mid f(-u))$ und $P(0 \mid 2{,}5)$ bilden für $0 < u \leqslant 1$ ein Dreieck.
Zeigen Sie, dass sich der Flächeninhalt dieses Dreiecks folgendermaßen berechnen läßt:
$A(u) = -\frac{1}{2}u^5 + 3u^3$.

4 Ganzrationale Funktion – Rotationskörper

Tipps ab Seite 54, Lösungen ab Seite 86

a) Der Graph einer ganzrationalen Funktion 4. Grades ist achsensymmetrisch zur y-Achse, geht durch den Ursprung und den Punkt $P(2 \mid 0)$ und schließt im 1. Quadranten mit der x-Achse eine Fläche von 16 Flächeneinheiten ein.
Bestimmen Sie den zugehörigen Funktionsterm.

b) Die Abbildung 1 zeigt den Graphen K_f der Funktion f mit $f(x) = -3,75x^4 + 15x^2$.
Beschreiben und begründen Sie den Verlauf dieses Graphen zunächst ohne Rechnung allein mit Hilfe des Funktionsterms.
Bestätigen Sie die charakteristischen Punkte des Graphen durch Rechnung.

c) Berechnen Sie das Volumen des Körpers, der entsteht, wenn das im ersten Quadranten zwischen Funktionsgraph und x-Achse eingeschlossene Flächenstück um die x-Achse rotiert.

d) Beschreiben und erklären Sie, was in den Schritten 1 bis 5 im Text 1 berechnet wird – zu rechnen brauchen Sie selbst nichts!
Welche Eigenschaften hat der so berechnete Rotationskörper?

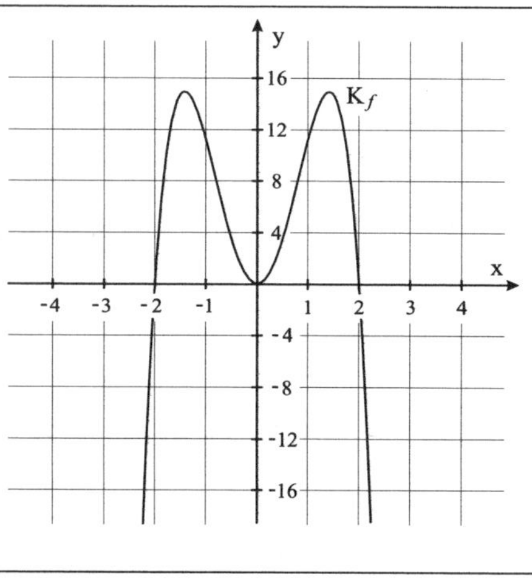

Abbildung 1

Zwischenschritte einer Rechnung

Man will einen Rotationskörper mit einer bestimmten Eigenschaft erzeugen.
Zur Vorbereitung rechnet man wie folgt:

a) $V(k) = \pi \int_k^{k+1} \left(f(x)\right)^2 dx;\ 0 \leqslant k \leqslant 1$

b) $V'(k) = 0 \Rightarrow k \approx 0,82$

c) $V''(0,82) \approx -2763$

d) $V(0,82) \approx 518,25$

e) $A = \pi\,[f(0,82)]^2 \approx 223,65$

Text 1

5 Ganzrationale Funktion – Kugelstoßen

Tipps ab Seite 55, Lösungen ab Seite 89

a) Die Funktion f ist gegeben durch

$$f(x) = \frac{1}{4}x^3 - 3x^2 + 9x;\ x \in \mathbb{R}.$$

Ihr Graph sei G.

Untersuchen Sie G auf gemeinsame Punkte mit der x-Achse, Extrem- und Wendepunkte.
Zeichnen Sie G für $0 \leqslant x \leqslant 8$.
Der Graph von f schließt mit der x-Achse eine Fläche ein. Berechnen Sie ihren Inhalt A.

b) Die Gerade $x = u$ $(0 < u < 6)$ schneidet die x-Achse im Punkt Q und den Graph von f im Punkt P.
Bestimmen Sie die Koordinaten des Punktes P so, dass das Dreieck OQP maximalen Flächeninhalt hat.

c) Beim Kugelstoßen wird eine Kugel im Punkt A aus einer Höhe von 2,0 m unter einem Winkel von $\alpha = 42°$ bezüglich der Horizontalen abgestoßen und landet im Punkt B auf dem Boden. Als Weite werden 18,6 m gemessen. Die Flugbahn der Kugel kann näherungsweise durch eine Parabel beschrieben werden.
Bestimmen Sie die Gleichung der Flugbahn, berechnen Sie dabei die Parameter auf drei Stellen hinter dem Komma.
Unter welchem Winkel β trifft die Kugel auf dem Boden auf?

6 Exponentialfunktion – Sonnenblume

Tipps ab Seite 56, Lösungen ab Seite 92

a) Die Höhe einer Sonnenblume (in Metern) zur Zeit t (in Wochen seit Beginn der Beobachtung) soll zunächst modellhaft beschrieben werden durch eine Funktion h_1 mit

$$h_1(t) = 0,08 \cdot e^{k \cdot t};\ k \in \mathbb{R}$$

Bestimmen Sie die Wachstumskonstante k, wenn die Sonnenblume in den ersten 5 Wochen der Beobachtung 0,52 m gewachsen ist.
Wie hoch müsste demnach die Sonnenblume 8 Wochen nach Beginn der Beobachtung sein?

b) Zu welchem Zeitpunkt beträgt die Wachstumsgeschwindigkeit 1 dm pro Woche?

c) Die Sonnenblume ist nach 8 Wochen tatsächlich nur 1,20 m hoch. Die Höhe wird deshalb für $t \geqslant 5$ modellhaft beschrieben durch die Funktion h_2 mit

$$h_2(t) = a - b \cdot e^{-0,5 \cdot t};\ a,\ b \in \mathbb{R}$$

Bestimmen Sie a und b aus den beobachteten Höhen nach 5 und 8 Wochen.
Welche Höhe wird langfristig erwartet?

d) Erklären Sie, wo die Nachteile von Modell h_1 gegenüber Modell h_2 liegen?

7 Exponentialfunktion – Jod

Tipps ab Seite 56, Lösungen ab Seite 94

Gegeben ist die Funktion f durch

$$f(x) = (4x+6)e^{-0,5x}\ ;\ x \in \mathbb{R}.$$

Ihr Graph sei K_f.

a) Untersuchen Sie K_f auf Schnittpunkte mit den Koordinatenachsen, Hoch- und Tiefpunkte sowie Asymptoten.
Zeichnen Sie K_f für $-2 \leqslant x \leqslant 7$.

b) Die Tangente an K_f im Punkt B $(0 \mid f(0))$ schneidet die x-Achse im Punkt F, die Normale (Senkrechte zur Tangente) in B schneidet die x-Achse im Punkt G.
Berechnen Sie den Flächeninhalt des Dreiecks BFG.

Zeigen Sie, dass $F(x) = (-28-8x)e^{-0,5x}$ eine Stammfunktion von f ist.
Berechnen Sie damit den Flächeninhalt der Fläche, welche von K_f und den Koordinatenachsen im 2. Quadranten begrenzt wird.

c) Bei einem wissenschaftlichen Experiment sind zu Beginn der Beobachtung in einem Versuchsbehälter 30 mg radioaktives Jod 131 vorhanden. Nach 5 Tagen sind nur noch 22 mg übrig.

Bestimmen Sie eine Funktionsgleichung für die vorhandene Jodmenge $J(t)$, wenn natürlicher exponentieller Zerfall angenommen wird (t = Zeit in Tagen, $J(t)$ = vorhandene Jodmenge in mg).
Wieviel Jod 131 ist nach einer Woche noch vorhanden?
Berechnen Sie die Halbwertszeit von Jod 131.
Nach wie vielen Tagen sind 80 % der Ausgangsmenge zerfallen?

8 Exponentialfunktion – Bakterien

Tipps ab Seite 57, Lösungen ab Seite 97

a) Gegeben ist die Funktion f durch

$$f(x) = (2x+3)\cdot e^{-x}\,;\; x \in \mathbb{R}$$

Ihr Graph sei K_f.

Die Funktion g ist gegeben durch

$$g(x) = e^{-x}\,;\; x \in \mathbb{R}$$

Ihr Graph sei K_g.

Untersuchen Sie K_f auf Schnittpunkte mit den Koordinatenachsen, Hoch-, Tief- und Wendepunkte sowie Asymptoten.

Zeichnen Sie K_f und K_g für $-2 \leqslant x \leqslant 4$ (Längeneinheit = 2 cm).

b) Zeigen Sie, dass $F(x) = -(2x+5)\cdot e^{-x}$ eine Stammfunktion von f ist.

K_f und die x-Achse begrenzen im 1. und 2. Quadranten eine ins Unendliche reichende Fläche.

Berechnen Sie den Flächeninhalt A dieser Fläche.

Zeigen Sie, dass diese Fläche durch die y-Achse nicht halbiert wird.

c) Die Gerade $x = u$ mit $u > -1$ schneidet K_f im Punkt P und K_g im Punkt Q.

Für welchen Wert von u wird die Länge der Strecke PQ maximal?

Berechnen Sie die maximale Länge der Strecke PQ.

d) Eine Bakterienkultur hat zu Beginn der Beobachtung 500 Bakterien. Jede Stunde nimmt die Anzahl der Bakterien um 30 % zu.

Bestimmen Sie das Wachstumsgesetz $B(t)$. (Es ist $B(t)$: Anzahl der Bakterien, t: Zeit in Stunden).

Wie viele Bakterien sind nach 6 Stunden in der Kultur vorhanden?

Nach welcher Zeit hat sich die Anzahl der Bakterien verdreifacht?

Durch die Zugabe eines neu entwickelten Antibiotikums nach 6 Stunden seit Beginn der Beobachtung verringert sich die Anzahl der Bakterien nach folgendem Gesetz:

$$B(t) = 2414\cdot e^{-0{,}8755(t-6)}\,;\; t \geqslant 6$$

Nach wie vielen Stunden seit Beginn der Beobachtung beträgt die Bakterienanzahl weniger als die Anzahl zu Beginn?

9 Exponentialfunktion – Infusion

Tipps ab Seite 58, Lösungen ab Seite 100

Dem menschlichen Körper können Medikamente durch einen Tropf kontinuierlich zugeführt werden. Zu Beginn weist der Körper keine Medikamentenmenge auf, nach in Gang setzen des Tropfes erhöht sich die Medikamentenmenge mit jedem Tropfen, aber zugleich beginnen Nieren und Leber, die Substanz wieder auszuscheiden.
Die Funktion $m:\ t \rightarrow m(t)$, t in Minuten, $m(t)$ in Milligramm (mg) gemessen, gebe die Medikamentenmenge im Körper an.

a) Erläutern Sie die Bedeutung der Ableitungsfunktion m' für den oben beschriebenen Wachstumsprozess.

b) Für ein bestimmtes Medikament gelte $m'(t) = e^{-0{,}02t}$. Bestimmen Sie $m(t)$ unter der Voraussetzung, dass der Tropf zum Zeitpunkt $t = 0$ gestartet wird.
Es gilt fortan: $m(t) = 50\left(1 - e^{-0{,}02t}\right)$.

c) Zeichnen Sie die Graphen von $m(t)$ und $m'(t)$ für einen sinnvollen Zeitraum und interpretieren Sie deren Verlauf bezüglich der Medikamentenzufuhr.

d) Erläutern Sie, dass $\lim\limits_{t\to\infty} m(t) = 50$ gilt.
Bestimmen Sie den Zeitpunkt, zu dem die Medikamentenmenge 90 % dieses Grenzwerts erreicht und den, von dem ab der Zuwachs des Medikaments weniger als 0,5 mg pro Minute beträgt.

e) Berechnen Sie $\int_0^{10} e^{-0{,}02t}\,dt$. Erläutern Sie die Bedeutung dieser Zahl.

f) Nach 5 Stunden wird der Tropf abgesetzt. Der Abbau des Medikaments erfolgt danach mit einer Halbwertszeit von 6 Stunden.
Bestimmen Sie den Zeitpunkt, von dem ab die Nachweisgrenze des Medikaments von $1\mu g$ $(= 10^{-3}\,\text{mg})$ im Körper unterschritten wird.

10 Exponentialfunktion – Ventile

Tipps auf Seite 58, Lösungen ab Seite 102

a) Die Funktion f ist gegeben durch

$$f(x) = e^{1-x};\ x \in \mathbb{R}.$$

Ihr Graph sei G
Untersuchen Sie G auf gemeinsame Punkte mit den Koordinatenachsen, Extrem- und Wendepunkte sowie auf Asymptoten.
Skizzieren Sie G für $0 \leqslant x \leqslant 5$.

b) Die y-Achse, G und die x-Achse schließen eine ins Unendliche reichende Fläche ein. Berechnen Sie den Flächeninhalt A dieser Fläche.

c) In der Entwicklungsabteilung einer Ventilefabrik werden verschiedene Ventile getestet: In einem Wasserbehälter befinden sich zu Beginn 50 Liter Wasser, der Wasserzufluss bzw. -abfluss wird mit zwei Ventilen geregelt. Zunächst ist nur ein Ventil geöffnet.
Die Zuflussgeschwindigkeit bei einem Test wird beschrieben durch:

$$\mathrm{V}'(t) = 0,6 \cdot e^{-0,01 \cdot t}$$

(t in Minuten, $\mathrm{V}'(t)$ in Liter pro Minute)

Welches Wasservolumen ist nach einer Stunde im Behälter und mit welchem Volumen ist langfristig zu rechnen?

Nach welcher Zeit befindet sich im Behälter die doppelte Wassermenge wie zu Beginn?

Wenn der Wasserbehälter 100 Liter enthält, wird auch das zweite Ventil geöffnet, so dass die gesamte Volumenänderung beschrieben wird durch:
$\mathrm{V}^{*\prime}(t) = -0,9 \cdot e^{0,05 \cdot t}$ (t in Minuten, $\mathrm{V}^{*\prime}(t)$ in Liter pro Minute).

Wie lange dauert es, bis der Wasserbehälter leer ist?

11 Exponentialfunktion – Feinstaub

Tipps ab Seite 59, Lösungen ab Seite 104

Aus einem Verbrennungsmotor kommt in einem bestimmten Zeitintervall Feinstaub mit einer Verteilung, die durch die Funktion f gegeben ist. Dabei gibt $f(x)$ an, wie viele Partikel mit dem Durchmesser x (in kontinuierlicher Näherung) ausgestoßen werden (x in μm). Die Funktionsgleichung von f lautet $f(x) = 250x \cdot e^{-0,5x}$ mit $x \in \mathbb{R}_0^+$. Führen Sie Ihre Berechnungen ohne Berücksichtigung der Dimensionen durch!

a) Begründen Sie, dass für alle x gilt: «$f(x) \geqslant 0$ und der Graph von f besitzt eine Asymptote mit der Gleichung $y = 0$.»
Bestimmen Sie, für welchen Durchmesser x die größte Anzahl von Teilchen ausgestoßen wird und geben Sie die Anzahl der Partikel mit diesem Durchmesser an. Skizzieren Sie den Graphen der Funktion f für $0 \leqslant x \leqslant 5$.

b) Die Anzahl aller aus dem Motor ausgestoßenen Partikel mit einem Durchmesser kleiner gleich einer Zahl d ($d > 0$) erhält man durch Integration der Funktion von 0 bis d.
Zeigen Sie, dass F mit $\mathrm{F}(x) = -250(2x+4) \cdot e^{-0,5x}$ eine Stammfunktion von f ist.
Weisen Sie nach, dass die Gesamtanzahl aller ausgestoßenen Partikel 1000 ist.
Bestimmen Sie, wie viel Prozent der ausgestoßenen Partikel einen Durchmesser von höchstens 10 μm haben.

12 Ganzrationale Funktion – Küstenlinie (CAS)

Tipps ab Seite 59, Lösungen ab Seite 105

Ein Naturschutzgebiet hat in idealisierter Weise den dargestellten Küstenverlauf.
Im Scheitel der Bucht zwischen den zwei Kaps – diese entsprechen den Punkten C und D – befindet sich ein Hafen (Punkt B).
Zur näherungsweisen Beschreibung des Gebietes wird ein rechtwinkliges Koordinatensystem so gelegt, dass der Punkt A im Nullpunkt liegt und die x-Achse das Naturschutzgebiet begrenzt.
Die Koordinaten der Punkte B und C sind gegeben: $B(1 \mid 2)$ und $C(2 \mid 4)$.
Eine Längeneinheit soll 10km in der Realität entsprechen.

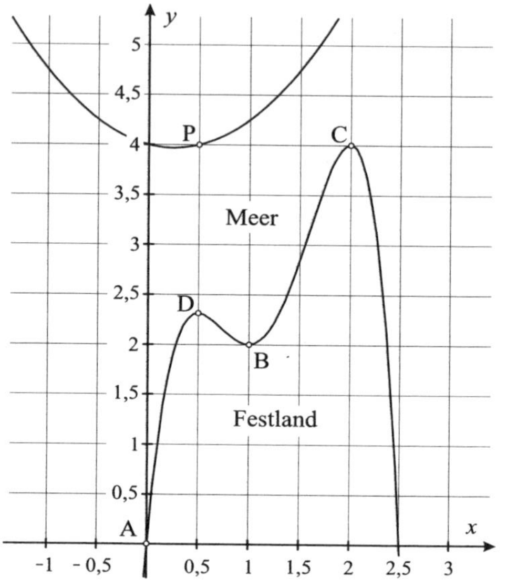

a) Bestimmen Sie mit Hilfe der Punkte A, B und C eine geeignete Polynomfunktion 4. Grades, die den Küstenverlauf der Küste mit den Punkten A, B und C beschreibt. Begründen Sie diesen Ansatz sowie die verwendeten Bedingungen.

b) Zwischen den Spitzen der beiden Kaps C und D soll eine Richtfunkstrecke eingerichtet werden. Verwenden Sie für den Küstenverlauf die Funktion f mit
$f(x) = -3x^4 + 14x^3 - 21x^2 + 12x$ und berechnen Sie die Entfernung zwischen C und D.

c) Vom Hafen B startet ein Ausflugsboot zum nächstgelegenen Punkt der gegenüberliegenden Küste. Diese Küstenlinie wird beschrieben durch die Funktion $k(x) = 0,5x^2 - 0,25x + 4$.
Berechnen Sie die Länge der Fahrtstrecke.

d) Bestimmen Sie den Kurs, d.h. den Winkel zur Nordrichtung, den das Boot einschlagen muss, um von B zum Punkt $P(0,5 \mid 4)$ zu gelangen.

e) Aus historischen Landkarten geht hervor, dass in früheren Jahrhunderten die Küstenlinie einen anderen Verlauf hatte. Diese alte Küstenlinie ging nur durch die Punkte B und C des heutigen Naturschutzgebiets und lässt sich durch eine Funktion g mit
$g(x) = 0,5x^2 + 0,5x + 1$ beschreiben.
Berechnen Sie den Landgewinn für das Gebiet zwischen A und C, der durch die Veränderung des Meeresspiegels entstanden ist und begründen Sie Ihr Vorgehen.

13 Exponentialfunktion – Medikament (CAS)

Tipps ab Seite 60, Lösungen ab Seite 109

Durch die Funktion

$$f(t) = 40t \cdot e^{-0,5t};\ t \geqslant 0$$

wird die Konzentration eines Medikaments im Blut eines Patienten beschrieben. Dabei wird t in Stunden seit der Einnahme und $f(t)$ in $\frac{\text{mg}}{\text{l}}$ gemessen.

a) Skizzieren Sie den zeitlichen Verlauf der Konzentration.
Nach welcher Zeit erreicht die Konzentration ihren höchsten Wert?
Wie groß ist dieser höchste Wert?
Das Medikament ist nur wirksam, wenn seine Konzentration im Blut mindestens $8\ \frac{\text{mg}}{\text{l}}$ beträgt.
Berechnen Sie den Zeitraum, in dem das Medikament wirksam ist.

b) Zu welchem Zeitpunkt wird das Medikament am stärksten abgebaut?
Wie groß ist zum Zeitpunkt $t = 4$ die momentane Änderungsrate der Konzentration?
Ab diesem Zeitpunkt wird die Konzentration des Medikaments nun näherungsweise durch die Tangente an den Graphen von $f(t)$ an der Stelle $t = 4$ beschrieben.
Bestimmen Sie damit den Zeitpunkt, zu dem das Medikament vollständig abgebaut ist.

c) Das Medikament wird nun in seiner Zusammensetzung verändert, seine Konzentration im Blut wird durch die Funktion $g(t) = at \cdot e^{-bt}$ mit $a > 0$ und $b > 0$ beschrieben.
Dabei wird t in Stunden seit der Einnahme und $g(t)$ in $\frac{\text{mg}}{\text{l}}$ gemessen.
Bestimmen Sie die Konstanten a und b so, dass die Konzentration vier Stunden nach der Einnahme ihren größten Wert mit $20\ \frac{\text{mg}}{\text{l}}$ erreicht.

14 Exponentialfunktion – Tannensetzling (CAS)

Tipps ab Seite 60, Lösungen ab Seite 111

a) Für $t \in \mathbb{R}$, $t > 0$ ist die Funktion f_t gegeben durch:

$$f_t(x) = 1,5 \cdot e^{-0,005(x-t)^2};\ x \in \mathbb{R}.$$

Ihr Graph sei K_t.

Skizzieren Sie K_1, K_{15} und K_{30} und bestimmen Sie die wichtigsten Eigenschaften der Kurven der Schar.

b) Das Längenwachstum eines Tannensetzlings, der zu Beginn 0,3 m hoch ist, wird beschrieben durch die Funktion f mit $f(t) = 1,5 \cdot e^{-0,005(t-25)^2}$ (t in Jahren, $f(t)$ in Meter pro Jahr).

Geben Sie den Zeitpunkt maximalen Längenwachstums an, berechnen Sie das durchschnittliche Längenwachstum pro Jahr in den ersten 30 Jahren sowie die Höhe einer 30-jährigen Tanne.
Nach welcher Zeit ist die Tanne 13 m hoch?

Die Tanne gilt als «ausgewachsen», wenn das jährliche Wachstum weniger als 0,2 m pro Jahr beträgt. Um wie viele Meter ist eine 60-jährige Tanne höher als eine «ausgewachsene»?

15 Exponentialfunktion – Fischteich (CAS)

Tipps ab Seite 61, Lösungen ab Seite 113

In einen neu angelegten See wird zu einem bestimmten Zeitpunkt ($x = 0$) eine bestimmte Anzahl von Fischen (Anfangsbestand der Fischpopulation) eingesetzt, die im Laufe der Zeit zunimmt. Da der See wegen seiner Größe nicht beliebig viele Fische ernähren kann, ist diese Zunahme nach oben beschränkt. Die folgende Funktionsgleichung beschreibt näherungsweise einen solchen Wachstumsprozess:

$$f(x) = \frac{400 \cdot e^{0,1x}}{19 + e^{0,1x}};\ x \geqslant 0$$

Hierbei bezeichnet $f(x)$ die Anzahl der Fische zum Zeitpunkt x in Jahren. Führen Sie Ihre Berechnungen ohne Berücksichtigung der Dimensionen durch!

a) Skizzieren Sie den Graphen der Funktion in ein Koordinatensystem $(0 \leqslant x \leqslant 100)$.
Ermitteln Sie, wie viele Fische ursprünglich in den See eingesetzt wurden.
Berechnen Sie, wie viele Fische der See maximal ernähren kann.
Ermitteln Sie , zu welchem Zeitpunkt die Wachstumsgeschwindigkeit der Fischpopulation maximal ist. Geben Sie an, wie hoch diese maximale Wachstumsgeschwindigkeit ist.

b) Obige Funktion f gehört für $k = 19$ zu der Funktionenschar f_k mit
$f_k(x) = \frac{400 \cdot e^{0,1x}}{k + e^{0,1x}}$; $x \geqslant 0$, wobei $k > 0$ ist.
Jede Wachstumsfunktion f_k hat eine maximale Wachstumsgeschwindigkeit. Ermitteln Sie diejenige Wachstumsfunktion f_k, deren Wachstumsgeschwindigkeit nach 10 Jahren maximal wird.

c) Beschreiben Sie den Einfluss des Parameters k auf den Verlauf der Graphen von f_k und weisen Sie entsprechende Aussagen rechnerisch nach. Zeigen Sie, dass die maximale Fischpopulation für alle Parameter k gleich groß ist. Weisen Sie darüber hinaus nach, dass die maximale Wachstumsgeschwindigkeit stets bei der Hälfte der maximalen Fischzahl erreicht wird.
Skizzieren Sie den Graphen von f_k für $k = 100$ in die Skizze unter Aufgabenteil a). Ermitteln Sie den Flächeninhalt zwischen den beiden skizzierten Graphen im Bereich von $x = 0$ bis $x = 100$. Untersuchen Sie, ob diese Fläche mit unbeschränkt wachsender oberer Grenze gegen einen Grenzwert strebt.

16 Exponentialfunktion – Abkühlung (CAS)

Tipps ab Seite 62, Lösungen ab Seite 117

a) Gegeben ist für $a \in \mathbb{R} \setminus \{0\}$ die Funktionenschar f_a durch

$$f_a(x) = x^2 \cdot e^{-\frac{x^2}{a}}\ ;\ x \in \mathbb{R}.$$

Ihr Graph sei K_a. Skizzieren Sie ausgewählte Vertreter der Schar, so dass man einen Überblick über das Aussehen der Scharkurven für verschiedene Werte von a erhält. Es sollte mindestens eine Kurve mit $a > 0$ bzw. mit $a < 0$ vertreten sein.
Nennen Sie ohne rechnerischen Nachweis Eigenschaften der Graphen aller Funktionen der Schar.

b) Bestimmen Sie die 1. Ableitung von $f_a(x)$ nachvollziehbar ohne CAS. Bestimmen Sie die Koordinaten der Punkte mit waagerechter Tangente aller Scharkurven K_a.
Berechnen Sie die Gleichung der Ortskurve, auf der alle Punkte mit waagerechter Tangente aller Scharkurven liegen.

c) Die Temperatur $T(t)$ einer Flüssigkeit wird beschrieben durch die Gleichung:

$$T(t) = a + b \cdot e^{-0{,}050 \cdot t} \quad (t \text{ in Minuten, } T(t) \text{ in } ^\circ\text{C};\ a, b \in \mathbb{Z})$$

Zwei Minuten nach Beginn der Beobachtung beträgt die Temperatur 80° C, fünf Minuten später sind es noch 70° C.

Bestimmen Sie $T(t)$.
Wie hoch war die Anfangstemperatur, welche Temperatur wird langfristig erwartet?
Ab welchem Zeitpunkt nimmt die Temperatur der Flüssigkeit um weniger als 0,5° C pro Minute ab?
Wie hoch ist die mittlere Temperatur zwischen 15 und 20 Minuten nach Beginn der Beobachtung?

17 Exponentialfunktion – Pharmaunternehmen (CAS)

Tipps ab Seite 62, Lösungen ab Seite 120

Das Pharmaunternehmen «Medic» bietet ein pflanzliches Präparat mit konzentrationssteigernder Wirkung an. Die Wirkung f_d (in Prozent) kann in Abhängigkeit von der Dosismenge d und der Zeit x durch folgende Funktionenschar beschrieben werden:

$$f_d(x) = \frac{1}{100} \cdot d \cdot x \cdot e^{-\frac{x^2}{20 \cdot d}}; \; x, d \geqslant 0$$

(x in Minuten, d in Milligramm (mg) und f_d in Prozent).

Führen Sie Ihre Berechnungen ohne Berücksichtigung der Dimensionen durch!

Hinweis: $x = 0$ sei der Zeitpunkt der Einnahme.

a) Skizzieren Sie die Graphen von f_d für $x \leqslant 240$ für die Dosismengen $d = 100$ und $d = 300$ in ein Koordinatensystem.
Erläutern Sie den Verlauf der Graphen und den Einfluss des Parameters d. Ermitteln Sie dazu allgemein auch die Extrem- und Wendestellen und geben Sie deren Bedeutung in diesem Zusammenhang an. Erläutern Sie weiterhin das Verhalten des Graphen von f_d für $x \to \infty$ und interpretieren Sie es.

b) Bestimmen Sie, wie groß die maximale konzentrationssteigernde Wirkung für die zwei Dosismengen aus a) ist.
Ermitteln Sie einen Term, der die maximale konzentrationssteigernde Wirkung in Abhängigkeit von der eingenommenen Dosis d angibt.
Berechnen Sie, welche Dosis maximal eingenommen werden sollte, wenn man weiß, dass ab einer konzentrationssteigernden Wirkung von 75 % die Nebenwirkungen zu gefährlich werden.

c) «Medic» hat festgestellt, dass der Flächeninhalt der nach rechts ins Unendliche wachsenden Fläche unter dem Graphen von f_d ein Maß für die Belastung des Körpers durch das Präparat darstellt.
Weisen Sie ohne Rechnereinsatz nach, dass

$$\mathrm{F}_d(x) = -\frac{1}{10} \cdot d^2 \cdot e^{-\frac{x^2}{20 \cdot d}}; \; x, d \geqslant 0$$

eine Stammfunktion obiger Funktionenschar ist.
Berechnen Sie damit den Flächeninhalt für die zwei obigen Dosismengen sowie für $d = 400$.
Erläutern Sie den gesetzmäßigen Zusammenhang, der zwischen eingenommener Dosis d und dem Flächeninhalt (als Maß für die Belastung) besteht. Bestimmen Sie die Dosis, bei der die Belastungsobergrenze von 3000 (Maßeinheiten) erreicht wird.

Lineare Algebra/ Geometrie

18 Abbildungsmatrix – Turm

Tipps ab Seite 66, Lösungen ab Seite 123

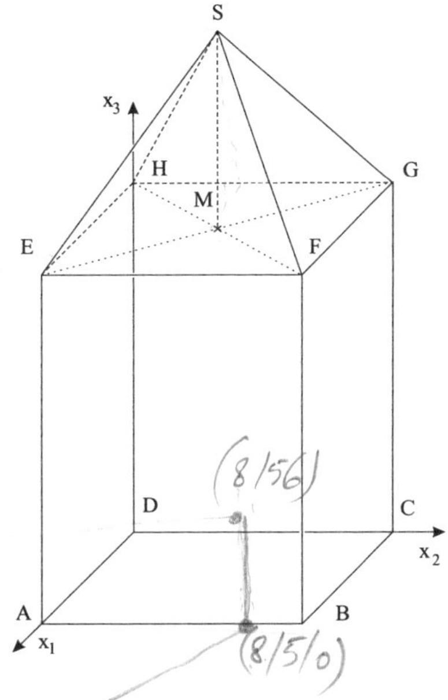

Ein Turm hat die Form einer senkrechten quadratischen Säule, der eine senkrechte Pyramide aufgesetzt ist (siehe Skizze). Die Gesamthöhe des Turms beträgt 24 m, die horizontalen Kanten sind 8 m, die vertikalen Kanten sind 18 m lang. Der Punkt D liegt im Ursprung eines kartesischen Koordinatensystems mit der Längeneinheit 1 m.

a) Geben Sie die Koordinaten aller Punkte an und berechnen Sie den Neigungswinkel des Daches (Winkel zwischen Pyramidengrundfläche und Seitenfläche) sowie die Größe der Dachfläche.

b) Im Punkt P (18 | 4 | 0) steht ein 8 m hoher Fahnenmast.
Berechnen Sie die Länge des Schattens auf Boden und Turmwand, wenn das einfallende Sonnenlicht die Richtung $\begin{pmatrix} -10 \\ 1 \\ -2 \end{pmatrix}$ hat.

c) Ein Kind mit Augenhöhe 1 m läuft vom Punkt B aus in Richtung $\overrightarrow{DB}$ vom Turm weg.
In welcher Entfernung von der Turmkante BF kann das Kind die Turmspitze S erstmals sehen?

d) Die affine Abbildung α bildet A (3 | 1) auf A′(3 | 5), B (−1 | 2) auf B′(−1 | 3) und C (1 | −3) auf C′(1 | −5) ab.
Weisen Sie nach, dass für α gilt: $\alpha : \vec{x}' = \begin{pmatrix} 1 & 0 \\ 1 & 2 \end{pmatrix} \cdot \vec{x}$.

Die Gerade $g : \vec{x} = \begin{pmatrix} 3 \\ 1 \end{pmatrix} + t \cdot \begin{pmatrix} 2 \\ 1 \end{pmatrix}$; $t \in \mathbb{R}$ wird durch α auf die Gerade g' abgebildet.

Bestimmen Sie eine Gleichung der Bildgeraden g'.

19 Abbildungsmatrix – Würfel

Tipps ab Seite 66, Lösungen ab Seite 127

Gegeben sind die Punkte $A(3 \mid -2 \mid 1)$, $B(3 \mid 3 \mid 1)$ und $C(6 \mid 3 \mid 5)$.

a) Zeigen Sie, dass sich die drei Punkte A, B und C zu einem Quadrat ABCD ergänzen lassen und geben Sie den vierten Punkt D dieses Quadrats an.
Untersuchen Sie, ob die Kante $\overline{AE}$ mit $E(7 \mid -2 \mid -2)$ zusammen mit dem Quadrat ABCD Teil eines Würfels sein kann.

b) Das Quadrat ABCD sei die Grundfläche einer senkrechten quadratischen Pyramide ABCDS mit Spitze S. Bestimmen Sie die Koordinaten eines Punktes S so, dass die Pyramide ABCDS ein Volumen von 125 VE besitzt.

c) Die affine Abbildung α bildet $A(3 \mid 2)$ auf $A'(-3 \mid 7)$, $B(1 \mid -2)$ auf $B'(-1 \mid -3)$ und $C(-2 \mid 0)$ auf $C'(2 \mid -2)$ ab.
Bestimmen Sie die Matrixdarstellung von α.
Die Abbildung β ist eine zentrische Streckung vom Ursprung aus mit Streckfaktor $k = 3$.
Bestimmen Sie die Matrixdarstellung der affinen Abbildung $\gamma = \beta \circ \alpha$.
P^* ist das Bild von $P(2 \mid -1)$ bei der Abbildung γ.
Zeigen Sie, dass P^* auf der x_1-Achse liegt.

20 Abbildungsmatrix – Turmdach

Tipps ab Seite 67, Lösungen ab Seite 131

Das Dach eines Turmes hat die folgenden Eckpunkte:
$A(3 \mid -3 \mid 0)$, $B(3 \mid 3 \mid 0)$, $C(-3 \mid 3 \mid 0)$, $D(-3 \mid -3 \mid 0)$ und $S(0 \mid 0 \mid 6)$.

a) Zeichnen Sie diese Punkte in ein Koordinatensystem ein und benennen Sie die geometrische Form des Daches.

b) Die Dachfläche BCS liegt in der Ebene E.
Bestimmen Sie eine Koordinatengleichung von E.
(Mögliches Ergebnis: E: $2x_2 + x_3 = 6$)

c) Zur Verstärkung des Dachstuhls wird ein Stab eingezogen, der von C ausgeht und die Kante AS senkrecht im Punkt F abstützt. Berechnen Sie die Koordinaten von F sowie die Länge dieses Stützstabes (1 LE entspricht 1 m). Beschreiben Sie den Lösungsweg.

d) Gegeben ist die affine Abbildung $\alpha : \vec{x}' = \begin{pmatrix} 1 & 2 \\ 4 & -3 \end{pmatrix} \cdot \vec{x}$ und das Dreieck ABC mit $A(2 \mid 1)$, $B(-1 \mid 3)$ und $C(1 \mid -4)$.
Berechnen Sie die Koordinaten des Bilddreiecks $A'B'C'$.
Das Dreieck $A''B''C''$ ist das Bilddreieck des Dreiecks $A'B'C'$ bei einer Spiegelung an der x_2-Achse.
Berechnen Sie die Koordinaten des Dreiecks $A''B''C''$ und geben Sie die Matrixdarstellung der Abbildung an, die das Dreieck ABC auf das Dreieck $A''B''C''$ abbildet.

21 Abbildungsmatrix – Würfelstumpf

Tipps ab Seite 68, Lösungen ab Seite 134

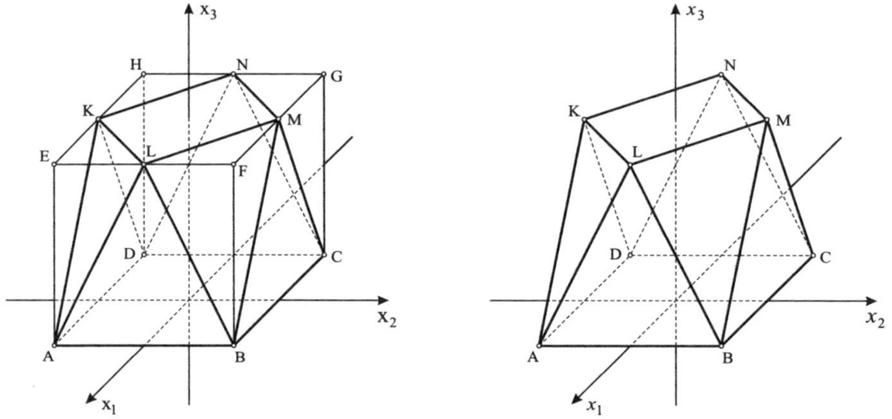

Bei einem Würfel der Kantenlänge $a = 10\,\text{LE}$ werden wie in den Abbildungen die Kantenmittelpunkte K, L, M und N mit den jeweiligen Eckpunkten der Grundfläche verbunden. Den dabei entstandenen Körper ABCDKLMN nennt man Würfelstumpf. Die Kanten des Würfels verlaufen parallel zu den Achsen, der Ursprung des Koordinatensystems liegt im Mittelpunkt der Grundfläche ABCD. Für die Koordinaten des Punktes A gilt: $A\,(5 \mid -5 \mid 0)$.

a) Geben Sie die Koordinaten der Punkte B, M und L an.
Bestimmen Sie die drei verschiedenen Kantenlängen des neuen Körpers.
Bestimmen Sie das Volumen des Würfelstumpfs.

b) Beschreiben Sie, wie man den Abstand des Punktes D von der Geraden g bestimmen kann, die durch die Punkte B und L verläuft. Bestimmen Sie diesen Abstand.

c) Gegeben ist das Dreieck ABC mit mit $A\,(1 \mid 2)$, $B\,(-2 \mid 1)$ und $C\,(2 \mid -1)$.
Das Dreieck $A'B'C'$ ist das Bilddreieck des Dreiecks ABC bei einer zentrischen Streckung von $O\,(0 \mid 0)$ aus mit Streckfaktor $k = 2$.
Berechnen Sie die Koordinaten der Bildpunkte A', B' und C'.
Anschließend wird das Dreieck $A'B'C'$ um $O\,(0 \mid 0)$ um $60°$ gedreht.
Berechnen Sie die Koordinaten des Bilddreiecks $A''B''C''$.
Geben Sie die Matrixdarstellung der Abbildung an, die das Dreieck ABC auf das Dreieck $A''B''C''$ abbildet.

22 Abbildungsmatrix – Solarzellen

Tipps ab Seite 68, Lösungen ab Seite 137

a) Durch die Punkte A(0 | 0 | 0), B(10 | 0 | 0), C(10 | 6 | 0), D(0 | 8 | 0), E(0 | 0 | 10), F(10 | 0 | 11), G(10 | 6 | 8) und H(0 | 8 | 6) sind die Eckpunkte einer Hütte mit Pultdach gegeben (1 LE = 1 m).
Zeichnen Sie ein Schrägbild der Hütte in ein geeignetes Koordinatensystem.

Zeigen Sie, dass die Eckpunkte der Dachfläche EFGH in einer Ebene liegen.

b) Zum Anbringen von Solarzellen sollte die Dachneigung bezüglich der x_1x_2-Ebene mindestens 25° betragen. Prüfen Sie, ob dieser Wert eingehalten wird und berechnen Sie die mögliche Solarzellenfläche, wenn 80 % der Dachfläche mit Solarzellen bestückt werden.

c) P′ ist der Bildpunkt des Punktes P(5 | −2) bei der Spiegelung an der Geraden
$g: \vec{x} = t \cdot \begin{pmatrix} 1 \\ 1 \end{pmatrix}; t \in \mathbb{R}$.
P″ ist der Bildpunkt des Punktes P′ bei einer Drehung um O(0 | 0) um 30°.
Berechnen Sie die Koordinaten von P′ und P″.
Ermitteln Sie die Matrixdarstellung der Abbildung, die P auf P″ abbildet.

23 Abbildungsmatrix – Gleichungssystem

Tipps ab Seite 69, Lösungen ab Seite 141

Gegeben ist für $t \in \mathbb{R}$ das folgende lineare Gleichungssystem:

$$\begin{array}{lrcrcrcr} \text{I} & 2x_1 & - & 3x_2 & - & x_3 & = & -4 \\ \text{II} & x_1 & - & 2x_2 & - & x_3 & = & -3 \\ \text{III} & -3x_1 & + & 9x_2 & + & tx_3 & = & 15 \end{array}$$

a) Zeigen Sie, dass das lineare Gleichungssystem für $t \neq 6$ eindeutig lösbar ist.

b) Bestimmen Sie die Lösungsmenge für $t = 6$.

c) Berechnen Sie die Schnittpunkte S_{12}, S_{13} und S_{23} der Geraden g mit der Gleichung

$$g: \vec{x} = \begin{pmatrix} 1 \\ 2 \\ 0 \end{pmatrix} + r \cdot \begin{pmatrix} -1 \\ -1 \\ 1 \end{pmatrix};\ r \in \mathbb{R}$$

mit den drei Koordinatenebenen und zeichnen Sie die Gerade in ein geeignetes Koordinatensystem ein. Die Lage bezüglich der drei Koordinatenachsen muss dabei eindeutig zu erkennen sein.

d) Berechnen Sie den Flächeninhalt des Dreiecks, das durch die Punkte S_{13}, S_{23} und den Nullpunkt gebildet wird. Beschreiben Sie Ihren Lösungsweg.

e) Gegeben ist die affine Abbildung α: $\vec{x}' = \begin{pmatrix} 4 & 2 \\ -2 & 0 \end{pmatrix} \cdot \vec{x}$

und die Gerade g: $\vec{x} = t \cdot \begin{pmatrix} -1 \\ 1 \end{pmatrix}$; $t \in \mathbb{R}$.

Die Gerade g wird durch α auf die Gerade g' abgebildet.

Ermitteln Sie eine Gleichung der Bildgeraden g'.

Anschließend wird die Gerade g' durch eine Punktspiegelung am Ursprung auf g'' abgebildet.

Bestimmen Sie eine Gleichung von g''.

Geben Sie die Matrixdarstellung der Abbildung an, die die Gerade g auf die Gerade g'' abbildet.

24 Übergangsmatrix – Pyramide

Tipps ab Seite 70, Lösungen ab Seite 145

Gegeben sind die Punkte $A(-3 \mid 1 \mid 2)$, $B(1 \mid -3 \mid 4)$, $C(3 \mid -2 \mid 2)$ und $S(9 \mid 9 \mid -4)$.
Die Punkte A, B und C liegen in der Ebene E.

a) Bestimmen Sie eine Koordinatengleichung von E.
Zeigen Sie, dass das Dreieck ABC rechtwinklig, aber nicht gleichschenklig ist.
Bestimmen Sie die Koordinaten des Punktes D so, dass das Viereck ABCD ein Rechteck ist.

b) Bestimmen Sie die Koordinaten des Mittelpunkts M des Rechtecks.
Die Gerade g geht durch S und M.
Berechnen Sie den spitzen Winkel zwischen g und E.
Die Ebene F enthält den Punkt S und alle Spitzen von Pyramiden, welche dieselbe Grundfläche und das gleiche Volumen wie die Pyramide ABCDS haben.
Bestimmen Sie eine Koordinatengleichung von F.

c) In einer Konservenfabrik werden aus den Rohstoffen R_1, R_2 und R_3 die Zwischenprodukte Z_1, Z_2 und Z_3 und aus diesen wiederum die Endprodukte E_1, E_2 und E_3 hergestellt. Der Materialfluss in Tonnen (t) wird durch folgende Tabellen beschrieben:

	Z_1	Z_2	Z_3
R_1	0,7	0,3	0,8
R_2	0,5	0,6	0,2
R_3	0,2	0,9	0,6

	E_1	E_2	E_3
Z_1	0,4	0,2	0,8
Z_2	0,4	0,7	0,2
Z_3	0,3	0,2	0,1

Je Tonne entstehen Rohstoff- bzw. Herstellungskosten in € gemäß folgender Tabelle:

R_1	R_2	R_3	Z_1	Z_2	Z_3	E_1	E_2	E_3
350	100	250	850	650	780	960	880	530

Ein Händler erteilt einen Auftrag über 18 t des Endprodukts E_1, 10 t des Endprodukts E_2 und 14 t des Endprodukts E_3.
Bei diesem Auftrag entstehen ferner Fixkosten in Höhe von 2100 €.
Berechnen Sie die Gesamtkosten für diesen Auftrag.
Der Händler will die Verkaufspreise so gestalten, dass E_2 doppelt so teuer und E_3 fünfmal so teuer wie E_1 ist.
Wie hoch müssen die Verkaufspreise mindestens sein, damit der Händler bei diesem Auftrag 10 000 € Gewinn macht?

25 Übergangsmatrix – Zelt

Tipps ab Seite 71, Lösungen ab Seite 148

Ein Zelt hat die Form einer senkrechten quadratischen Pyramide.
Die Längen der Quadratseiten und die Pyramidenhöhe betragen jeweils 2,0 m.

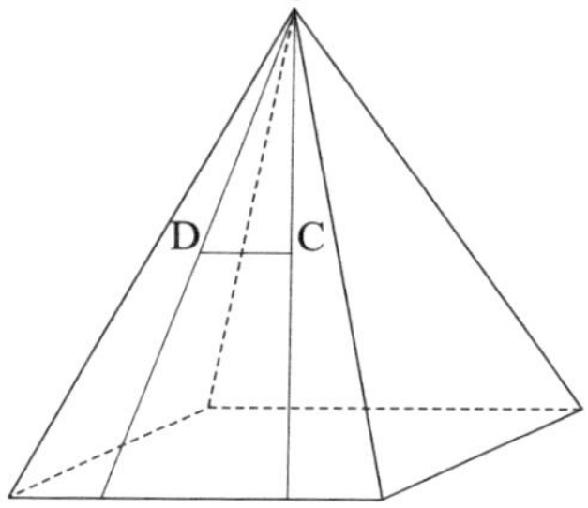

a) Die benachbarten Seitenflächen des Zelts bilden einen stumpfen Winkel.
Wie groß ist dieser?

b) In der Vorderfläche PQS befindet sich eine Einstiegsöffnung ABCD in der Form eines symmetrischen Trapezes.
C und D sind die Mitten der Strecke BS bzw. der Strecke AS.
Die Strecke AB hat die Länge 1,0 m.
Wie viel Prozent der Vorderfläche beansprucht die Einstiegsöffnung?

c) In einer Stadt gibt es drei Videotheken: Allefilme, Billigvideo und Cinemavideos.
Im Laufe eines Jahres wechseln 8 % der Kunden von Allefilme zu Billigvideo und 3 % zu Cinemavideos. 9 % der Billigvideokunden wechseln zu Allefilme und 12 % zu Cinemavideos. 5 % der Cinemaviedeo-Kunden wechseln zu Billigvideo und 2 % zu Allefilme.

I) Zeichnen Sie einen Übergangsgraphen und bestimmen Sie eine Übergangsmatrix dieses Prozesses.

II) Geben Sie die Verteilung der Kunden für das folgende Jahr an, wenn es 4 000 Kunden von Allefilme, 3 500 Billigvideokunden und 3 000 Cinemavideokunden gibt.

III) Berechnen Sie jeweils den Anteil der Kunden, der innerhalb von zwei Jahren von Allefilme und Billigvideos zu Cinemavideos wechselt.

26 Übergangsmatrix – Geradenschar

Tipps ab Seite 71, Lösungen ab Seite 151

a) Die Punkte $O(0 \mid 0 \mid 0)$, $A(8 \mid 0 \mid 0)$, $B(0 \mid 6 \mid 0)$ und $C_t(0 \mid t \mid 4)$ mit $t \in \mathbb{R}$ sind die Eckpunkte der Pyramide $OABC_t$.
Zeichnen Sie ein Schrägbild der Pyramide $OABC_0$.
Bestimmen Sie die Gleichung der Geraden g, auf der alle Punkte C_t liegen, und zeichnen Sie diese ebenfalls ein.
Bestimmen Sie eine Koordinatengleichung der Ebene E durch die Punkte A, B und C_0.

b) Für welche Werte von t ist das Dreieck ABC_t rechtwinklig?
Bestimmen Sie den Flächeninhalt des Dreiecks ABC_6.

c) Beschreiben Sie die Lage der Geradenschar h_t durch die Punkte A und C_t und geben Sie eine Gleichung von h_t an.
Welche Schargerade steht senkrecht auf h_{10}?
Geben Sie allgemein den Zusammenhang zwischen zwei Geraden der Schar an, wenn diese senkrecht aufeinander stehen.

d) Eine Firma benötigt für die Produktion von drei verschiedenen Farbtönen F_1, F_2 und F_3 die Grundfarben G_1, G_2 und G_3. Angegeben ist jeweils die benötigte Menge an Grundfarben pro Kilogramm des jeweiligen Farbtons.

Farbton	Bedarf (in kg)		
	G_1	G_2	G_3
F_1	0,8	0,1	0,1
F_2	0,7	0,1	0,2
F_3	0,6	0,1	0,3

Bestimmen Sie die Matrix des Produktionsprozesses.
Welcher Bedarf an Grundfarben ergibt sich bei der Herstellung von 200 kg F_1, 300 kg F_2 und 400 kg F_3?

27 Abbildungsmatrix – Würfel (CAS)

Tipps ab Seite 72, Lösungen ab Seite 154

Gegeben ist ein Würfel mit den Eckpunkten A (0 | 0 | 0), B (2 | 0 | 0), C (2 | 2 | 0), D (0 | 2 | 0), E (0 | 0 | 2), F (2 | 0 | 2), G (2 | 2 | 2) und H (0 | 2 | 2).

a) Skizzieren Sie den Würfel in einem Koordinatensystem.
Berechnen Sie vektoriell den Winkel zwischen den Vektoren $\overrightarrow{BD}$ und $\overrightarrow{BE}$ sowie den Flächeninhalt des Dreiecks EBD.

b) Stellen Sie eine Gleichung der Ebene E_1 auf, die den Punkt B und die Mittelpunkte der Strecken HD und EH enthält.
Berechnen Sie die Koordinaten der Spurpunkte von E_1 und skizzieren Sie die Ebene E_1 in das vorhandene Koordinatensystem aus Aufgabe a).
Bestimmen Sie die Koordinaten des Schwerpunkts des Dreiecks EHD.

c) Gegeben ist die affine Abbildung $\alpha : \vec{x}' = \begin{pmatrix} 2 & 10 \\ 6 & -2 \end{pmatrix} \cdot \vec{x}$.
Zeigen Sie, dass die Gerade $g : \vec{x} = t \cdot \begin{pmatrix} 5 \\ 3 \end{pmatrix}$; $t \in \mathbb{R}$ Fixgerade von α ist.
Bestimmen Sie alle Punkte, die durch α auf sich selbst abgebildet werden.
Die Gerade $h : \vec{x} = \begin{pmatrix} 2 \\ 1 \end{pmatrix} + s \cdot \begin{pmatrix} -2 \\ 1 \end{pmatrix}$; $s \in \mathbb{R}$ wird durch α auf die Gerade h' abgebildet.
Bestimmen Sie eine Gleichung der Bildgeraden h'.

28 Abbildungsmatrix – Geraden (CAS)

Tipps ab Seite 73, Lösungen ab Seite 158

In einem rechtwinkligen Koordinatensystem sind der Punkt P(7 | 3 | 1) sowie die Geraden g und h gegeben durch:

$$g: \vec{x} = \begin{pmatrix} 1 \\ 0 \\ 1 \end{pmatrix} + r \cdot \begin{pmatrix} 2 \\ 2 \\ -1 \end{pmatrix} \text{ und } h: \vec{x} = \begin{pmatrix} -5 \\ -1 \\ -1 \end{pmatrix} + s \cdot \begin{pmatrix} 0 \\ 1 \\ -1 \end{pmatrix};\ r,\ s \in \mathbb{R}$$

a) Zeigen Sie, dass die Geraden g und h sich schneiden und bestimmen Sie den Schnittpunkt sowie ihren Schnittwinkel.

b) Bestimmen Sie den Abstand des Punktes P von der Geraden g.

c) Untersuchen Sie, ob es Punkte X auf der Geraden h gibt, für die gilt:
Die Strecke $\overline{PX}$ hat eine Länge von 18 LE.
Bestimmen Sie gegebenenfalls die Koordinaten dieser Punkte X.

d) Die affine Abbildung α bildet A(1 | 0) auf A′(0 | −1), B(2 | 3) auf B′(−3 | 7) und C(0 | 3) auf C′(−3 | 9) ab.
Bestimmen Sie die Matrixdarstellung von α.
Prüfen Sie, ob eine Koordinatenachse durch α auf die andere Koordinatenachse abgebildet wird.

29 Übergangsmatrix – Ebenen (CAS)

Tipps ab Seite 74, Lösungen ab Seite 162

Gegeben sind die Ebenen E_1 und E_2 durch:

$$E_1 : \begin{pmatrix} 2 \\ 2 \\ 1 \end{pmatrix} \cdot \vec{x} = 6 \text{ und } E_2 : \begin{pmatrix} -1 \\ 2 \\ 2 \end{pmatrix} \cdot \vec{x} = 12$$

a) Zeigen Sie, dass sich die Ebenen schneiden und bestimmen Sie eine Gleichung der Schnittgeraden.

b) Gegeben sei weiterhin die Ebene E_3 mit $E_3 :\ x_1 + x_2 + x_3 = 9$.

Untersuchen Sie, ob es einen Punkt P gibt, der in allen drei Ebenen E_1, E_2 und E_3 liegt.
Beurteilen Sie folgende Aussage:

«Drei Ebenen haben immer einen, allen drei Ebenen gemeinsamen, Schnittpunkt.»

c) Die drei Handyunternehmen H_1, H_2 und H_3 haben den Handymarkt erobert und schließen Jahresverträge mit ihren Kunden ab. Pro Jahr gibt es bei den Handyunternehmen folgende Kundenwechsel:
30 % der Kunden von H_1 wechseln zu H_2 und 10 % wechseln zu H_3.
10 % der Kunden von H_2 wechseln zu H_1 und 10 % wechseln zu H_3.
10 % der Kunden von H_3 wechseln zu H_1 und 20 % wechseln zu H_2.
Bestimmen Sie die Übergangsmatrix für das Wechselverhalten der Kunden.
Am Anfang hat H_1 18 Millionen Kunden, H_2 hat 15 Millionen und H_3 hat 11 Millionen Kunden.
Wie sieht die Kundenverteilung nach zwei bzw. fünf Jahren aus?
Bestimmen Sie eine Gleichgewichtsverteilung für die Anzahl der Kunden der Handyunternehmen.

Stochastik

Die Binomialverteilungstabellen befinden sich auf Seite 181.

30 Handys

Tipps ab Seite 75, Lösungen ab Seite 166

Die Firma Noko stellt Handys in Massenproduktion her.
Jedes Handy ist mit einer Wahrscheinlichkeit von 10 % fehlerhaft.

a) Mit welchem mathematischen Modell lässt sich das Ziehen einer Stichprobe von 100 Handys beschreiben?
Berechnen Sie die Wahrscheinlichkeit für folgende Ereignisse:
A: Weniger als 5 Handys sind fehlerhaft.
B: Genau 3 Handys sind fehlerhaft.
C: Mindestens 90 Handys funktionieren.

b) Bestimmen Sie das kleinstmögliche Intervall mit Mittelpunkt 10, in dem die Anzahl der fehlerhaften Handys bei insgesamt 100 betrachteten Handys mit einer Wahrscheinlichkeit von mindestens 95 % liegt.
Wie viele Handys müssen der Produktion mindestens entnommen werden, damit mit einer Wahrscheinlichkeit von mehr als 99 % wenigstens ein fehlerhaftes dabei ist?

c) Zur Aussonderung fehlerhafter Handys gibt es eine Qualitätskontrolle, welche folgendes leistet:
Unter allen geprüften Handys beträgt der Anteil der Handys, die einwandfrei sind und dennoch ausgesondert werden, 4 %.
Insgesamt werden 93 % aller Handys nicht ausgesondert.
Bestimmen Sie die Wahrscheinlichkeit dafür, dass ein Handy fehlerhaft ist und ausgesondert wird.
Welcher Anteil der fehlerhaften Handys wird demnach ausgesondert?

d) Die Firma Noko garantiert nun, dass bei einer Lieferung höchstens 4 % der Handys fehlerhaft sind.
Der Großhändler macht eine Stichprobe mit 100 Handys und findet 7 fehlerhafte.
Kann er hieraus mit einer Irrtumswahrscheinlichkeit von 5 % schließen, dass die Firma Noko eine falsche Angabe gemacht hat?

31 Glücksspiel 1

Tipps ab Seite 75, Lösungen ab Seite 168

Eine Urne enthalte sechs rote und eine blaue Kugel.
Für ein Glücksspiel wird folgende Regel vereinbart:
Es wird genau eine Kugel gezogen. Ist die gezogene Kugel blau, so wird sie in die Urne zurückgelegt, ist sie dagegen rot, so wird sie beiseite gelegt und in der Urne durch eine blaue ersetzt.

a) Das Glücksspiel wird dreimal durchgeführt und jeweils die Farbe der gezogenen Kugel festgestellt.
Berechnen Sie die Wahrscheinlichkeit folgender Ereignisse:
A: Nur die zweite Kugel ist rot.
B: Genau eine der gezogenen Kugeln ist blau.
C: Höchstens zwei der gezogenen Kugeln sind rot.
D: Die zweite Kugel ist blau.
E: Mindestens eine der Kugeln ist blau.

b) Auf einem Jahrmarkt wird das Glücksspiel an einem Stand angeboten.
Ein Spieler darf dreimal ziehen. Er erhält
bei drei blauen Kugeln 50 Euro,
bei zwei blauen Kugeln 10 Euro,
bei einer blauen Kugel 2 Euro.
Wie hoch muss der Einsatz des Spielers sein, damit dieses Glücksspiel dem Standbesitzer langfristig pro Spiel einen Gewinn von 0,58 Euro bringt?

c) Ein Glücksspieler behauptet, dass man mindestens zwei Ziehungen durchführen muss, um mit einer Wahrscheinlichkeit von 99 % mindestens eine rote Kugel zu ziehen. Hat er recht?
Wie oft müsste man ziehen, wenn in der Urne statt 6 nur 4 rote Kugeln liegen?

32 Überraschungseier

Tipps ab Seite 76, Lösungen ab Seite 170

Zur Premiere eines Films bringt eine Schokoladenfirma Überraschungseier mit Filmfiguren auf den Markt. Die Firma wirbt damit, dass sich in jedem 5. Überraschungsei eine Filmfigur befindet.

a) Für einen Kindergeburtstag werden 20 Überraschungseier gekauft, wobei man davon ausgehen kann, dass die Verteilung der Figuren zufällig ist.
Erklären Sie, welche Bedeutung in diesem Zusammenhang die folgende Rechnung hat:

$$\binom{20}{2} \cdot \left(\frac{1}{5}\right)^2 \cdot \left(\frac{4}{5}\right)^{18} \approx 0,13691$$

Berechnen Sie die Wahrscheinlichkeiten P(A) und P(B) der folgenden Ereignisse:
A: In keinem Ei ist eine Figur aus dem Film.
B: Es befinden sich in höchstens 2 Eiern Figuren aus dem Film.

b) Ein Käufer möchte unbedingt eine Filmfigur bekommen. Berechnen Sie, wieviele Überraschungseier er mindestens kaufen muss, um mit 99,9 %iger Sicherheit mindestens ein Überraschungsei mit einer Filmfigur zu erhalten.

c) Bei der Produktion der Überraschungseier treten nur die folgenden beiden Fehler auf:
F_1 : falsches Gewicht der Schokoladenhülle
F_2 : fehlerhafte Verpackung
F_1 und F_2 treten unabhängig voneinander auf. Ein Ei ist einwandfrei, wenn es keinen der beiden Fehler aufweist, was erfahrungsgemäß bei 90 % der Eier der Fall ist. Erfahrungsgemäß haben 7,5 % der Schokohüllen ein falsches Gewicht.
Veranschaulichen Sie die Zusammenhänge mit einem Baumdiagramm und bestimmen Sie die Wahrscheinlichkeit, mit der Fehler F_2 auftritt.

d) Ein Kunde vermutet, dass die Firma mit der Werbung betrügt, d.h. dass die Behauptung «In jedem fünften Ei ...» in Wirklichkeit nicht eingehalten wird. Er beauftragt ein Kontrollinstitut, dies zu untersuchen. Das Institut kauft 100 Überraschungseier.
Erklären Sie, warum aus Sicht des Kunden die Behauptung nur abzulehnen ist, wenn zu wenige Figuren gefunden werden.
Das Institut entschließt sich, die Behauptung der Firma abzulehnen, wenn bei 100 gekauften Überraschungseiern höchstens 11 Figuren gefunden werden.
Erklären Sie, was hier ein Fehler 1. Art ist und begründen Sie, dass die Wahrscheinlichkeit für einen Fehler 1. Art hierbei kleiner als 2,5 % ist.

33 Glücksspiel 2

Tipps ab Seite 76, Lösungen ab Seite 172

Für ein Glücksspiel werden die folgenden Urnen benutzt:

Ein Zufallsexperiment besteht darin, zunächst eine Kugel aus Urne A und danach eine weitere aus Urne B zu ziehen.

a) Der Spieler zahlt bei einem Glücksspiel 2 € pro Spiel als Einsatz an die Bank. Hat die aus B gezogene Kugel die Nummer 0, so wird nichts ausbezahlt. Hat die aus B gezogene Kugel die Nummer 1, so muss der Spieler weitere 2 € an die Bank bezahlen. Hat die aus B gezogene Kugel die Nummer 2, so bekommt der Spieler den Betrag der Differenz der Nummern der beiden gezogenen Kugeln in € von der Bank ausbezahlt.
Die Zufallsgröße X soll den «Gewinn» (Auszahlung minus Einsatz) in € angeben.
Bestimmen Sie den Erwartungswert dieser Zufallsgröße X und interpretieren Sie das erhaltene Ergebnis.

b) Gehen Sie davon aus, dass die Wahrscheinlichkeit für einen Höchstgewinn etwa 14 % beträgt. Berechnen Sie damit, wie viele Spiele ein Spieler machen muss, damit er mit einer Wahrscheinlichkeit von mindestens 90 % bei mindestens einem dieser Spiele einen Höchstgewinn erzielt.

34 Wahlbeteiligung

Tipps ab Seite 77, Lösungen ab Seite 175

Die Wahlbeteiligung gibt den prozentualen Anteil der Wahlberechtigten wieder, die bei einer Wahl tatsächlich gewählt haben. Unter einem Nichtwähler versteht man eine wahlberechtigte Person, die nicht gewählt hat.

Bundestagswahlen ab 1990

Jahr	**1990**	**1994**	**1998**	**2002**	**2005**	**2009**
Anzahl der Wahlberechtigten in Millionen	60,4	60,5	60,8	61,4		62,2
Anzahl der Wähler in Millionen		47,8	50,0	48,6	48,1	44,0
Wahlbeteiligung in %	77,8	79,0	82,2	79,1		70,7

a) Berechnen Sie für 1990 den fehlenden Wert in der Tabelle. Für die Jahre 1990 bis 2009 beträgt der Mittelwert der Anzahlen der Wahlberechtigten 61,2 Millionen. Ermitteln Sie die beiden fehlenden Werte für das Jahr 2005. Bestimmen Sie den prozentualen Anteil der Nichtwähler für die Bundestagswahl 2009. Beurteilen Sie die Aussage des nebenstehend abgedruckten Artikels.

> Nichtwähler bilden stärkste «Partei»: Bei der Bundestagswahl 2009 wurden die Nichtwähler zur größten «Partei». Etwa 18,2 Millionen Wahlberechtigte verweigerten die Stimmabgabe. CDU und CSU kamen als stärkste Fraktion auf ca. 33,2% der Stimmen...

b) Vor und während der Wahl zum Bundestag am 27.09.2009 war die Wahrscheinlichkeit, dass ein Wahlberechtigter tatsächlich wählt, unbekannt. Kurz nach Schließung der Wahllokale meldeten bereits die ersten Bezirke mit insgesamt 15 320 Wahlberechtigten eine Wahlbeteiligung von durchschnittlich 72,4%.
Bestimmen Sie ein Vertrauensintervall ($\gamma = 95\%$) für die zu diesem Zeitpunkt noch unbekannte Wahlbeteiligung auf Bundesebene. Dieses Vertrauensintervall überdeckt nicht die tatsächliche bundesweite Wahlbeteiligung. Nennen Sie eine mögliche Ursache hierfür.

c) Beurteilen Sie die folgende Aussage: «Hätten wir etwas länger gewartet und die Ergebnisse von doppelt so vielen Wahlberechtigten berücksichtigt, so wäre das Vertrauensintervall für die bundesweite Wahlbeteiligung nur halb so lang.»

Material

Anlage

Umgebungen des Erwartungswertes bei Binomialverteilungen und die zugehörigen Wahrscheinlichkeiten ($\sigma > 3$)						
Radius der Umgebung	$1 \cdot \sigma$	$1{,}64 \cdot \sigma$	$1{,}96 \cdot \sigma$	$2 \cdot \sigma$	$2{,}58 \cdot \sigma$	$3 \cdot \sigma$
Wahrscheinlichkeit	68%	90%	95%	95,5%	99%	99,7%

35 Bundesbürger (CAS)

Tipps ab Seite 77, Lösungen ab Seite 177

In Tabelle 1 finden Sie eine Übersicht über die Altersstruktur der Bevölkerung der Bundesrepublik Deutschland im Jahr 2002.

Altersgruppe	Durchschnittsalter	Anzahl in Tausend
unter 6	3	4623
6 bis unter 18	12	10645
18 bis unter 25	21	6661
25 bis unter 45	35	24764
45 bis unter 65	55	21404
65 und älter	75	14439

(Tabelle 1)

a) Ein Bundesbürger wird zufällig ausgewählt. Als Merkmal betrachtet man die Zugehörigkeit zu einer Altersgruppe.
Beschreiben Sie diesen Versuch durch ein geeignetes Urnenmodell.

Berechnen Sie die Wahrscheinlichkeiten für folgende Ereignisse:
E_1 : Eine zufällig ausgewählte Person ist zwischen 18 und 65 Jahre alt.
E_2 : Mindestens eine zufällig ausgewählte Person ist nicht im Alter von 6 bis 18 Jahren.
E_3 : Von 100 zufällig ausgewählten Personen sind genau 11 Personen 65 Jahre alt oder älter.
E_4 : Unter 90 zufällig ausgewählten Personen sind weniger als 6 Personen unter 6 Jahren.

b) Eine Firma verkauft personenbezogene Daten für eine Umfrage. Leider handelt es sich nicht um echte Daten, sondern um Fälschungen, die mit dem Zufallsgenerator eines Taschenrechners erzeugt worden sind. Das Alter dieser ausgedachten 50 Personen finden Sie in Tabelle 2:

56	38	31	61	94	60	32	75	2	35
92	59	30	26	87	24	62	96	89	38
99	19	49	90	6	80	10	84	55	38
35	10	87	3	21	58	9	54	98	69
68	82	26	28	85	35	77	1	7	13

(Tabelle 2)

Bestimmen Sie den Mittelwert der ausgedachten Daten.
Vergleichen Sie ihn mit dem Erwartungswert des Alters einer Person aus Tabelle 1 und geben Sie eine mögliche Erklärung für die unterschiedlichen Werte.

Ein weiterer Kunde des Adressenhändlers will auf andere Art, nämlich durch Stichprobenentnahme überprüfen, ob es sich um echte Daten handelt.
Die Stichprobe besteht aus 50 Personendaten. Betrachten Sie die Altersgruppe der 25- bis 45-jährigen.
Geben Sie an, wie viele der 50 betrachteten Daten in dieser Altersgruppe liegen müssen, wenn man mit einer Irrtumswahrscheinlichkeit von 5 % entscheiden will, ob die Daten richtig sind.

c) In einem Auszug aus einem Zeitungsartikel über das Alter der Verursacher von Verkehrsunfällen steht folgendes:
«Bundesweit verursachten im vergangenen Jahr 22 526 Autofahrer über 65 Jahren einen Unfall mit Personenschaden. Zum Vergleich: Allein in der Gruppe der 18- bis 25-jährigen waren es 70 762. Autofahrer über 65 Jahren verursachten insgesamt 8 % aller Unfälle.»
(aus: Goslarsche Zeitung, 3. Januar 2003)

Bestimmen Sie im Zusammenhang mit Tabelle 1 die Wahrscheinlichkeiten für folgende Ereignisse:

U_1 : Eine Person ist zwischen 18 und 25 Jahren alt und Verursacher eines Unfalls mit Personenschaden.

U_2 : Eine Person ist über 65 Jahre alt und Verursacher eines Unfalls mit Personenschaden.

Treffen Sie anhand der Ergebnisse eine Aussage über das Unfallrisiko von Fahranfängern und Auto fahrenden Senioren.

Tipps

Analysis

1 Ganzrationale Funktion – Mountainbike

a) Verwenden Sie für die variablen Kosten V den Ansatz $V(x) = ax^2 + bx + c$, setzen Sie die gegebenen Daten ein und lösen Sie das entstandene Gleichungssystem.
Die Herstellungskosten setzen sich aus den Fixkosten und den variablen Kosten zusammen.
Setzen Sie $V(x) = 5 \cdot 5000$ und lösen Sie die Gleichung.

b) Berechnen Sie den Verkaufserlös und ermitteln Sie den Gewinn durch Subtraktion der Herstellungskosten vom Erlös.
Bestimmen Sie die Nullstellen der Gewinnfunktion und überlegen Sie, für welche x-Werte die Gewinnfunktion positiv ist.
Den maximalen Gewinn erhalten Sie mit Hilfe der 1. Ableitung der Gewinnfunktion.

c) Berechnen Sie die Herstellungskosten für 90 Mountainbikes und den Erlös für diese in Abhängigkeit vom neuen Preis p; da der Gewinn mindestens 2000 Euro betragen soll, ist eine Ungleichung aufzustellen und nach p aufzulösen.
Bestimmen Sie die Differenz vom neuen Preis p zum ursprünglichen Preis sowie die prozentuale Abweichung.

2 Ganzrationale Funktion – Swimmingpool

a) Wenn Wasser weder zu- noch abläuft, müssen Sie die Zulaufrate Null setzen.
Die Zeitpunkte maximalen Zu- bzw. Abflusses erhalten Sie durch Berechnung der Hoch- bzw. Tiefpunkte des Graphen der Zulaufratenfunktion und Betrachtung der Werte am jeweiligen Intervallrand.

b) Den Wasserstand nach 3 Stunden erhalten Sie, indem Sie eine Funktion $w(t)$ aufstellen, die die Wassermenge zum Zeitpunkt t angibt. Diese erhalten Sie als Stammfunktion von f unter Berücksichtigung der Anfangsbedingung (Wassermenge zu Beginn). Alternativ können Sie auch die Wassermenge, die zu Beginn im Pool ist, bestimmen und die zugeflossene Wassermenge durch Integration berechnen und dazu addieren.
Die Höhe des Wasserstands am Ende des gesamten Vorgangs erhalten Sie, indem Sie die vorhandene Wassermenge durch die Grundfläche des Pools teilen.
Die maximale Wassermenge kann sich jeweils nur am Ende einer Zuflussphase im Pool befinden.

Überlegen Sie, wie sich die Wassermenge über das angegebene Zeitintervall hinaus entwickeln würde.

3 Ganzrationale Funktion – Kurve 4. Grades

a) Verwenden Sie aufgrund der Achsensymmetrie den Ansatz: $f(x) = ax^4 + bx^2 + c$ und setzen Sie die gegebenen Daten ein; sie erhalten ein Gleichungssystem mit drei Gleichungen und drei Unbekannten.

b) Überlegen Sie, wie man Achsensymmetrie, den Verlauf für $x \to \pm\infty$, den y-Achsenabschnitt und die maximale Anzahl der Extrempunkte und Schnittpunkte mit der x-Achse sowie Wendepunkte anhand der Funktionsgleichung erkennt.
Um nachzuweisen, dass P ein Hochpunkt ist, bestimmen Sie die 1. und 2. Ableitung und setzen den x-Wert jeweils in diese ein; ist die 1. Ableitung gleich Null und die 2. Ableitung kleiner als Null, so handelt es sich um einen Hochpunkt.

c) Um zu zeigen, dass die Parabel den Graphen von f in W$(1 \mid 0)$ senkrecht schneidet, weisen Sie nach, dass W auch auf der Parabel liegt; anschließend bestimmen Sie jeweils die 1. Ableitung von $f(x)$ und $p(x)$ und setzen den x-Wert von W in diese ein; somit erhalten Sie die Steigung der Tangente an G_f bzw. an die Parabel in W. Ist die eine Steigung der negative Kehrwert der anderen Steigung, so stehen die Kurven senkrecht zueinander.
Um den Flächeninhalt der Fläche zwischen der Parabel und G_f zu berechnen, bestimmen Sie die Integrationsgrenzen und anschließend das Integral; rechnen Sie mit Brüchen.

d) Skizzieren Sie die Problemstellung (wählen Sie einen Punkt Q$(u \mid f(u))$ auf G_f und beachten Sie den Wertebereich von u); überlegen Sie sich, wie Sie die Länge der Grundseite und die Höhe des Dreiecks in Abhängigkeit von u darstellen können.

4 Ganzrationale Funktion – Rotationskörper

a) Verwenden Sie aufgrund der Achsensymmetrie den Ansatz: $f(x) = ax^4 + bx^2 + c$ und setzen Sie die beiden gegebenen Punkte ein. Sie erhalten eine Funktionsgleichung in Abhängigkeit von a.
Berechnen Sie die Nullstellen durch $f(x) = 0$ und stellen Sie mit einem Integral und dem gegebenen Flächeninhalt eine Gleichung auf, die Sie nach a auflösen.

b) Überlegen Sie, wie man Achsensymmetrie, den Verlauf für $x \to \pm\infty$, den y-Achsenabschnitt sowie die maximale Anzahl der Extrempunkte und Schnittpunkte mit der x-Achse anhand der Funktionsgleichung erkennt.

Den Schnittpunkt mit der y-Achse erhalten Sie durch Einsetzen von $x = 0$ in $f(x)$.
Die Schnittpunkte mit der x-Achse erhalten Sie, indem Sie $f(x)$ gleich Null setzen.
Für die Berechnung der Extrempunkte benötigen Sie die 1. und 2. Ableitung: Als notwendige Bedingung setzen Sie die 1. Ableitung gleich Null. Sie erhalten so mögliche Extremstellen. Die zugehörigen y-Werte erhalten Sie durch Einsetzen der x-Werte in $f(x)$. Zur Untersuchung auf Hoch- und Tiefpunkte setzen Sie die x-Werte in die 2. Ableitung $f''(x)$ ein: Ist $f''(x) > 0$, handelt es sich um einen Tiefpunkt, ist $f''(x) < 0$, handelt es sich um einen Hochpunkt.
Für die Berechnung der Wendepunkte benötigen Sie die 2. und 3. Ableitung: als notwendige Bedingung setzen Sie die 2. Ableitung gleich Null. Sie erhalten so mögliche Wendestellen. Die zugehörigen y-Werte erhalten Sie durch Einsetzen der x-Werte in $f(x)$. Zur Untersuchung auf Wendepunkte setzen Sie die x-Werte in die 3. Ableitung ein: ist diese ungleich Null, handelt es sich um Wendepunkte.

c) Zur Bestimmung des Volumens des Rotationskörpers berechnen Sie die Nullstellen im 1. Quadranten und verwenden die Formel: $\mathrm{V} = \pi \cdot \int_{x_1}^{x_2} (f(x))^2\, dx$. Rechnen Sie mit Brüchen und beachten Sie die binomische Formel.

d) Überlegen Sie, welche Bedeutung die Integrationsgrenzen haben und was es für eine Funktion bedeutet, wenn ihre 1. Ableitung an einer Stelle Null und ihre 2. Ableitung an dieser Stelle negativ ist.
Überlegen Sie, welche Fläche mit Hilfe der Formel $\mathrm{A} = \pi \cdot r^2$ berechnet wird.

5 Ganzrationale Funktion – Kugelstoßen

a) Schnittpunkte mit der x-Achse erhalten Sie durch $f(x) = 0$.
Extrempunkte erhalten Sie mit Hilfe der 1. Ableitung, die Null sein muss. Mit Hilfe der 2. Ableitung können Sie Hoch- und Tiefpunkte unterscheiden.
Wendepunkte erhalten Sie mit Hilfe der 2. Ableitung, die Null sein muss. Überprüfen Sie die Existenz mit Hilfe der 3. Ableitung.
Zur Flächenberechnung verwenden Sie die Nullstellen als Integrationsgrenzen und bestimmen eine Stammfunktion von $f(x)$.

b) Skizzieren Sie die Problemstellung.
Bestimmen Sie die Koordinaten von Q und P in Abhängigkeit von u.
Überlegen Sie, wie lang die Grundseite und die Höhe des Dreiecks in Abhängigkeit von u sind und stellen Sie eine Flächeninhaltsfunktion $\left(\mathrm{A} = \frac{1}{2} \cdot g \cdot h\right)$ für das Dreieck auf.
Bestimmen Sie das Maximum der Flächeninhaltsfunktion mit Hilfe der Ableitungen.

c) Bestimmen Sie die Koordinaten von A und B.
Für die Steigung im Punkt A verwenden Sie die Formel $m = \tan\alpha$.
Verwenden Sie als Ansatz eine allgemeine Parabelgleichung, leiten Sie diese ab und bestimmen Sie mit Hilfe der Punkte A und B sowie der Steigung m in A die drei Paramer der Parabelgleichung.
Berechnen Sie die Steigung im Punkt B und den Auftreffwinkel mit der Formel $m = \tan\beta$.

6 Exponentialfunktion – Sonnenblume

a) Bestimmen Sie die Höhe zu Beginn der Beobachtung und nach 5 Wochen und stellen Sie mit $h_1(t)$ eine Gleichung auf, um k zu berechnen.
Die Höhe nach 8 Wochen erhalten Sie durch Einsetzen von $t = 8$ in $h_1(t)$.

b) Die Wachstumsgeschwindigkeit wird durch die erste Ableitung beschrieben. Wenn diese 1 dm pro Woche betragen soll, muss die erste Ableitung den Wert $0,1$ annehmen.

c) Stellen Sie aus den gegebenen Daten zwei Gleichungen auf und bestimmen Sie a und b sowie den Grenzwert für $t \to \infty$.

d) Überlegen Sie, weshalb das eine Modell die Realität besser beschreibt, indem Sie vergleichen, wie die Modelle das Wachstum über einen längeren Zeitraum beschreiben.

7 Exponentialfunktion – Jod

a) Den Schnittpunkt mit der y-Achse erhalten Sie durch Einsetzen von $x = 0$ in $f(x)$, Schnittpunkte mit der x-Achse erhalten Sie durch Lösen der Gleichung $f(x) = 0$.
Zur Bestimmung der Hoch- und Tiefpunkte benötigen Sie die 1. und 2. Ableitung; hierzu verwenden Sie die Produkt- und Kettenregel. In Extrempunkten ist die Steigung der Kurve Null, also ist $f'(x) = 0$; setzt man die erhaltenen x-Werte in die 2. Ableitung ein und ist das Ergebnis kleiner als Null, handelt es sich um einen Hochpunkt, ist es größer als Null, handelt es sich um einen Tiefpunkt.
Asymptoten erhalten Sie, wenn Sie $x \to \pm\infty$ betrachten; beachten Sie dabei, welcher Anteil vernachlässigt werden kann.

b) Zur Berechnung der Tangentensteigung m_t setzen Sie den x-Wert des Punktes B in die 1. Ableitung ein; die Tangentengleichung erhalten Sie, indem Sie m_t und B in die Punkt-Steigungsform $y - y_1 = m \cdot (x - x_1)$ einsetzen.
Die Normalensteigung m_n ist der negative Kehrwert von m_t; die Normalengleichung erhalten Sie, indem Sie m_n und B in die Punkt-Steigungsform $y - y_1 = m \cdot (x - x_1)$ einsetzen. Die

Punkte F und G ergeben sich durch Nullsetzen von y in der Tangenten- bzw. Normalengleichung. Überlegen Sie, welche Grundseite g und welche Höhe h das Dreick BFG hat. Den Flächeninhalt des Dreiecks berechnen Sie mit der Formel $A = \frac{1}{2} \cdot g \cdot h$.
Leiten Sie $F(x)$ mit Hilfe der Produkt- und Kettenregel ab und zeigen Sie, dass das Ergebnis $f(x)$ ist.
Zur Berechnung der Fläche überlegen Sie sich die Integrationsgrenzen und verwenden Sie die gegebene Stammfunktion.

c) Verwenden Sie den Ansatz $J(t) = a \cdot e^{-kt}$; $k > 0$.
Setzen Sie die gegebenen Daten ein und berechnen Sie die Parameter a und k.
Die Jodmenge nach einer Woche erhalten Sie durch Einsetzen von $t = 7$ in $J(t)$.
Zur Bestimmung der Halbwertszeit setzen Sie $J(t) = 15$ und lösen die Gleichung nach t auf.
Überlegen Sie, wieviel der ursprünglich vorhandenen Jodmenge nach 80 % Zerfall noch vorhanden ist, setzen Sie diese Menge mit $J(t)$ gleich und lösen Sie die Gleichung nach t auf.

8 Exponentialfunktion – Bakterien

a) Den Schnittpunkt mit der y-Achse erhalten Sie durch Einsetzen von $x = 0$ in $f(x)$, mögliche Schnittpunkte mit der x-Achse durch Lösen der Gleichung $f(x) = 0$.
Extrempunkte erhalten Sie mit Hilfe der 1. Ableitung, Wendepunkte mit Hilfe der 2. Ableitung. Die Asymptote erhalten Sie durch $x \to \pm\infty$.

b) Um zu zeigen, dass eine Funktion F eine Stammfunktion ist, müssen Sie diese einmal ableiten und mit f vergleichen.
Die Fläche erhalten Sie durch Integration unter Verwendung der gegebenen Stammfunktion und der rechten Grenze $x = z$. Betrachten Sie anschließend $z \to \infty$.
Auch die Teilfläche berechnen Sie mit Hilfe des Integrals.

c) Bestimmen Sie die Koordinaten von P und Q und stellen Sie eine Funktion für die Länge der Strecke PQ in Abhängigkeit von u auf. Anschließend berechnen Sie das Maximum (Hochpunkt) dieser Funktion.

d) Verwenden Sie den Ansatz $B(t) = a \cdot e^{kt}$ und bestimmen Sie a und k mit Hilfe der gegebenen Daten; berechnen Sie hierzu zuerst die Bakterienanzahl nach einer Stunde.
Die Bakterienanzahl nach 6 Stunden erhalten Sie durch Einsetzen von $t = 6$ in $B(t)$.
Berechnen Sie die dreifache Anzahl wie zu Beginn und setzen Sie diese mit $B(t)$ gleich; lösen Sie die Gleichung nach t auf.
Setzen Sie das neue $B(t)$ mit 500 gleich und lösen Sie die Gleichung nach t auf.

9 Exponentialfunktion – Infusion

a) Überlegen Sie, welche Bedeutung die 1. Ableitung hat.

b) Bestimmen Sie eine allgemeine Stammfunktion und verwenden Sie die Bedingung, dass der Körper zu Beginn $(t = 0)$ keine Medikamentenmenge aufweist.

c) Zeichnen Sie die Kurven so weit, bis sich die Funktionswerte nur noch wenig ändern. Überlegen Sie, welche Bedeutung die Asymptoten haben.

d) Überlegen Sie, welcher Term von $m(t)$ für $t \longrightarrow \infty$ gegen Null geht.
Stellen Sie mit Hilfe von $m(t)$ bzw. $m'(t)$ jeweils eine Ungleichung auf und lösen Sie diese. Beachten Sie dabei: Teilt man bei einer Ungleichung durch eine negative Zahl, so dreht sich das $<$ bzw. $>$ Zeichen um.

e) Berechnen Sie das Integral mit Hilfe einer Stammfunktion, z. B. $m(t)$.
Interpretieren Sie das Integral als Summe.

f) Berechnen Sie die Medikamentenmenge nach 5 Stunden (= 300 Minuten).
Stellen Sie mit Hilfe der gegebenen Daten eine neue Funktion für natürlichen exponentiellen Zerfall auf (Sie können t auch in Stunden angeben).
Anschließend stellen Sie mit dieser Funktion eine Ungleichung auf und lösen diese.

10 Exponentialfunktion – Ventile

a) Den Schnittpunkt mit der y-Achse erhalten Sie durch Einsetzen von $x = 0$ in $f(x)$, mögliche Schnittpunkte mit der x-Achse durch Lösen der Gleichung $f(x) = 0$.
Mögliche Extrempunkte erhalten Sie mit Hilfe der 1. Ableitung, Wendepunkte mit Hilfe der 2. Ableitung. Die Asymptote erhalten Sie durch $x \longrightarrow \pm\infty$.

b) Um den Inhalt der ins Unendliche reichenden Fläche zu berechnen, bestimmen Sie zunächst ein Integral mit der unteren Grenze 0 und der oberen Grenze z. Anschließend lassen Sie z gegen Unendlich laufen und berechnen den Grenzwert.

c) Bestimmen Sie eine Funktionsgleichung für $\mathrm{V}(t)$, indem Sie eine allgemeine Stammfunktion ansetzen und die Anfangsbedingung $(\mathrm{V}(0) = 50)$ berücksichtigen.
Langfristig bedeutet: $t \longrightarrow \infty$.
Setzen Sie $\mathrm{V}(t) = 2 \cdot 50$, so erhalten Sie durch Lösen der Gleichung die Zeit für die doppelte Wassermenge.
Stellen Sie eine neue Funktionsgleichung für $\mathrm{V}^*(t)$ ab diesem Zeitpunkt auf, indem Sie

wieder eine allgemeine Stammfunktion ansetzen und die Bedingung $V^*(0) = 100$ berücksichtigen.
Der Behälter ist leer, wenn gilt: $V^*(t) = 0$.

11 Exponentialfunktion – Feinstaub

a) Überlegen Sie, welche Werte die Faktoren der Funktionsgleichung annehmen können.
Zur Bestimmung der Asymptote betrachten Sie den Grenzwert für $x \to \infty$; schreiben Sie die Funktionsgleichung als Bruch und betrachten Sie das Verhalten von Zähler und Nenner.
Zur Bestimmung des Maximums leiten Sie die Funktion mit Hilfe der Produkt- und Kettenregel zweimal ab, setzen die 1. Ableitung gleich Null und setzen den erhaltenen Wert in die 2. Ableitung ein; alternativ können Sie auch die 1. Ableitung auf Vorzeichenwechsel überprüfen; anschließend berechnen Sie den zugehörigen Funktionswert.
Um den Graphen zu skizzieren, erstellen Sie eine Wertetabelle.

b) Um zu zeigen, dass F eine Stammfunktion von f ist, bestimmen Sie die 1. Ableitung von F mit Hilfe der Produkt- und Kettenregel.
Berechnen Sie mit Hilfe der gegebenen Stammfunktion das Integral über $f(x)$ in den Grenzen von 0 bis d; anschließend betrachten Sie den Grenzwert des Integrals für $d \to \infty$, da alle Partikel (d.h. mit beliebigem Durchmesser) aufsummiert werden.
Setzen Sie $d = 10$ und berechnen Sie das zugehörige Integral. Überlegen Sie, welchem Prozentsatz das Ergebnis entspricht, wenn 1000 Partikel 100 % entsprechen.

12 Ganzrationale Funktion – Küstenlinie (CAS)

a) Überlegen Sie anhand der Anzahl der Extrempunkte, dass der vorgeschlagene Ansatz mit $f(x) = ax^4 + bx^3 + cx^2 + dx + e$ sinnvoll und notwendig ist, da nach einer Funktion 4-ten Grades gefragt ist.
Sie benötigen also 5 Bedingungen; die Punkte B und C sind zusätzlich Extrempunkte mit Steigung Null.
Stellen Sie mit Hilfe von $f(x)$ und $f'(x)$ ein Gleichungssystem mit 5 Gleichungen und 5 Unbekannten auf und lösen Sie dieses mit dem CAS.

b) Berechnen Sie die Koordinaten des Punktes D, der ein Extrempunkt des Graphen von f ist, mit Hilfe des CAS.
Den Abstand d zwischen zwei Punkten $(x_1 \mid y_1)$ und $(x_2 \mid y_2)$ erhalten Sie mit der Formel: $d = \sqrt{(x_2 - x_1)^2 + (y_2 - y_1)^2}$. Beachten Sie, dass eine Längeneinheit 10 km entspricht.

c) Bestimmen Sie den Abstand $d(x)$ zwischen B und einem allgemeinen Punkt $\mathrm{P}(x \mid k(x))$ der Küstenlinie in Abhängigkeit von x und berechnen Sie anschließend das Minimum von $d(x)$ mit dem CAS. Beachten Sie, dass eine Längeneinheit 10 km entspricht.

d) Zeichnen Sie mit B und P ein rechtwinkliges Dreieck und überlegen Sie, welcher Winkel gesucht ist. Verwenden Sie ein trigonometrisches Verhältnis zur Winkelberechnung.

e) Skizzieren Sie beide Kurven mit dem CAS und berechnen Sie den Flächeninhalt zwischen diesen mit Hilfe des Integrals über dem Intervall zwischen A und C. Es genügt, ein Integral zu berechnen, da ein Landverlust einem Flächeninhalt mit negativem Vorzeichen entspricht. Überlegen Sie, wann es beim Integrieren zu negativen Vorzeichen kommt. Beachten Sie, dass eine Flächeneinheit $100\,\mathrm{km}^2$ entspricht.

13 Exponentialfunktion – Medikament (CAS)

a) Für die Skizze verwenden Sie den CAS; beachten Sie dabei die richtige Einstellung für den Zeichenbereich.
Bestimmen Sie das Maximum mit dem CAS.
Um den wirksamen Zeitraum zu erhalten, schneiden Sie den Graphen von $f(t)$ mit der Geraden $y = 8$ (CAS). Geben Sie die Differenz der beiden Schnittstellen an.

b) Um den Zeitpunkt zu erhalten, zu dem das Medikament am stärksten abgebaut wird, berechnen Sie das Minimum von $f'(t)$ (CAS).
Die momentane Änderungsrate erhalten Sie mit $f'(t)$.
Für die Tangentengleichung setzen Sie $(4 \mid f(4))$ und $m = f'(4)$ in die Punkt-Steigungsform $y - y_1 = m(t - t_1)$ ein; schneiden Sie die Tangente mit der x-Achse.

c) Stellen Sie mit Hilfe von $g(t)$ und der Ableitung $g'(t)$ sowie den gegebenen Daten zwei Gleichungen mit zwei Unbekannten auf und lösen Sie diese; beachten Sie, dass das Maximum gegeben ist.

14 Exponentialfunktion – Tannensetzling (CAS)

a) Überlegen Sie, wo alle Graphen verlaufen, ob es Extrempunkte bzw. Wendepunkte gibt, ob Symmetrie und Asymptoten bzw. Schnittpunkte mit den Achsen vorliegen.

b) Bestimmen Sie mit dem CAS das Maximum von f.
Berechnen Sie mit der Formel $\overline{m} = \frac{1}{b-a} \cdot \int_a^b f(t)dt$ das durchschnittliche Längenwachstum, da alle Längenzuwächse pro Jahr aufsummiert werden.
Überlegen Sie, wie sich die Höhe zusammensetzt.

Durch Ausprobieren mit dem CAS oder Lösen der Integralgleichung mit dem CAS erhalten Sie den Zeitpunkt, in welchem die Höhe 13 m beträgt.
Schneiden Sie den Graphen von f mit einer Geraden und berechnen Sie dann entsprechende Tannenhöhen durch Integration.

15 Exponentialfunktion – Fischteich (CAS)

a) Skizzieren Sie den Graphen mit Hilfe des CAS; achten Sie auf eine geeignete Einstellung des Zeichenfensters.
Die ursprüngliche Anzahl an Fischen erhalten Sie für $x = 0$.
Die maximale Anzahl der Fische erhalten Sie für $x \longrightarrow \infty$. Alternativ können Sie die obere Grenze auch am Graph ablesen.
Das Maximum der Wachstumsgeschwindigkeit erhalten Sie, indem Sie mit dem CAS die 1. Ableitung berechnen; speichern Sie diese als Funktion und berechnen Sie ihr Maximum ebenfalls mit Hilfe des CAS.

b) Zur Bestimmung der Wachstumsfunktion $f_k(x)$, deren Wachstumsgeschwindigkeit nach 10 Jahren maximal wird, bestimmen Sie mit Hilfe des CAS die 2. Ableitung von $f_k(x)$, setzen $x = 10$ in diese ein und setzen diesen Term gleich Null. Beachten Sie bei der Lösung der Gleichung, dass $k > 0$ ist und prüfen Sie mit der 3. Ableitung (CAS), ob ein Maximum vorliegt. Speichern Sie die 2. und 3. Ableitung ebenfalls als Funktionen, da sie später noch gebraucht werden.

c) Skizzieren Sie die Graphen von $f_k(x)$ für $k = 5,\ 10,\ 20,\ 30$ und 35 mit Hilfe des CAS; achten Sie auf eine geeignete Einstellung des Zeichenfensters.
Achten Sie bei der Beschreibung und Berechnung auf folgende Eigenschaften:
Monotonie, Asymptoten, y-Achsenabschnitt, Wendepunkte.
Die maximale Fischpopulation erhalten Sie für $x \longrightarrow \infty$.
Berechnen Sie den Zeitpunkt der maximalen Wachstumsgeschwindigkeit, indem Sie die Wendestelle von $f_k(x)$ bestimmen und berechnen Sie die zugehörige Fischzahl durch Einsetzen der Wendestelle in $f_k(x)$.
Für den Flächeninhalt berechnen Sie mit Hilfe des CAS das Integral über die Differenzfunktion von $f_{19}(x)$ und $f_{100}(x)$ in den Grenzen 0 und 100.
Setzen Sie die obere Integralgrenze gleich z, bestimmen Sie mit Hilfe des CAS eine Stammfunktion von $f_k(x)$ und berechnen Sie das Integral in Abhängigkeit von z. Verwenden Sie die Logarithmenregel $\ln a - \ln b = \ln\left(\frac{a}{b}\right)$. Betrachten Sie anschließend $z \longrightarrow \infty$.

16 Exponentialfunktion – Abkühlung (CAS)

a) Skizzieren Sie jeweils 2 Kurven für $a < 0$ bzw. $a > 0$.
Überlegen Sie, durch welchen Punkt alle Graphen K_a verlaufen, ob es Extrempunkte gibt, ob Symmetrie oder Asymptoten vorliegen.

b) Für die 1. Ableitung verwenden Sie die Produkt- und Kettenregel; prüfen Sie ihr Ergebnis mit Hilfe des CAS.
Punkte mit waagerechter Tangente an K_a erhalten Sie, indem Sie die 1. Ableitung gleich Null setzen. Bestimmen Sie die x-Werte dieser Punkte in Abhängigkeit von a. Die zugehörigen y-Werte erhalten Sie durch Einsetzen der x-Werte in $f_a(x)$.
Die 2. Ableitung bestimmen Sie mit dem CAS.
Setzen Sie die oben bestimmten x-Werte in $f_a''(x)$ ein, so erhalten Sie bei $f_a''(x) > 0$ Minima (d.h. Tiefpunkte des Graphen) und bei $f_a''(x) < 0$ Maxima (d.h. Hochpunkte des Graphen) von $f_a(x)$.
Die Ortskurve aller Punkte mit waagerechter Tangente aller Scharkurven erhalten Sie, indem Sie den x-Wert der Hochpunkte nach a auflösen und das Ergebnis in den y-Wert der Hochpunkte einsetzen.
Schließlich ist noch zu prüfen, ob auch der Tiefpunkt auf der berechneten Kurve liegt.

c) Stellen Sie mit Hilfe der Daten zwei Gleichungen auf und berechnen Sie a und b.
Überlegen Sie, was passiert, wenn die Zeit immer größer wird.
Setzen Sie $T'(t)$ mit $-0,5$ gleich und lösen Sie die Gleichung.
Berechnen Sie den Mittelwert mit $\overline{m} = \frac{1}{b-a} \cdot \int_a^b f(t)dt$.

17 Exponentialfunktion – Pharmaunternehmen (CAS)

a) Setzen Sie $d = 100$ bzw. $d = 300$ in $f_d(x)$ ein und skizzieren Sie die zugehörigen Graphen mit Hilfe des CAS; achten Sie auf eine geeignete Einstellung des Zeichenfensters. Speichern Sie die Funktionsgleichungen.
Um den Verlauf der Graphen zu erläutern, betrachten Sie den Beginn, die Zu- und Abnahmen sowie den jeweiligen Extrempunkt der Graphen. Bestimmen Sie den Einfluss von d auf die Lage der Extrempunkte.
Bestimmen Sie mit Hilfe des CAS die ersten drei Ableitungen von $f_d(x)$ und speichern Sie diese.
Zur Bestimung der Extremstelle setzen Sie die 1. Ableitung von $f_d(x)$ gleich Null, lösen die Gleichung und setzen den x-Wert in die 2. Ableitung ein; ist das Ergebnis ungleich Null, handelt es sich um eine Extremstelle.

Zur Bestimung der Wendestellen setzen Sie die 2. Ableitung von $f_d(x)$ gleich Null, lösen die Gleichung und setzen die x-Werte in die 3. Ableitung ein; ist das Ergebnis ungleich Null, handelt es sich um eine Wendestelle. Alternativ können Sie auch prüfen, ob ein Vorzeichenwechsel von $f_d''(x)$ bei diesen x-Werten vorliegt.
Überlegen Sie, ob ein Term von $f_d(x)$ für $x \to \infty$ gegen Null geht und was dies für $f_d(x)$ bedeutet.

b) Setzen Sie $d = 100$ bzw. $d = 300$ in den Term für die allgemein berechnete Extremstelle ein; sie erhalten so den x-Wert. Bestimmen Sie dann jeweils den Funktionswert.
Um einen Term für die maximale konzentrationssteigernde Wirkung in Abhängigkeit von der eingenommenen Dosis d zu bestimmen, setzen Sie die Extremstelle, die von d abhängt, in $f_d(x)$ ein.
Setzen Sie den erhaltenen Term mit 75 gleich und lösen Sie die Gleichung mit dem CAS (algebraisch, tabellarisch, numerisch oder grafisch).

c) Leiten Sie $F_d(x)$ mit Hilfe der Kettenregel ab und zeigen Sie, dass das Ergebnis $f_d(x)$ ist.
Um den Flächeninhalt der nach rechts ins Unendliche wachsenden Fläche unter dem Graphen zu bestimmen, müssen Sie $f_d(x)$ integrieren; die linke Integrationsgrenze ist $x = 0$, die rechte Integrationsgrenze setzen Sie $x = z\,(z > 0)$. Verwenden Sie die gegebene Stammfunktion und betrachten Sie dann das Grenzverhalten des Integrals für $z \to \infty$.
Berechnen Sie die Flächeninhalte für die drei Dosismengen.
Den gesetzmäßigen Zusammenhang zwischen Dosis und Fläche erkennen Sie anhand des jeweiligen Ergebnisses für die Fläche.
Setzen Sie den allgemeinen Term für den Flächeninhalt mit 3000 gleich und lösen Sie die Gleichung.

Lineare Algebra/ Geometrie

Das Vektorprodukt

Wenn man einen Vektor $\vec{n}$ sucht, der senkrecht auf zwei gegebenen Vektoren $\vec{a}$ und $\vec{b}$ steht (der Normalenvektor), geschieht dies einfach und schnell mit dem Vektorprodukt:

$$\vec{n} = \left(\vec{a} \times \vec{b}\right) = \begin{pmatrix} a_2b_3 & - & a_3b_2 \\ a_3b_1 & - & a_1b_3 \\ a_1b_2 & - & a_2b_1 \end{pmatrix}$$

Die Merkhilfe dazu:

1. Beide Vektoren werden je zweimal untereinandergeschrieben, dann werden die erste und die letzte Zeile gestrichen.
2. Anschließend wird «über Kreuz» multipliziert. Dabei erhalten die abwärts gerichteten Pfeile ein positives und die aufwärts gerichteten Pfeile ein negatives Vorzeichen.
3. Die einzelnen Komponenten werden subtrahiert – fertig!

$$\begin{array}{cc} \cancel{a_1} & \cancel{b_1} \\ a_2 & b_2 \\ a_3 & b_3 \\ a_1 & b_1 \\ a_2 & b_2 \\ \cancel{a_3} & \cancel{b_3} \end{array} \Rightarrow \begin{array}{cc} a_2 & b_2 \\ a_3 & b_3 \\ a_1 & b_1 \\ a_2 & b_2 \end{array} \Rightarrow \begin{pmatrix} a_2b_3 - a_3b_2 \\ a_3b_1 - a_1b_3 \\ a_1b_2 - a_2b_1 \end{pmatrix}$$

Anmerkung: Der Betrag des senkrecht stehenden Vektors entspricht genau der Flächenmaßzahl des Parallelogramms, das von den beiden Vektoren aufgespannt wird.

Beispiel: Sind $\vec{a} = \begin{pmatrix} 1 \\ 3 \\ 2 \end{pmatrix}$ und $\vec{b} = \begin{pmatrix} -1 \\ 4 \\ 0 \end{pmatrix}$, ergibt sich für den gesuchten Vektor:

$$\begin{array}{cc} \cancel{1} & \cancel{-1} \\ 3 & 4 \\ 2 & 0 \\ 1 & -1 \\ 3 & 4 \\ \cancel{2} & \cancel{0} \end{array} \Rightarrow \begin{array}{cc} 3 & 4 \\ 2 & 0 \\ 1 & -1 \\ 3 & 4 \end{array} \Rightarrow \begin{pmatrix} 3\cdot 0 - 2\cdot 4 \\ 2\cdot(-1) - 1\cdot 0 \\ 1\cdot 4 - 3\cdot(-1) \end{pmatrix} = \begin{pmatrix} -8 \\ -2 \\ 7 \end{pmatrix}$$

18 Abbildungsmatrix – Turm

a) Aus der Skizze können Sie sehen, dass die horizontalen Kanten AB, DC, EF und HG parallel zur x_2-Achse und die horizontalen Kanten DA, CB, HE und GF parallel zur x_1-Achse liegen.
Als vertikale Kanten bleiben AE, BF, CG und DH übrig.
Die Spitze S liegt 6 m über dem Mittelpunkt des Quadrates EFGH.
Für die Berechnungen des Neigungswinkels können Sie entweder den Winkel zwischen zwei Ebenen berechnen oder einfacher die Pyramide in der Spitze parallel zur x_2x_3-Ebene durchschneiden und mit einer geeigneten Skizze den Winkel trigonometrisch berechnen.
Für die Berechnung der Dachfläche sind die Dreiecksflächen zu berechnen, die Dreieckshöhe ist aber nicht die Pyramidenhöhe, sondern ergibt sich mit Hilfe des Satzes des Pythagoras.

b) Bestimmen Sie zuerst die Koordinaten der Spitze des Mastes und überlegen Sie, wo der Schatten der Spitze auf der Wand liegt. Um die Schattenlänge zu erhalten, müssen Sie noch überlegen, in welchem Punkt der Schatten vom Boden auf die Wand übergeht.

c) Überlegen Sie, wie man den Standort des Kindes erhalten könnte: Entweder Sie schneiden eine Gerade mit einer Ebene oder Sie schneiden zwei Geraden miteinander. Zum Schluss die Entfernung zur Kante nicht vergessen!

d) Setzen Sie die Koordinaten der gegebenen Punkte A, B und C in α ein und berechnen Sie die Koordinaten der Bildpunkte. Vergleichen Sie diese mit den gegebenen Punkten A', B' und C'.
Die Gleichung der Bildgeraden erhalten Sie, indem Sie die gegebene Gerade als «parameterisierten» Ortsvektor schreiben und in die Abbildungsgleichung einsetzen. Nach dem Ausrechnen wird das Ergebnis wieder als Gerade geschrieben.

19 Abbildungsmatrix – Würfel

a) Um zu zeigen, dass sich drei Punkte A, B und C zu einem Quadrat ergänzen lassen, müssen Sie zuerst nachweisen, dass das Dreieck ABC gleichschenklig und rechtwinklig ist; hierzu berechnen Sie die Längen der Verbindungsvektoren von je zwei Punkten und das Skalarprodukt zwischen gleich langen Verbindungsvektoren, welches Null sein muss. Anschließend skizzieren Sie das Dreieck und stellen eine Vektorkette auf, um die Koordinaten des Punktes D zu erhalten.
Skizzieren Sie den möglichen Würfel. Prüfen Sie, ob der Vektor $\overrightarrow{AE}$ die gleiche Länge wie eine Quadratseite hat und ob er senkrecht auf dem Quadrat steht (Skalarprodukte zwischen den Vektoren der Kanten müssen gleich Null sein).

b) Bestimmen Sie den Flächeninhalt der Grundfläche G der Pyramide und mit Hilfe der Volumenformel $V = \frac{1}{3} \cdot G \cdot h$ die Höhe h der Pyramide sowie den Mittelpunkt des Quadrats. Überlegen Sie, welcher Vektor senkrecht auf der Grundfläche steht und wie lang dieser im Verhältnis zur Höhe h ist. Um die Koordinaten einer möglichen Spitze S zu erhalten, stellen Sie eine geeignete Vektorkette auf; es gibt zwei mögliche Spitzen.

c) Verwenden Sie als Ansatz für die affine Abbildung α :

$$\alpha : \begin{pmatrix} x_1{}' \\ x_2{}' \end{pmatrix} = \begin{pmatrix} a_1 & b_1 \\ a_2 & b_2 \end{pmatrix} \cdot \begin{pmatrix} x_1 \\ x_2 \end{pmatrix} + \begin{pmatrix} c_1 \\ c_2 \end{pmatrix} \quad \text{bzw.} \quad \begin{array}{rcrcrcr} x_1{}' & = & a_1x_1 & + & b_1x_2 & + & c_1 \\ x_2{}' & = & a_2x_1 & + & b_2x_2 & + & c_2 \end{array}$$

Setzen Sie jeweils die Koordinaten von Punkt und Bildpunkt in α ein; Sie erhalten insgesamt 6 Gleichungen, aus denen Sie zwei Gleichungssysteme aufstellen können.
Bestimmen Sie die Matrixdarstellung der zentrischen Streckung; die Matrix Z einer zentrischen Streckung von $O\,(0 \mid 0)$ aus mit Streckfaktor k lautet: $Z = \begin{pmatrix} k & 0 \\ 0 & k \end{pmatrix}$.
Bei der affinen Abbildung $\gamma = \beta \circ \alpha$ handelt es sich um eine Verkettung; die Matrix der Verkettung «erst α, dann β» erhalten Sie, indem Sie die Matrix von β von links mit der Matrix von α multiplizieren.
Setzen sie die Koordinaten von P in γ ein und berechnen Sie die Koordinaten von P^*.
Überlegen Sie, welche Bedingung gelten muss, dass ein Punkt auf der x_1-Achse liegt.

20 Abbildungsmatrix – Turmdach

a) Überlegen Sie, welche Grundfläche der Körper hat und wie S bezüglich der Grundfläche liegt.

b) Bestimmen Sie zwei Spannvektoren der Ebene und berechnen Sie mit Hilfe des Vektorprodukts einen Normalenvektor. Setzen Sie einen Punkt und den Normalenvektor in die Punkt-Normalenform ein.

c) Skizzieren Sie die Problemstellung.
Stellen Sie die Gleichung einer Hilfsebene E_H, die durch den Punkt C geht und orthogonal zur Kante AS verläuft, auf. Als Normalenvektor verwenden Sie den Vektor $\overrightarrow{AS}$.
Schneiden Sie diese Hilfsebene E_H mit der Geraden durch A und S, so erhalten Sie den Punkt F.
Die Länge des Stützstabes ist der Betrag des Verbindungsvektors von C zu F.

d) Sie erhalten das Bild eines Punktes, indem Sie den Ortsvektor dieses Punktes in die Abbildungsgleichung einsetzen und ausrechnen.

Die Matrix S einer Spiegelung an einer Ursprungsgeraden hat die Darstellung

$$S = \begin{pmatrix} \cos(2\alpha) & \sin(2\alpha) \\ \sin(2\alpha) & -\cos(2\alpha) \end{pmatrix}$$

wobei α der Winkel zwischen der Spiegelachse und der x_1-Achse ist.

Die Matrix der Verkettung «erst α, dann β» erhalten Sie, indem Sie die Matrix von β von links mit der Matrix von α multiplizieren.

21 Abbildungsmatrix – Würfelstumpf

a) Beachten Sie, dass der Würfel eine Kantenlange von $a = 10$ LE hat.
Überlegen Sie, welche verschieden langen Kanten der Würfelstumpf hat und berechnen Sie jeweils die Länge der entsprechenden Verbindungsvektoren.
Sie erhalten das Volumen des Würfelstumpfes, indem Sie vom Würfelvolumen viermal das Volumen einer abgeschnittenen Pyramide (z.B. BFLM) subtrahieren. Verwenden Sie als Grundfläche G_1 der Pyramide ein rechtwinkliges Dreieck, (z. B. LFM), bestimmen Sie die zugehörige Höhe h und berechnen Sie das Pyramidenvolumen mit der Formel:

$$V_P = \frac{1}{3} \cdot G_1 \cdot h.$$

b) Skizzieren Sie die Problemstellung. Stellen Sie die Gleichung einer zur Geraden g orthogonalen Hilfsebene E_H auf, die den Punkt D enthält. Als Normalenvektor verwenden Sie den Richtungsvektor $\overrightarrow{r_g}$ der Geraden g. Schneiden Sie g mit der Hilfsebene E_H, um die Koordinaten des Fußpunkts von D bezüglich g zu bestimmen. Die Länge des Vektors von D zum berechneten Schnittpunkt ist der gesuchte Abstand von D zu g.

c) Eine zentrische Streckung vom Ursprung aus mit Streckfaktor k hat die Darstellung

$$\alpha : \vec{x}' = \begin{pmatrix} k & 0 \\ 0 & k \end{pmatrix} \cdot \vec{x}.$$

Sie erhalten das Bild eines Punktes, indem Sie den Ortsvektor dieses Punktes in die Abbildungsgleichung einsetzen und ausrechnen.
Eine Drehung um den Ursprung um einen Winkel α hat die Darstellung

$$\beta : \vec{x}' = \begin{pmatrix} \cos\alpha & -\sin\alpha \\ \sin\alpha & \cos\alpha \end{pmatrix} \cdot \vec{x}.$$

Die Matrix der Verkettung «erst α, dann β» erhalten Sie, indem Sie die Matrix von β von links mit der Matrix von α multiplizieren.

22 Abbildungsmatrix – Solarzellen

a) Bestimmen Sie mit Hilfe von drei Dachpunkten eine Koordinatengleichung der zugehörigen Ebene und weisen Sie durch eine Punktprobe nach, dass der vierte Dachpunkt in dieser

Ebene enthalten ist.

b) Setzen Sie den Normalenvektor der Dachebene und den Normalenvektor der x_1x_2−Ebene in die Formel $\cos\alpha = \frac{|\vec{n_1}\cdot\vec{n_2}|}{|\vec{n_1}|\cdot|\vec{n_2}|}$ ein und bestimmen Sie α.
Um die Dachfläche zu berechnen, müssen Sie zuerst nachweisen, dass es sich beim Dachviereck um ein Trapez handelt (zwei Seiten müssen parallel sein). Die Trapezhöhe erhalten Sie durch die Abstandsbestimmung eines Punktes zu einer Geraden mit einer Hilfsebene.
Die Formel für den Flächeninhalt eines Trapezes lautet: $A = \frac{a+c}{2}\cdot h$.
Anschließend können Sie die Solarzellenfläche bestimmen.

c) Die Matrix S einer Spiegelung an einer Ursprungsgeraden hat die Darstellung

$$S = \begin{pmatrix} \cos(2\alpha) & \sin(2\alpha) \\ \sin(2\alpha) & -\cos(2\alpha) \end{pmatrix}$$

wobei α der Winkel zwischen der Spiegelachse und der x_1-Achse ist.
Bestimmen Sie die Steigung der Spiegelgeraden sowie den Steigungswinkel α mit Hilfe des Tangens-Verhältnisses.
Die Matrix D einer Drehung um den Ursprung um einen Winkel α hat die Darstellung

$$D = \begin{pmatrix} \cos\alpha & -\sin\alpha \\ \sin\alpha & \cos\alpha \end{pmatrix}$$

Sie erhalten das Bild eines Punktes, indem Sie den Ortsvektor dieses Punktes in die Abbildungsgleichung einsetzen und ausrechnen.
Die Matrix der Verkettung «erst α, dann β» erhalten Sie, indem Sie die Matrix von β von links mit der Matrix von α multiplizieren.

23 Abbildungsmatrix – Gleichungssystem

a) Lösen Sie das gegebene Gleichungssystem mit dem Gauß-Algorithmus, so dass die Unbekannten x_1, x_2 und x_3 bestimmt werden können. Überlegen Sie, unter welchen Umständen es unendlich viele Lösungen gibt.

b) Setzen Sie in das auf Stufenform gebrachte Gleichungssystem $t = 6$ ein und wählen Sie z.B. $x_3 = r$; anschließend berechnen Sie x_2 und x_1.

c) Berechnen Sie die Schnittpunkte von g mit den Koordinatenebenen, indem Sie jeweils eine Koordinate der Geradengleichung Null setzen, den zugehörigen Parameter r berechnen und den jeweiligen Schnittpunkt durch Einsetzen von r in die Geradengleichung bestimmen.
Zeichnen Sie die Gerade g so, dass man erkennt, welche Geradenabschnitte vor bzw. hinter den Koordinatenachsen verlaufen.

d) Prüfen Sie, um welche Art von Dreieck es sich handelt.
Stellen Sie dafür die Verbindungsvektoren zwischen den Eckpunkten auf und berechnen Sie das Skalarprodukt zwischen je zwei Verbindungsvektoren. Ist ein Ergebnis Null, so existiert ein rechter Winkel. Skizzieren Sie das Dreieck.
Um den Flächeninhalt des Dreiecks zu berechnen, benötigen Sie noch die Längen der Seiten, die den rechten Winkel einschließen.

e) Sie erhalten das Bild einer Geraden, indem Sie die Gerade als «parameterisierten» Ortsvektor schreiben und in die Abbildungsgleichung einsetzen. Nach dem Ausrechnen wird das Ergebnis wieder als Gerade geschrieben.
Überlegen Sie, welche Matrixdarstellung eine Punktspiegelung am Ursprung hat (spezielle zentrische Streckung).
Die Matrix der Verkettung «erst α, dann β» erhalten Sie, indem Sie die Matrix von β von links mit der Matrix von α multiplizieren.

24 Übergangsmatrix – Pyramide

a) Die Koordinatengleichung von E erhalten Sie durch Bestimmen der Spannvektoren (Verbindungsvektoren), des Normalenvektors mit Hilfe des Vektorproduktes (siehe Seite 65) sowie Aufstellen und Ausrechnen der Normalenform.
Zur Prüfung der Rechtwinkligkeit berechnen Sie das Skalarprodukt von je zwei Verbindungsvektoren, zur Prüfung der Gleichschenkligkeit die Länge der Verbindungsvektoren.
Punkt D erhalten Sie durch Aufstellen einer Vektorkette.

b) Den Mittelpunkt des Rechtecks erhalten Sie als Mittelpunkt der Strecke AC oder BD.
Für den Winkel ε zwischen der Geraden g mit Richtungsvektor $\overrightarrow{r_g}$ und der Ebene E mit Normalenvektor $\vec{n}$ verwenden Sie die Formel:

$$\sin\varepsilon = \frac{|\overrightarrow{r_g} \cdot \vec{n}|}{|\overrightarrow{r_g}| \cdot |\vec{n}|}.$$

c) Überlegen Sie, aus welchen Teilen sich die Gesamtkosten zusammensetzen.
Für den Rohstoffbedarf müssen Sie mit Hilfe der Matrizenmultiplikation zuerst eine Übergangsmatrix von Rohstoffen zu Endprodukten berechnen und anschließend diese mit den gegebenen Eingangswerten multiplizieren.
Für den Bedarf an Zwischenprodukten multiplizieren Sie die Matrix für den Prozess von Zwischenprodukten zu Endprodukten mit den gegebenen Eingangswerten.
Denken Sie noch an die Endproduktionskosten und die Fixkosten.
Setzen Sie den Verkaufspreis für E_1 gleich x und bestimmen Sie die Verkaufspreise für E_2 und E_3.

Überlegen Sie, welchen Erlös der Händler bei der gegebenen Menge an Endprodukten in Abhängigkeit von x erzielt.
Stellen Sie eine Ungleichung auf, bei der auf der einen Seite der Erlös und auf der anderen Seite die Gesamtkosten und der Gewinn stehen. Durch Auflösen nach x erhalten Sie die entsprechenden Verkaufspreise.

25 Übergangsmatrix – Zelt

a) Bestimmen Sie die Normalenvektoren benachbarter Seitenflächen mit dem Vektorprodukt (vergleiche Seite 65) und berechnen Sie den Winkel zwischen diesen: $\cos\beta = \frac{\overrightarrow{n_1} \cdot \overrightarrow{n_2}}{|\overrightarrow{n_1}| \cdot |\overrightarrow{n_2}|}$. Falls β spitz ist, gilt $\alpha = 180° - \beta$.

b) Bestimmen Sie die Koordinaten der Punkte der Pyramide, sowie der Punkte A, B, C und D. Berechnen Sie die Fläche des gleichschenkligen Dreiecks PQS sowie des Trapezes ABCD: $A_{\text{Trapez}} = \frac{\overline{AB}+\overline{CD}}{2} \cdot h$. Die Höhe des Trapezes ist halb so groß wie die Höhe des Dreiecks PQS.

c) I) Überlegen Sie zuerst, wieviel Prozent der Kunden ihrer Videothek treu bleiben. Zeichnen Sie damit den Übergangsgraphen. Stellen Sie Gleichungen für die neuen Kundenzahlen auf und schreiben Sie diese zu einer Übergangstabelle oder direkt zur Übergangsmatrix um.

II) Multiplizieren Sie den Vektor der Eingangswerte mit der Matrix.

III) Multiplizieren Sie zuerst die Übergangsmatrix einmal mit sich selbst um die Matrix für die Verteilung nach 2 Jahren zu erhalten. Bestimmen Sie dann die Einträge, die für den Wechsel zu Cinemavideo verantwortlich sind.

26 Übergangsmatrix – Geradenschar

a) C_0 bedeutet, dass $t = 0$ in C_t eingesetzt wird.
Um die Gleichung der Geraden zu erhalten, setzen Sie zwei verschiedene Zahlen für t in C_t ein und stellen mit diesen beiden Punkten die Geradengleichung auf.
Überlegen Sie anhand des Richtungsvektors, wie diese verläuft.
Die Koordinatengleichung erhalten Sie durch Einsetzen der drei gegebenen Punkte in die allgemeine Koordinatengleichung einer Ebene ($E: ax_1 + bx_2 + cx_3 - d = 0$) und Lösen des Gleichungssystems.
Alternativ können Sie mit Hilfe der drei Punkte die Koordinatengleichung durch Bestimmung des Normalenvektors und der Normalenform aufstellen.

b) Um zu ermitteln, für welche t das Dreieck ABC_t rechtwinklig ist, betrachten Sie die Skalarprodukte von je zwei Verbindungsvektoren.
Überlegen Sie, welcher Art das Dreieck ABC_6 ist.

c) Überlegen Sie, wie die einzelnen Geraden der Geradenschar verlaufen und was sie in ihrer Gesamtheit bilden.
Für zwei senkrecht stehende Geraden benötigen Sie das Skalarprodukt der beiden Richtungsvektoren.
Für den allgemeinen Zusammenhang verwenden Sie h_{t_1} und h_{t_2}.

d) Überlegen Sie, welches die Eingangswerte sind, legen Sie Variablen fest und stellen Sie Gleichungen für die Ausgangswerte auf. Anschließend schreiben Sie das Gleichungssystem zu einer Matrix um und berechnen die gesuchten Ausgangswerte durch Multiplikation der Matrix mit den Eingangswerten.

27 Abbildungsmatrix – Würfel (CAS)

a) Den Winkel α zwischen zwei Vektoren $\vec{a}$ und $\vec{b}$ bestimmen Sie mit folgender Formel:

$$\cos\alpha = \frac{\vec{a}\cdot\vec{b}}{|\vec{a}|\cdot|\vec{b}|}$$

Achten Sie darauf, dass der Rechner auf Gradmaß eingestellt ist.
Den Flächeninhalt A_1 eines Dreiecks mit den Vektoren $\vec{a}$ und $\vec{b}$ als Seiten berechnen Sie mit der Formel: $A_1 = \frac{1}{2}\cdot|\vec{a}|\cdot|\vec{b}|\cdot\sin\alpha$, wobei α der Winkel zwischen den beiden Vektoren ist.
Berechnen Sie Beträge, Skalarprodukte, etc. mit dem CAS und geben Sie Vektoren als einspaltige, dreizeilige Matrizen ein.

b) Bestimmen Sie die Mittelpunkte der Strecken HD und EH jeweils mit einer Vektorkette.
Eine Ebenengleichung stellen Sie mit der Dreipunkteform auf.
Zur Berechnung der Spurpunkte (Schnittpunkte mit den Koordinatenachsen) von E_1 setzen Sie jeweils 2 Koordinaten gleich Null; Sie erhalten jeweils zwei Gleichungen mit zwei Unbekannten.
Um die Ebene E_1 zu skizzieren, zeichnen Sie das Dreieck der Spurpunkte.
Zur Bestimmung des Schwerpunkts des Dreiecks EHD stellen Sie die Gleichungen von zwei Seitenhalbierenden (Gerade durch den Mittelpunkt einer Seite und den gegenüberliegenden Eckpunkt) auf und berechnen Sie ihren Schnittpunkt.

c) Um zu zeigen Sie, dass die Gerade g Fixgerade von α ist, d.h. auf sich selbst abgebildet wird, setzen Sie die Koordinaten von g in α ein und überlegen sich, ob die Bildgerade mit g identisch ist.

Wählen Sie P$(a \mid b)$ als Punkt, der durch α auf sich selbst abgebildet wird. Setzen Sie den Ortsvektor von P für $\vec{x}$ und für $\vec{x}'$ in α ein und lösen Sie das Gleichungssystem.

Die Gleichung der Bildgeraden von h erhalten Sie, indem Sie h als «parameterisierten» Ortsvektor schreiben und in die Abbildungsgleichung einsetzen. Nach dem Ausrechnen wird das Ergebnis wieder als Gerade geschrieben.

28 Abbildungsmatrix – Geraden (CAS)

a) Um zu zeigen, dass sich die Geraden g und h schneiden, prüfen Sie, ob ihre Richtungsvektoren kollinear sind (d.h. ein Vielfaches voneinander bzw. linear abhängig).
Anschließend setzen Sie die Geradengleichungen gleich und lösen das entstehende Gleichungssystem (von Hand oder mit dem CAS).
Den Schnittwinkel α erhalten Sie mit der Formel: $\cos\alpha = \frac{|\overrightarrow{r_g} \cdot \overrightarrow{r_h}|}{|\overrightarrow{r_g}| \cdot |\overrightarrow{r_h}|}$, wobei $\overrightarrow{r_g}$ bzw. $\overrightarrow{r_h}$ die Richtungsvektoren der Geraden g bzw. h sind.

b) Skizzieren Sie die Problemstellung.
Um den Abstand d des Punktes P von der Geraden g zu bestimmen, benötigen Sie eine Hilfsebene E_H, die senkrecht zu g verläuft und den Punkt P erhält; als Normalenvektor verwenden Sie den Richtungsvektor $\overrightarrow{r_g}$ der Geraden g. Mit Hilfe der Punkt-Normalenform $E_H:\ (\vec{x} - \vec{p}) \cdot \overrightarrow{r_g} = 0$ erhalten Sie eine Ebenengleichung.
Schneiden Sie E_H mit der Geraden g, so erhalten Sie die Koordinaten des Lotfußpunkts F.
Bestimmen Sie nun die Länge der Strecke $\overline{PF}$, d.h. den Betrag des Vektors $\overrightarrow{PF}$.

c) Da X auf der Geraden h liegt, können Sie die Koordinaten von X allgemein (in Abhängigkeit von s) angeben.
Bestimmen Sie damit die Länge der Strecke $\overline{PX}$ (d.h. den Betrag des Vektors $\overrightarrow{PX}$) in Abhängigkeit von s.
Setzen Sie diese Länge mit 18 gleich und lösen Sie die entstehende Gleichung (CAS).
Setzen Sie die Lösungen in die oben bestimmten Koordinaten von X ein und geben Sie die beiden Punkte an.

d) Verwenden Sie als Ansatz für die affine Abbildung α :
$$\alpha: \begin{pmatrix} x_1' \\ x_2' \end{pmatrix} = \begin{pmatrix} a_1 & b_1 \\ a_2 & b_2 \end{pmatrix} \cdot \begin{pmatrix} x_1 \\ x_2 \end{pmatrix} + \begin{pmatrix} c_1 \\ c_2 \end{pmatrix} \text{ bzw. } \begin{matrix} x_1' = a_1x_1 + b_1x_2 + c_1 \\ x_2' = a_2x_1 + b_2x_2 + c_2 \end{matrix}$$
Setzen Sie jeweils die Koordinaten von Punkt und Bildpunkt in α ein; Sie erhalten insgesamt 6 Gleichungen, aus denen Sie zwei Gleichungssysteme aufstellen können.
Berechnen Sie das Bild der x_1-Achse und der x_2-Achse, indem Sie deren Gleichungen aufstellen, diese als «parameterisierten» Ortsvektor schreiben und in die Abbildungsgleichung

einsetzen.
Überlegen Sie, ob eine der erhaltenen Bildgeraden eine Koordinatenachse ist.

29 Übergangsmatrix – Ebenen (CAS)

a) Prüfen Sie, ob die Normalenvektoren der Ebenen kollinear (d.h. ein Vielfaches voneinander bzw. linear abhängig) sind.
Zur Bestimmung der Schnittgeraden stellen Sie eine geeignete Matrix auf und vereinfachen diese mit dem CAS oder Sie stellen ein Gleichungssystem auf und lösen dieses von Hand.

b) Zur Bestimmung des Schnittpunkts stellen Sie eine geeignete Matrix auf und vereinfachen diese mit dem CAS oder Sie stellen ein Gleichungssystem auf und lösen dieses von Hand.
Überlegen Sie, welche Möglichkeiten es für die gegenseitige Lage von drei Ebenen gibt.

c) Überlegen Sie zuerst, wieviel Prozent der Kunden bei ihrem eigenen Unternehmen bleiben. Anschließend legen Sie Variablen für die Anzahl der Kunden des jeweiligen Handyunternehmens fest. Stellen Sie Gleichungen für die neuen Kundenanzahlen auf und schreiben Sie diese zu einer Übergangsmatrix M um.
Für die Kundenverteilung nach zwei Jahren multiplizieren Sie zuerst die Übergangsmatrix M mit sich selbst und das Ergebnis anschließend mit den Eingangswerten.
Für die Kundenverteilung nach fünf Jahren multiplizieren Sie zuerst die Übergangsmatrix M fünfmal mit sich selbst und das Ergebnis anschließend mit den Eingangswerten.
Um eine Gleichgewichtsveteilung zu bestimmen, stellen Sie die Gleichung $M \cdot \vec{x} = \vec{x}$ auf und lösen das zugehörige Gleichungssystem. Überlegen Sie, wie Sie die Anzahl der Kunden der Handyunternehmen ermitteln können.

Stochastik

30 Handys

a) Überlegen Sie, wie viele Ausfälle es bei der Ziehung eines Handys gibt, wie oft dasselbe Experiment gemacht wird und welche Wahrscheinlichkeiten auftreten.
Legen Sie die Zufallsvariable X für die Anzahl der fehlerhaften Handys fest. Mit Hilfe einer Tabelle oder können Sie die Wahrscheinlichkeiten $P(X \leqslant k)$ für $n = 100$ und $p = 0,1$ bestimmen.

b) Bestimmen Sie verschiedene Intervalle mit Mittelpunkt 10 und berechnen Sie die entsprechenden Wahrscheinlichkeiten. Sobald eine Wahrscheinlichkeit von 0,95 erreicht ist, haben Sie das kleinstmögliche Intervall.
Anschließend nehmen Sie an, dass n Handys entnommen werden. Rechnen Sie mit dem Gegenereignis und stellen Sie eine Ungleichung auf.

c) Verwenden Sie F für «fehlerhaft» und A für «ausgesondert». Bestimmen Sie aus den gegebenen Daten die entsprechenden Wahrscheinlichkeiten, auch für die Schnittmengen.
Anschließend tragen Sie diese in eine Vierfeldertafel ein und lesen hieraus die gesuchte Wahrscheinlichkeit ab.

d) Stellen Sie zunächst die Nullhypothese auf und bestimmen Sie dann den Annahmebereich A^* und den Ablehnungsbereich $\overline{A^*}$ für die vorgegebene Irrtumswahrscheinlichkeit. Zum Schluss prüfen Sie, in welchen Bereich die konkret durchgeführte Stichprobe fällt.

31 Glücksspiel 1

a) Zeichnen Sie ein Baumdiagramm für die einzelnen Ziehungen. Beachten Sie dabei, dass sich die Wahrscheinlichkeiten ändern, wenn eine rote Kugel gezogen wurde.
Ermitteln Sie mit Hilfe der Pfadregeln (Produkt- und Summenregel) die Wahrscheinlichkeiten der Ereignisse A bis E. Manchmal rechnet es sich leichter mit dem Gegenereignis.

b) Ermitteln Sie mit Hilfe des Baumdiagramms und der Pfadregeln die Wahrscheinlichkeiten für die einzelnen Ereignisse.
Legen Sie den Einsatz des Spielers mit x Euro fest und überlegen Sie sich den Reingewinn des Standbesitzers bei den jeweiligen Ereignissen.
Bestimmen Sie den Erwartungswert des Gewinnes des Standbesitzers (in Abhängigkeit von x) und setzen Sie diesen mit 0,58 gleich.

c) Berechnen Sie die Wahrscheinlichkeit bei zwei Ziehungen mit Hilfe des Baumdiagrammes und der Pfadregeln unter Berücksichtigung des Gegenereignisses.
Wenn in der Urne nur noch 4 rote Kugeln sind, müssen Sie beachten, dass sich auch die Wahrscheinlichkeit für die Ziehung einer blauen Kugel ändert.
Bestimmen Sie eine Formel für die Wahrscheinlichkeit des Ereignisses bei n Ziehungen, stellen Sie eine Gleichung auf und lösen Sie diese mit Hilfe des Logarithmus.

32 Überraschungseier

a) Überlegen Sie, welche Bedeutung die Wahrscheinlichkeit $P(X = k) = \binom{n}{k} \cdot p^k \cdot (1-p)^{n-k}$ bei einer Binomialverteilung mit Kettenlänge n und Trefferwahrscheinlichkeit p hat, wobei X Zufallsvariable für die Anzahl der Treffer sei.
Wenn in keinem Ei eine Figur enthalten ist, gilt: $k = 0$.
Wenn höchstens zwei Figuren enthalten sind, müssen Sie die Wahrscheinlichkeiten $P(X = k)$ für $k = 0$, $k = 1$, und $k = 2$ berechnen und addieren.

b) Rechnen Sie mit dem Gegenereignis und $P(X \geqslant 1) = 1 - P(X = 0)$. Stellen Sie eine Ungleichung auf und lösen Sie diese. Beachten Sie, dass sich das $<$ bzw. $>$ Zeichen «umdreht», wenn durch eine negative Zahl geteilt wird.

c) Überlegen Sie, was es bedeutet, wenn ein Ei einwandfrei ist.
Zeichnen Sie das zugehörige Baumdiagramm mit den entsprechenden Wahrscheinlichkeiten und stellen Sie eine Gleichung für die Wahrscheinlichkeit auf, dass ein Ei einwandfrei ist. Verwenden Sie die Produktregel.

d) Überlegen Sie, ob ein Käufer auch mit mehr Figuren zufrieden ist.
Ein Fehler 1. Art bedeutet, dass eine richtige Hypothese abgelehnt wird.
Bestimmen Sie den Erwartungswert μ für die Anzahl der Eier mit Filmfigur mit Hilfe der Formel $\mu = n \cdot p$ sowie die zugehörige Standardabweichung σ durch $\sigma = \sqrt{n \cdot p \cdot (1-p)}$.
Zeigen Sie, dass der Ablehnungsbereich außerhalb der 2σ-Umgebung von μ liegt und überlegen Sie, was das für die Wahrscheinlichkeit eines Fehlers 1. Art bedeutet.
Alternativ können Sie auch mit Hilfe einer Binomialverteilungstabelle die Wahrscheinlichkeit des Ablehnungsbereichs bestimmen.

33 Glücksspiel 2

a) Zeichnen Sie ein Baumdiagramm für die verschiedenen Ereignisse bei der Ziehung einer Kugel aus Urne A und einer Kugel aus Urne B und bestimmen Sie jeweils die Wahrscheinlichkeiten für die einzelnen Pfade. Verwenden Sie dazu die Produktregel, denn es handelt sich um unabhängige Ereignisse.

Überlegen Sie, welcher Gewinn sich bei welchem Ereignis ergibt. Beachten Sie, dass vor jeder Ziehung immer ein Einsatz von 2 € gezahlt werden muss.

Den Erwartungswert der Zufallsgröße X erhalten Sie, indem Sie für jedes Ereignis den zugehörigen Gewinn mit der jeweiligen Wahrscheinlichkeit multiplizieren und alle Ergebnisse aufsummieren.

Überlegen Sie, ob das Spiel auf längere Sicht Gewinn bringt.

b) Sei K das Ereignis «mindestens ein Höchstgewinn bei n Spielen». Überlegen Sie, wie das zugehörige Gegenereignis $\overline{K}$ lautet und wie groß dessen Wahrscheinlichkeit bei n Spielen ist.

Verwenden Sie die Formel: $P\left(\overline{K}\right) = 1 - P(K)$.

Stellen Sie eine Ungleichung auf und lösen Sie diese von Hand.

34 Wahlbeteiligung

a) 1990: Berechnen Sie die Anzahl der Wähler, mit Hilfe der Wahlbeteiligung und der Anzahl der Wahlberechtigten im Jahr 1990.

2005: Bestimmen Sie zuerst die Anzahl der Wahlberechtigen im Jahr 2005 mit Hilfe des Mittelwerts. Anschließend können Sie die Wahlbeteiligung ermitteln.

Bestimmen Sie die absolute Anzahl der Wähler, die die CDU /CSU gewählt haben und vergleichen Sie diese Anzahl mit der Zahl der Nichtwähler.

b) Bestimmen Sie das 95 %-Vertrauensintervall mit Hilfe der Formel für Vertrauensintervalle: $|h_n - p| \leqslant 1{,}96 \cdot \sqrt{\frac{p\cdot(1-p)}{n}}$, es ist h_n die relative Häufigkeit und n die Stichprobengröße. Alternativ können Sie auch die Näherungslösung für Vertrauensintervalle benutzen:

$I = \left[\, h_n - 1{,}96 \cdot \sqrt{\frac{h_n(1-h_n)}{n}};\ h_n + 1{,}96 \cdot \sqrt{\frac{h_n(1-h_n)}{n}} \,\right]$

c) Überlegen Sie, ob die Gesamtanzahl n linear in die Berechnung des Vertrauensintervalls einfließt. Alternativ können Sie auch das Vertrauensintervall für $n = 30\,640$ berechnen.

35 Bundesbürger (CAS)

a) Berechnen Sie die Anzahl der gesamten Bevölkerung und wählen Sie in Ihrem Modell pro Person eine Kugel. Beachten Sie, dass in Tabelle 1 die Anzahl in Tausend angegeben ist.

Überlegen Sie, ob man die Kugeln nach dem Ziehen zurücklegen muss.

Berechnen Sie die relativen Häufigkeiten der einzelnen Altersgruppen. Legen Sie hierzu eine Tabelle mit folgenden Spalten an: Altersgruppe n, Durchschnittsalter D(n), Anzahl in Tausend H(n), relative Häufigkeit $h(n) = \frac{H(n)}{\text{Gesamtzahl}}$ (CAS).

Für die Berechnung der Wahrscheinlichkeit von Ereignis E_1 verwenden Sie die relativen Häufigkeiten und die Summenregel.

Für die Berechnung der Wahrscheinlichkeit von Ereignis E_2 verwenden Sie die relativen Häufigkeiten und rechnen Sie mit dem Gegenereignis.

Für die Berechnung der Wahrscheinlichkeit von Ereignis E_3 definieren Sie sich eine Zufallsvariable X für die Anzahl der Personen, die 65 Jahre oder älter sind. X ist binomialverteilt mit $n = 100$ und $p = 0,175$. Berechnen Sie die Wahrscheinlichkeit des Ereignisses $X = 11$ mit der eingebauten Binomialverteilungsfunktion. Bei manchen CAS-Geräten ist diese Funktion nicht direkt abrufbar. Benutzen Sie dann die Formel

$P(X = k) = \binom{n}{k} \cdot p^k \cdot (1-p)^{n-k}$, die Sie unter $\text{bin}(n, k, p)$ des CAS speichern.

Für die Berechnung der Wahrscheinlichkeit von Ereignis E_4 definieren Sie sich eine Zufallsvariable X für die Anzahl der Personen unter 6 Jahren. X ist binomialverteilt mit $n = 90$ und $p = 0,056$. Berechnen Sie die Wahrscheinlichkeit der Ereignisse $X = k$ für $k = 0,1,2,3,4,5$ mit obiger Formel und addieren Sie die Ergebnisse oder nutzen Sie die Binmialsummenfunktion.

b) Den Mittelwert $\overline{x}$ berechnen Sie mit Hilfe der Formel: $\overline{x} = \frac{x_1 + \ldots\ldots + x_n}{n}$.

Den Erwartungswert des Alters eines Bundesbürgers erhalten Sie, indem Sie jeweils das Durchschnittsalter $d(n)$ mit der zugehörigen relativen Häufigkeit $h(n)$ dieser Altersgruppe multiplizieren und anschließend die Ergebnisse addieren (Liste mit CAS).

Überlegen Sie sich, woran man erkennen kann, dass die Daten gefälscht sind.

Bei der Stichprobe handelt es sich um einen zweiseitigen Test einer Binomialverteilung mit $n = 50$, $p = 0,3$ und $k = 0, \ldots .50$, bei dem auf jeder Seite etwa 2,5 % der Personen nicht berücksichtigt werden.

Erstellen Sie mit Hilfe des CAS eine Liste mit folgenden Spalten: alle möglichen Ausfälle $k = 0, \ldots, 50$; zugehörige Wahrscheinlichkeit $\text{bin}(n, k, p)$; Summenverteilung (= kumulierte Summe von Spalte 2).

Bestimmen Sie diejenigen Werte von k, bei denen die Summenverteilung etwa 2,5 %$= 0,025$ bzw. 97,5 %$= 0,975$ beträgt.

c) Zur Berechnung der Wahrscheinlichkeiten entnehmen Sie jeweils die gesamten Anzahlen der Tabelle 1.

Vergleichen Sie die Ergebnisse und überlegen Sie, ob es für die Beurteilung des Unfallrisikos noch andere Argumente als die Altersgruppenzugehörigkeit gibt.

Lösungen

Analysis

1 Ganzrationale Funktion – Mountainbike

a) Da die variablen Kosten V durch eine ganzrationale Funktion 2. Grades beschrieben werden sollen, gilt für V der Ansatz: $\mathrm{V}(x) = ax^2 + bx + c$.

Aus den gegebenen Daten erhält man folgende Gleichungen:

$$\begin{array}{lrcr} \text{I} & \mathrm{V}(0) & = & 0 \\ \text{II} & \mathrm{V}(2) & = & 306 \\ \text{III} & \mathrm{V}(6) & = & 954 \end{array}$$

bzw.

$$\begin{array}{lrcrcrcr} \text{I} & a \cdot 0^2 & + & b \cdot 0 & + & c & = & 0 \\ \text{II} & a \cdot 2^2 & + & b \cdot 2 & + & c & = & 306 \\ \text{III} & a \cdot 6^2 & + & b \cdot 6 & + & c & = & 954 \end{array}$$

Dies führt zu:

$$\begin{array}{lrcrcr} \text{I} & & & c & = & 0 \\ \text{II} & 4a & + & 2b & = & 306 \\ \text{III} & 36a & + & 6b & = & 954 \end{array}$$

Multipliziert man Gleichung II mit 3 und subtrahiert davon Gleichung III, so ergibt sich: $-24a = -36 \Rightarrow a = 1,5$. Setzt man $a = 1,5$ in Gleichung II ein, so erhält man: $4 \cdot 1,5 + 2b = 306 \Rightarrow b = 150$. Außerdem ist auch $\mathrm{V}(10) = 100a + 10b = 1650$ erfüllt. Somit werden die variablen Kosten V beschrieben durch: $\mathrm{V}(x) = 1,5x^2 + 150x$.

Die monatlichen Herstellungskosten H setzen sich aus den Fixkosten und den variablen Kosten V zusammen:

$$\begin{aligned} \mathrm{H}(x) &= 5000 + \mathrm{V}(x) \\ &= 1,5x^2 + 150x + 5000. \end{aligned}$$

Wenn die variablen Kosten $\mathrm{V}(x)$ fünfmal so hoch wie die Fixkosten (5000 €) sein sollen, muss gelten:

$\mathrm{V}(x) = 25\,000$ bzw. $1,5x^2 + 150x = 25\,000 \Rightarrow x_1 \approx 88,44$ und $x_2 \approx -188,44$.

Bei einer Produktion von 88 Mountainbikes sind die variablen Kosten fünfmal so hoch wie die Fixkosten.

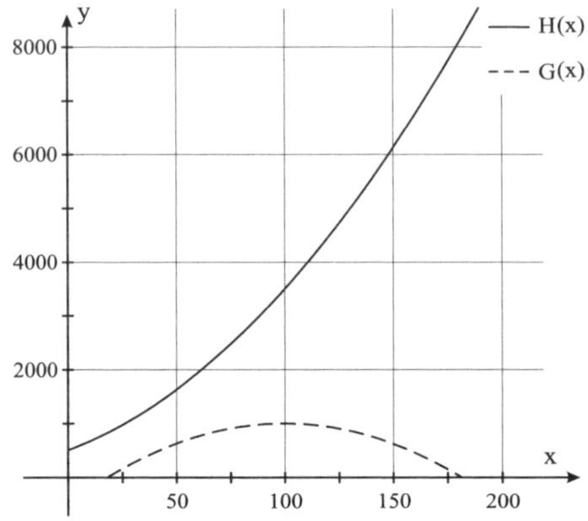

b) Den monatlichen Gewinn G erhält man, indem man die Herstellungskosten H vom Erlös E subtrahiert. Da ein Mountainbike für 450 € an den Händler verkauft wird, gilt für den Erlös E bei x produzierten Mountainbikes:
$\mathrm{E}(x) = 450 \cdot x$
$\mathrm{G}(x) = \mathrm{E}(x) - \mathrm{H}(x) = 450x - (1,5x^2 + 150x + 5000) = -1,5x^2 + 300x - 5000.$

Die Firma macht Gewinn, wenn $\mathrm{G}(x)$ positiv ist, d.h. die Produktionszahlen zwischen den Nullstellen von G liegen, da der Graph von G eine nach unten offene Parabel ist.
$\mathrm{G}(x) = 0$ führt zu $-1,5x^2 + 300x - 5000 = 0 \Rightarrow x_1 \approx 18,4$ und $x_2 \approx 181,6$.
Die Firma macht Gewinn, wenn mehr als 18 und weniger als 182 Mountainbikes hergestellt werden.

Den maximalen Gewinn erhält man durch Berechnung des Maximums von G durch Nullsetzen der 1. Ableitung:
$\mathrm{G}'(x) = -3x + 300 = 0 \Rightarrow x = 100.$
Da G′ bei $x = 100$ das Vorzeichen von + nach − wechselt, handelt es sich um ein Maximum. Setzt man $x = 100$ in $\mathrm{G}(x)$ ein, so erhält man:
$\mathrm{G}(100) = -1,5 \cdot 100^2 + 300 \cdot 100 - 5000 = 10000.$
Bei einer Produktion von 100 Mountainbikes pro Monat beträgt der maximale Gewinn 10 000 €.

c) Wenn pro Monat 90 Mountainbikes produziert werden, betragen die Herstellungskosten $\mathrm{H}(90) = 1,5 \cdot 90^2 + 150 \cdot 90 + 5000 = 30650.$
Ist p der Preis für ein Mountainbike, so beträgt der Erlös $\mathrm{E} = 90 \cdot p$.
Da der Gewinn mindestens 2000 € betragen soll, muss gelten:
$90p - 30650 \geqslant 2000 \Rightarrow p \geqslant 362,78.$
Der Preis für ein Mountainbike kann also höchstens um $450 - 362,78 = 87,22$ € gesenkt werden.
Da $\frac{87,22}{450} \approx 0,194 = 19,4\ \%$, also kann der ursprünglich erzielte Preis um höchstens 19,4 % gesenkt werden.

2 Ganzrationale Funktion – Swimmingpool

a) Es ist $f(t) = t^3 - 13t^2 + 40t;\ 0 \leqslant t \leqslant 9$.
Wenn Wasser weder zu- noch abläuft, ist die Zulaufrate $f(t) = 0$:
$t^3 - 13t^2 + 40t = 0$ führt zu $t \cdot (t^2 - 13t + 40) = 0$, Lösungen: $t_1 = 0$, $t_2 = 5$ und $t_3 = 8$. Zu Beginn, nach 5 und nach 8 Stunden läuft das Wasser weder zu noch ab.

Die Zeitpunkte maximalen Zu- bzw. Abflusses können am Intervallrand oder bei den relativen Extrema von f liegen.
Die relativen Extrema erhält man mit Hilfe der 1. und 2. Ableitung:
$f'(t) = 3t^2 - 26t + 40$ und $f''(t) = 6t - 26$.
Setzt man die erste Ableitung $f'(t) = 0$, führt dies zu $3t^2 - 26t + 40 = 0$ mit den Lösungen $t_1 = 2$ und $t_2 = \frac{20}{3} = 6\frac{2}{3}$.
Setzt man t_1 bzw. t_2 in $f(t)$ ein, so ergibt sich $f(2) = 2^3 - 13 \cdot 2^2 + 40 \cdot 2 = 36$ bzw. $f\left(\frac{20}{3}\right) = \left(\frac{20}{3}\right)^3 - 13 \cdot \left(\frac{20}{3}\right)^2 + 40 \cdot \left(\frac{20}{3}\right) = -\frac{400}{27}$.
Setzt man t_1 bzw. t_2 in $f''(t)$ ein, so ergibt sich:
$f''(2) = 6 \cdot 2 - 26 = -14 < 0$, also liegt ein relatives Maximum vor.
$f''\left(\frac{20}{3}\right) = 6 \cdot \frac{20}{3} - 26 = 14 > 0$, also liegt ein relatives Minimum vor.
Die Intervallränder sind $t_3 = 0$ und $t_4 = 9$. Diese werden in $f(t)$ eingesetzt. Es gilt: $f(0) = 0$ und $f(9) = 9^3 - 13 \cdot 9^2 + 40 \cdot 9 = 36 = f(2)$. Somit hat der Zufluss nach 2 Stunden ein relatives Maximum, nach $6\frac{2}{3}$ Stunden hat der Zufluss ein relatives Minimum, welches negativ ist, d.h. der Abfluss ist maximal, und nach 9 Stunden hat der Zufluss ein Maximum, welches gleich groß ist wie nach 2 Stunden, aber am Rand liegt.

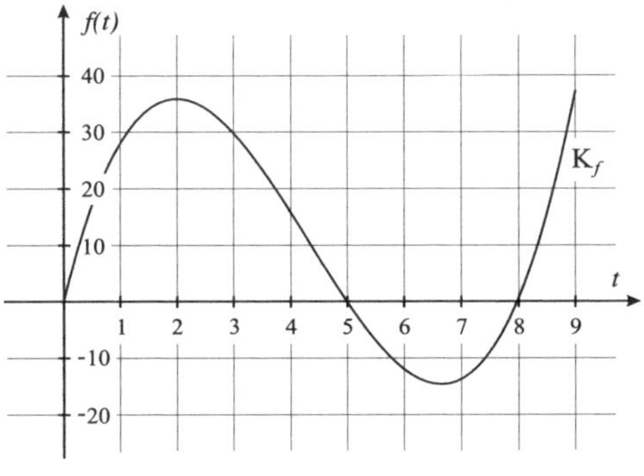

b) Um die Wassermenge nach 3 Stunden zu berechnen, benötigt man zuerst die Wassermenge zu Beginn: $V = G \cdot h = 8 \cdot 5 \cdot 0{,}1 = 4$. Somit sind zu Beginn $4\,m^3$ Wasser im Pool.
Nun stellt man eine Funktion $w(t)$ auf, die den Wasserstand im Pool zum Zeitpunkt t angibt.
Hierzu bestimmt man eine allgemeine Stammfunktion von f und berücksichtigt die Anfangsbedingung:
$w(t) = \frac{1}{4}t^4 - \frac{13}{3}t^3 + 20t^2 + c$.

Mit $w(0) = 4$ ergibt sich $c = 4 \Rightarrow w(t) = \frac{1}{4}t^4 - \frac{13}{3}t^3 + 20t^2 + 4$.

Damit ist die Wassermenge nach 3 Stunden: $w(3) = \frac{1}{4} \cdot 3^4 - \frac{13}{3} \cdot 3^3 + 20 \cdot 3^2 + 4 = 87{,}25\,\text{m}^3$.

Alternativ kann man den Zufluss z in den ersten 3 Stunden mit Hilfe des Integrals berechnen:

$$z = \int_0^3 f(t)dt = \int_0^3 \left(t^3 - 13t^2 + 40t\right) dt = \left[\frac{1}{4}t^4 - \frac{13}{3}t^3 + 20t^2\right]_0^3$$
$$= \frac{1}{4} \cdot 3^4 - \frac{13}{3} \cdot 3^3 + 20 \cdot 3^2 = 83{,}25.$$

Somit befinden sich nach 3 Stunden $4 + 83{,}25 = 87{,}25\,\text{m}^3$ Wasser im Pool.

Am Ende des gesamten Einfüllvorgangs ($t = 9$) beträgt die gesamte Wassermenge im Pool $w(9) = \frac{1}{4} \cdot 9^4 - \frac{13}{3} \cdot 9^3 + 20 \cdot 9^2 + 4 = 105{,}25$. Also sind $105{,}25\,\text{m}^3$ Wasser im Pool, folglich ist die Höhe h des Wasserstands:
$h = \frac{105{,}25}{8 \cdot 5} \approx 2{,}63\,\text{m}$.

Die maximale Wassermenge kann nur am Ende eines Zulaufs erreicht sein, also bei $t = 5$ oder $t = 9$. Die Wassermenge wird mit Hilfe von $w(t)$ berechnet:
Es ist: $w(5) = \frac{1}{4} \cdot 5^4 - \frac{13}{3} \cdot 5^3 + 20 \cdot 5^2 + 4 \approx 118{,}6$ und $w(9) = 105{,}25$.
Somit beträgt nach 5 Stunden die maximale Wassermenge im Pool ca. $118{,}6\,\text{m}^3$, also etwas weniger als das maximale Fassungsvermögen des Pools ($120\,\text{m}^3$).

Für $t > 9$ würde der Zulauf sehr stark ansteigen, so dass die Wassermenge im Pool sehr bald das Fassungsvermögen des Pools überschreiten würde. Also ist die Definitionsmenge der Funktion f, die den Zulauf modellhaft beschreibt, beschränkt.
Das Modell hat hier seine Grenze.

3 Ganzrationale Funktion – Kurve 4. Grades

a) Da der Graph achsensymmetrisch zur y-Achse ist, kommen in der Funktionsgleichung von $f(x)$ nur gerade Exponenten vor.
Somit lautet die allgemeine Funktionsgleichung: $f(x) = ax^4 + bx^2 + c$.
Die Ableitungen sind: $f'(x) = 4ax^3 + 2bx$ und $f''(x) = 12ax^2 + 2b$.
Der Graph geht durch den Punkt $\mathrm{P}(0 \mid 2,5)$ und durch den Wendepunkt $\mathrm{W}(1 \mid 0)$, daher gilt:

$$\begin{array}{llcl} \text{I} & f(0) & = & 2,5 \\ \text{II} & f(1) & = & 0 \\ \text{III} & f''(1) & = & 0 \end{array}$$

Einsetzen ergibt:

$$\begin{array}{llllllll} \text{I} & a\cdot 0^4 & + & b\cdot 0^2 & + & c & = & 2,5 \\ \text{II} & a\cdot 1^4 & + & b\cdot 1^2 & + & c & = & 0 \\ \text{III} & 12a\cdot 1^2 & + & 2b & & & = & 0 \end{array}$$

Daraus folgt:

$$\begin{array}{llllllll} \text{I} & & & & & c & = & 2,5 \\ \text{II} & a & + & b & + & c & = & 0 \\ \text{III} & 12a & + & 2b & & & = & 0 \end{array}$$

Subtrahiert man Gleichung III vom 2-fachen der Gleichung II, so erhält man:
$-10a + 5 = 0 \Rightarrow a = 0,5$.
Setzt man $a = 0,5$ in Gleichung III ein, so erhält man: $12 \cdot 0,5 + 2b = 0 \Rightarrow b = -3$.
Damit erhält man die Funktionsgleichung: $f(x) = 0,5x^4 - 3x^2 + 2,5$.

b) Ohne Rechnung kann man den Verlauf des Graphen G_f wie folgt beschreiben:

- Die Funktionsgleichung enthält nur gerade Exponenten, also ist der Graph symmetrisch zur y-Achse.
- Der Grad der Funktionsgleichung ist 4 und der Koeffizient vor der größten Potenz ist positiv, also gehen die y-Werte für $x \to \pm\infty$ gegen $+\infty$.
  Das absolute Glied ist $2,5$ also ist der y-Achsenabschnitt $2,5$ d.h. der Graph geht durch den Punkt $\mathrm{P}(0 \mid 2,5)$.
- Ferner hat ein Graph 4. Grades maximal vier Schnittpunkte mit der x-Achse und maximal drei Extrempunkte (einen Hochpunkt, zwei Tiefpunkte) sowie maximal zwei Wendepunkte.

Um zu zeigen, dass $\mathrm{P}(0 \mid 2,5)$ der Hochpunkt des Graphen von $f(x) = \frac{1}{2}x^4 - 3x^2 + \frac{5}{2}$ ist, benötigt man die 1. und 2. Ableitung:
Es ist $f'(x) = 2x^3 - 6x$ und $f''(x) = 6x^2 - 6$.
Wegen $f'(0) = 2 \cdot 0^3 - 6 \cdot 0 = 0$ und $f''(0) = 6 \cdot 0^2 - 6 = -6 < 0$ sind die notwendige und hinreichende Bedingung für einen Hochpunkt erfüllt.

c) Es sind $f(x) = \frac{1}{2}x^4 - 3x^2 + \frac{5}{2}$ und $p(x) = \frac{1}{8}x^2 - \frac{1}{8}$, G_f und G_p die entsprechenden Graphen.

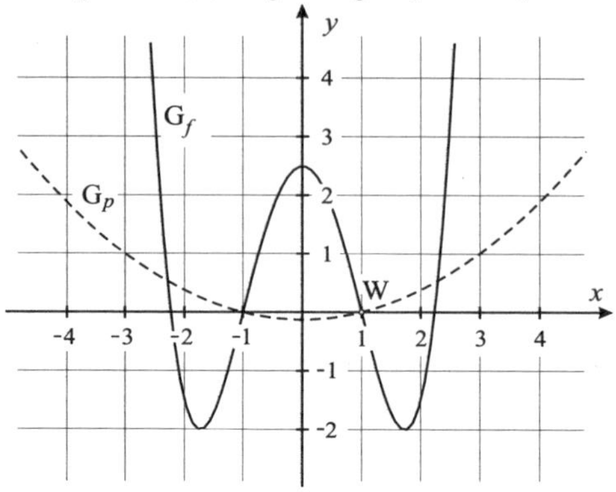

Um zu zeigen, dass die Parabel den Graphen von f in W$(1 \mid 0)$ senkrecht schneidet, muss man nachweisen, dass W$(1 \mid 0)$ auch auf der Parabel liegt und dass die eine Tangentensteigung der negative Kehrwert der anderen Tangentensteigung ist.
Setzt man $x = 1$ in $p(x)$ ein, so erhält man: $p(1) = \frac{1}{8} \cdot 1^2 - \frac{1}{8} = 0$. Also liegt W auf der Parabel.
Die Tangentensteigungen von $f(x)$ bzw. $p(x)$ in W erhält man mit der 1. Ableitung:
Es ist $f'(x) = 2x^3 - 6x$ und $p'(x) = \frac{1}{4}x$.
Damit gilt: $m_f = f'(1) = 2 \cdot 1^3 - 6 \cdot 1 = -4$ und $m_p = p'(1) = \frac{1}{4} \cdot 1 = \frac{1}{4}$.
Da m_f der negative Kehrwert von m_p ist, schneiden sich die Parabel und der Graph von f in W$(1 \mid 0)$ senkrecht.

Den Flächeninhalt A der Fläche, die von der Parabel und G_f begrenzt wird und den Punkt T$(0 \mid 1)$ enthält, berechnet man mit dem Integral.
Die Integrationsgrenzen sind die Schnittpunkte von K_f und K_p: $x_1 = -1$ und $x_2 = 1$. Somit gilt:

$$\begin{aligned}
A &= \int_{-1}^{1} \Big(f(x) - p(x)\Big)\,dx = \int_{-1}^{1} \left(\tfrac{1}{2}x^4 - 3x^2 + \tfrac{5}{2} - \left(\tfrac{1}{8}x^2 - \tfrac{1}{8}\right)\right)dx \\
&= \int_{-1}^{1} \left(\tfrac{1}{2}x^4 - \tfrac{25}{8}x^2 + \tfrac{21}{8}\right)dx \\
&= \left[\tfrac{1}{10}x^5 - \tfrac{25}{24}x^3 + \tfrac{21}{8}x\right]_{-1}^{1} \\
&= \tfrac{1}{10} \cdot 1^5 - \tfrac{25}{24} \cdot 1^3 + \tfrac{21}{8} \cdot 1 - \left(\tfrac{1}{10} \cdot (-1)^5 - \tfrac{25}{24} \cdot (-1)^3 + \tfrac{21}{8} \cdot (-1)\right) \\
&= \tfrac{101}{30}
\end{aligned}$$

Der Flächeninhalt beträgt $\frac{101}{30}$ FE.

Alternativ kann man wegen der Symmetrie auch die Differenz der Funktionen mit den Integrationsgrenzen $x_1 = 0$ und $x_2 = 1$ integrieren und die Fläche verdoppeln. Diese Rechnung ist etwas einfacher, da als untere Grenze 0 eingesetzt wird:

$$\begin{aligned}
A &= 2\cdot\int_0^1 \Big(f(x)-p(x)\Big)\,dx = 2\cdot\int_0^1 \left(\tfrac{1}{2}x^4-3x^2+\tfrac{5}{2}-\left(\tfrac{1}{8}x^2-\tfrac{1}{8}\right)\right)dx\\
&= 2\cdot\int_0^1 \left(\tfrac{1}{2}x^4-\tfrac{25}{8}x^2+\tfrac{21}{8}\right)dx\\
&= 2\cdot\left[\tfrac{1}{10}x^5-\tfrac{25}{24}x^3+\tfrac{21}{8}x\right]_0^1\\
&= 2\cdot\left(\tfrac{1}{10}\cdot 1^5-\tfrac{25}{24}\cdot 1^3+\tfrac{21}{8}\cdot 1-0\right)\\
&= \tfrac{101}{30}
\end{aligned}$$

Es ergibt sich der gleiche Flächeninhalt wie oben: $A = \frac{101}{30}$ FE.

d) Es sind $Q(u \mid f(u))$, $R(-u \mid f(-u))$ für $0 < u \leqslant 1$ und $P(0 \mid 2{,}5)$.

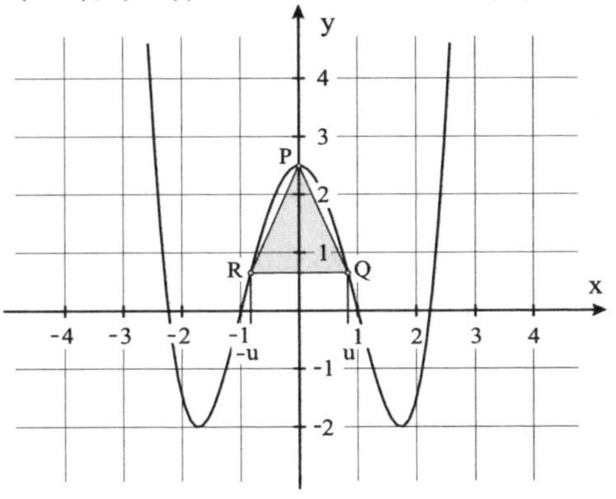

Um den Flächeninhalt $A(u)$ des Dreiecks in Abhängigkeit von u zu bestimmen, benötigt man die Länge der Grundseite g und die Höhe h des Dreiecks. Es ist:
$g = 2u$ und $h = 2{,}5 - f(u) = 2{,}5 - \left(\frac{1}{2}u^4 - 3u^2 + \frac{5}{2}\right) = -\frac{1}{2}u^4 + 3u^2$.
Die Formel für den Flächeninhalt des Dreiecks ist: $A = \frac{1}{2}\cdot g\cdot h$. Damit ist der gesuchte Flächeninhalt: $A(u) = \frac{1}{2}\cdot 2u\cdot\left(-\frac{1}{2}u^4+3u^2\right) = -\frac{1}{2}u^5+3u^3$.

4 Ganzrationale Funktion – Rotationskörper

a) Da der Graph K_f achsensymmetrisch zur y-Achse ist, kommen in der Funktionsgleichung nur gerade Exponenten vor.
Somit lautet die allgemeine Funktionsgleichung: $f(x) = ax^4 + bx^2 + c$.
Da der Graph durch den Ursprung und den Punkt P$(2 \mid 0)$ geht, gilt:
$f(0) = 0$ bzw. $a \cdot 0^4 + b \cdot 0^2 + c = 0 \Rightarrow c = 0$
$f(2) = 0$ bzw. $a \cdot 2^4 + b \cdot 2^2 + 0 = 0 \Rightarrow 16a + 4b = 0$ bzw. $b = -4a$
Damit erhält man die Funktionsgleichung in Abhängigkeit von $a : f(x) = ax^4 - 4ax^2$.
Da der Flächeninhalt zwischen K_f und x-Achse im 1. Quadranten 16 FE beträgt, berechnet man zuerst die Nullstellen von $f(x)$ und stellt anschließend das Integral auf:
$f(x) = 0$ bzw. $ax^4 - 4ax^2 = 0$ führt zu $ax^2 \cdot \left(x^2 - 4\right) = 0 \Rightarrow x_1 = 0,\ x_2 = -2$ und $x_3 = 2$.
Das bedeutet, dass im 1. Quadranten die beiden Nullstellen $x_1 = 0$ und $x_3 = 2$ liegen.
$\int_0^2 \left(ax^4 - 4ax^2\right) dx = 16$ bzw. $\left[\frac{a}{5}x^5 - \frac{4}{3}ax^3\right]_0^2 = 16$ führt zu:
$\frac{a}{5} \cdot 2^5 - \frac{4}{3}a \cdot 2^3 - 0 = 16 \Rightarrow a = -3,75$. Eingesetzt in $b = -4a$ ergibt sich $b = 15$.
Somit lautet die Funktionsgleichung: $f(x) = -3,75x^4 + 15x^2$.

b) Ohne Rechnung kann man den Verlauf des Graphen K_f von $f(x) = -3,75x^4 + 15x^2$ wie folgt beschreiben:

- Die Funktionsgleichung hat nur gerade Exponenten, also ist K_f symmetrisch zur y-Achse.
- Der Grad der Funktionsgleichung ist 4 und der Koeffizient vor der größten Potenz ist negativ, also geht $f(x) \longrightarrow -\infty$ für $x \longrightarrow \pm\infty$.
- Es fehlt das absolute Glied, also ist der y-Achsenabschnitt Null, d.h. K_f verläuft durch den Ursprung.
- $f(x)$ ist eine Funktion 4. Grades, also kann K_f maximal 4 gemeinsame Punkte mit der x-Achse haben. Da der Graph K_f wegen der Symmetrie zur y-Achse im Ursprung einen Extrempunkt hat, handelt es sich um eine doppelte Nullstelle von $f(x)$.
- $f(x)$ ist eine Funktion 4. Grades, also ist $f'(x)$ eine Funktion 3. Grades. Die Gleichung $f'(x) = 0$ kann also höchstens 3 Lösungen (Nullstellen von $f'(x)$) haben. Also hat K_f maximal 3 Extrempunkte (einen lokalen Tiefpunkt und zwei globale Hochpunkte).

Als charakteristische Punkte des Graphen berechnet man die Achsenschnittpunkte, Extrem- und Wendepunkte.
Den Schnittpunkt mit der y-Achse erhält man durch Einsetzen von $x = 0$ in $f(x)$:
$f(0) = -3,75 \cdot 0^4 - 15 \cdot 0^2 = 0 \Rightarrow$ S$(0 \mid 0)$.
Die Schnittpunkte mit der x-Achse erhält man, indem man $f(x)$ gleich Null setzt:

$f(x) = 0$ bzw. $-3{,}75x^4 + 15x^2 = 0$ führt zu $x^2 \cdot \left(-3{,}75x^2 + 15\right) = 0 \Rightarrow x_1 = 0$. Weitere Lösungen erhält man durch $-3{,}75x^2 + 15 = 0 \Rightarrow x_2 = -2$ und $x_3 = 2 \Rightarrow \mathrm{N}_1\,(0 \mid 0)$, $\mathrm{N}_2\,(-2 \mid 0)$ und $\mathrm{N}_3\,(2 \mid 0)$.

Für die Berechnung der Extrempunkte benötigt man die 1. und 2. Ableitung:

$f'(x) = -15x^3 + 30x$

$f''(x) = -45x^2 + 30$

Setzt man als notwendige Bedingung die 1. Ableitung gleich Null, so erhält man:

$f'(x) = 0$ bzw. $-15x^3 + 30x = 0$. Dies führt zu:

$x \cdot \left(-15x^2 + 30\right) = 0 \Rightarrow x_1 = 0,\ x_2 = \sqrt{2}$ und $x_3 = -\sqrt{2}$.

Zur Bestimmung der zugehörigen y-Werte setzt man diese x-Werte in $f(x)$ ein:

$y_1 = f(0) = 0$

$y_2 = f\left(\sqrt{2}\right) = -3{,}75 \cdot \left(\sqrt{2}\right)^4 + 15 \cdot \left(\sqrt{2}\right)^2 = 15$

$y_3 = f\left(-\sqrt{2}\right) = -3{,}75 \cdot \left(-\sqrt{2}\right)^4 + 15 \cdot \left(-\sqrt{2}\right)^2 = 15$

Zur Untersuchung auf Hoch- und Tiefpunkte setzt man die x-Werte in die 2. Ableitung $f''(x)$ ein:

$f''(0) = -45 \cdot 0^2 + 30 = 30 > 0 \Rightarrow \mathrm{T}\,(0 \mid 0)$ (Tiefpunkt)

$f''\left(\sqrt{2}\right) = -45 \cdot \left(\sqrt{2}\right)^2 + 30 = -60 < 0 \Rightarrow \mathrm{H}_1\left(\sqrt{2} \mid 15\right)$ (Hochpunkt)

$f''\left(-\sqrt{2}\right) = -45 \cdot \left(-\sqrt{2}\right)^2 + 30 = -60 < 0 \Rightarrow \mathrm{H}_2\left(-\sqrt{2} \mid 15\right)$ (Hochpunkt)

Für die Berechnung der Wendepunkte benötigt man die 2. und 3. Ableitung:

$f''(x) = -45x^2 + 30$

$f'''(x) = -90x$

Setzt man als notwendige Bedingung die 2. Ableitung Null, so erhält man:

$f''(x) = 0$ bzw. $-45x^2 + 30 = 0 \Rightarrow x_1 = \sqrt{\frac{2}{3}}$ und $x_2 = -\sqrt{\frac{2}{3}}$.

Zur Bestimmung der zugehörigen y-Werte setzt man die x-Werte in $f(x)$ ein:

$y_1 = f\left(\sqrt{\frac{2}{3}}\right) = -3{,}75 \cdot \left(\sqrt{\frac{2}{3}}\right)^4 + 15 \cdot \left(\sqrt{\frac{2}{3}}\right)^2 = 8{,}\overline{3}$

$y_2 = f\left(-\sqrt{\frac{2}{3}}\right) = -3{,}75 \cdot \left(-\sqrt{\frac{2}{3}}\right)^4 + 15 \cdot \left(-\sqrt{\frac{2}{3}}\right)^2 = 8{,}\overline{3}$

Da $f'''\left(\pm\sqrt{\frac{2}{3}}\right) \neq 0 \Rightarrow$ Wendepunkte bei $\mathrm{W}_1\left(\sqrt{\frac{2}{3}} \mid 8{,}\overline{3}\right)$, $\mathrm{W}_2\left(-\sqrt{\frac{2}{3}} \mid 8{,}\overline{3}\right)$

c) Das Volumen des Rotationskörpers wird mit Hilfe des Integrals berechnet; die Integrationsgrenzen sind die Nullstellen im 1. Quadranten:

$$\mathrm{V} = \pi \cdot \int_0^2 \left(f(x)\right)^2 dx = \pi \cdot \int_0^2 \left(-3{,}75x^4 + 15x^2\right)^2 dx$$

$$= \pi \cdot \int_0^2 \left(-\tfrac{15}{4}x^4 + 15x^2\right)^2 dx$$

$$= \pi \cdot \int_0^2 \left(\tfrac{225}{16}x^8 - \tfrac{225}{2}x^6 + 225x^4\right) dx$$
$$= \pi \cdot \left[\tfrac{25}{16}x^9 - \tfrac{225}{14}x^7 + 45x^5\right]_0^2$$
$$= \pi \cdot \left(\tfrac{25}{16} \cdot 2^9 - \tfrac{225}{14} \cdot 2^7 + 45 \cdot 2^5 - 0\right)$$
$$\approx 574{,}46$$

Das Volumen des Rotationskörpers beträgt ca. 574,5 VE.

d) Im ersten Schritt wird das Volumen $V(k)$ eines Rotationskörpers berechnet, der durch Rotation eines Flächenstückes der Breite 1 um die x-Achse entsteht. Das Flächenstück ist die vom Graphen K_f, der x-Achse, sowie den Geraden $x = k$ und $x = k + 1$ eingeschlossene Fläche; k soll dabei zwischen 0 und 1 liegen. Das Volumen des Rotationskörpers wird in Abhängigkeit von k angegeben.

Im zweiten Schritt wird die 1. Ableitung von $V(k)$ gleich Null gesetzt, d.h. man erhält eine mögliche Extremstelle bei $k \approx 0{,}82$.

Im dritten Schritt wird $k \approx 0{,}82$ in die 2. Ableitung von $V(k)$ eingesetzt; da das Ergebnis negativ ist, liegt bei $k \approx 0{,}82$ ein Maximum des Volumens vor.

Im vierten Schritt wird $k \approx 0{,}82$ in $V(k)$ eingesetzt, d.h. das maximale Volumen wird berechnet. Es beträgt ca. 518,25 VE.

Im fünften Schritt wird der Funktionswert $f(x)$ an der Stelle $x = k \approx 0{,}82$ als Radius in die Formel für die Kreisfläche eingesetzt, d.h. der Flächeninhalt der linken, kreisförmigen Fläche des Körpers beträgt $223{,}65$ FE.

Der so berechnete Rotationskörper, der durch Rotation des Graphen K_f um die x-Achse entsteht, hat also von allen möglichen Körpern mit Höhe $=$ 1 LE das maximale Volumen. Dieses maximale Volumen beträgt etwa 518 VE. Die linke Begrenzungsfläche des Rotationskörpers hat einen Flächeninhalt von etwa 224 FE.

5 Ganzrationale Funktion – Kugelstoßen

a) Es ist $f(x) = \frac{1}{4}x^3 - 3x^2 + 9x$

Für die Ableitungen gilt:

$f'(x) = \frac{3}{4}x^2 - 6x + 9$

$f''(x) = \frac{3}{2}x - 6$

$f'''(x) = \frac{3}{2}$

Gemeinsame Punkte mit der x-Achse erhält man durch $f(x) = 0$:

$\frac{1}{4}x^3 - 3x^2 + 9x = 0 \Rightarrow x\left(\frac{1}{4}x^2 - 3x + 9\right) = 0$. Daraus folgt, dass entweder $x_1 = 0$ oder $\frac{1}{4}x^2 - 3x + 9 = 0$ ist. Lösen der quadratischen Gleichung mit Hilfe der pq- oder abc-Formel ergibt $x_2 = 6$.

Somit sind $N_1\,(0 \mid 0)$ und $N_2\,(6 \mid 0)$ gemeinsame Punkte von G mit der x-Achse.

Extrempunkte erhält man durch $f'(x) = 0$.

$\frac{3}{4}x^2 - 6x + 9 = 0$ ergibt mit der pq- oder abc-Formel: $x_1 = 2$ und $x_2 = 6$.

Die zugehörigen y-Werte sind $y_1 = f(2) = 8$ und $y_2 = f(6) = 0$.

Zur Untersuchung auf Hoch- oder Tiefpunkte setzt man die x-Werte in $f''(x)$ ein.

$f''(2) = -3 < 0 \Rightarrow \mathrm{H}\,(2 \mid 8)$

$f''(6) = 3 > 0 \Rightarrow \mathrm{T}\,(6 \mid 0)$

Wendepunkte erhält man durch $f''(x) = 0$.

$\frac{3}{2}x - 6 = 0 \Rightarrow x = 4$

Der zugehörige y-Wert ist $y = f(4) = 4$.

Wegen $f'''(4) = \frac{3}{2} > 0$ folgt: $\mathrm{W}\,(4 \mid 4)$ ist Wendepunkt von G.

Mit Hilfe der charakteristischen Punkte des Graphen, kann dieser gezeichnet werden:

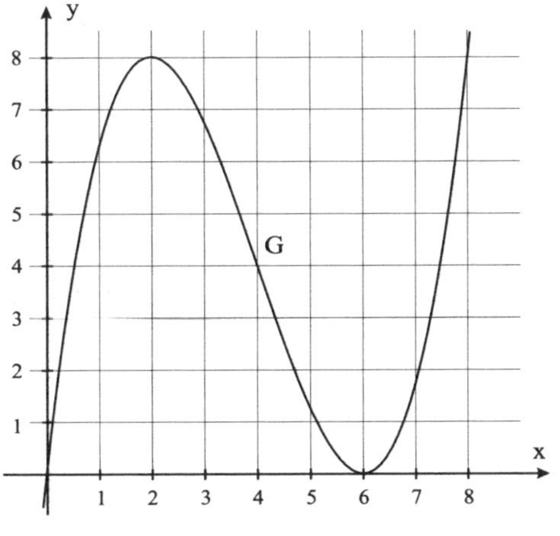

Den Flächeninhalt der vom Graphen G und der x-Achse eingeschlossenen Fläche erhält man mit Hilfe des Integrals; die Integrationsgrenzen sind die Nullstellen:

$$\begin{aligned}
\mathrm{A} &= \int_0^6 f(x)\,dx = \int_0^6 \left(\tfrac{1}{4}x^3 - 3x^2 + 9x\right) dx \\
&= \left[\tfrac{1}{16}x^4 - x^3 + \tfrac{9}{2}x^2\right]_0^6 \\
&= \tfrac{1}{16}\cdot 6^4 - \cdot 6^3 + \tfrac{9}{2}\cdot 6^2 - \left(\tfrac{1}{16}\cdot 0^4 - 0^3 + \tfrac{9}{2}\cdot 0^2\right) \\
&= 27
\end{aligned}$$

Der Flächeninhalt beträgt 27 FE.

b) Es ist $f(x) = \frac{1}{4}x^3 - 3x^2 + 9x$

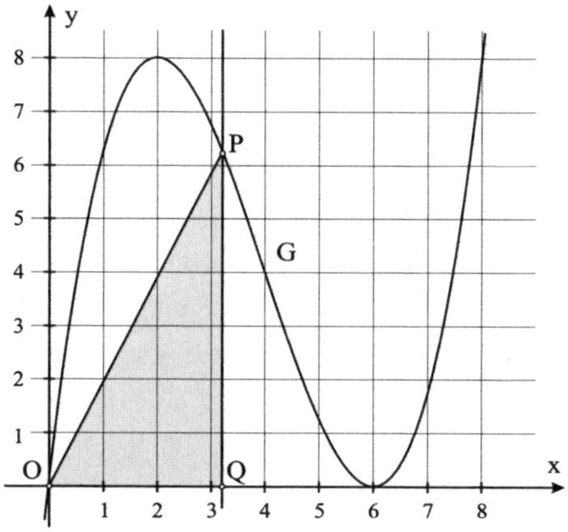

Für den Flächeninhalt des Dreiecks OQP gilt: $\mathrm{A} = \frac{1}{2}\cdot g\cdot h$. Für die Grundseite g gilt: $g = \overline{\mathrm{OQ}} = u$, für die Höhe h gilt: $h = \overline{\mathrm{QP}} = f(u) = \frac{1}{4}u^3 - 3u^2 + 9u$.

Damit gilt für den Flächeninhalt in Abhängigkeit von u:

$\mathrm{A}(u) = \frac{1}{2}\cdot u\cdot\left(\frac{1}{4}u^3 - 3u^2 + 9u\right) = \frac{1}{8}u^4 - \frac{3}{2}u^3 + \frac{9}{2}u^2$

Um das Maximum von $\mathrm{A}(u)$ zu bestimmen, wird $\mathrm{A}(u)$ abgeleitet und gleich Null gesetzt:

$\mathrm{A}'(u) = \frac{1}{2}u^3 - \frac{9}{2}u^2 + 9u$

Zum Lösen der Gleichung $\mathrm{A}'(u) = 0$ wird u ausgeklammert:

$\frac{1}{2}u^3 - \frac{9}{2}u^2 + 9u = u\left(\frac{1}{2}u^2 - \frac{9}{2}u + 9\right) = 0$

Daraus folgt, dass entweder $u_1 = 0$ oder der Term in der Klammer gleich Null ist.

Zur Bestimmung der weiteren Lösungen wird die Gleichung

$\frac{1}{2}u^2 - \frac{9}{2}u + 9 = 0 \Leftrightarrow u^2 - 9u + 18 = 0$ mit Hilfe der pq- oder abc-Formel gelöst.

Es ergeben sich $u_2 = 3$ und $u_3 = 6$.

Wegen $u < 6$ setzt man $u = 3$ in die zweite Ableitung $\mathrm{A}''(u) = \frac{3}{2}u^2 - 9u + 9$ ein und erhält

$\mathrm{A}''(u) = \frac{3}{2}\cdot 3^2 - 9\cdot 3 + 9 = -4{,}5 < 0$. Also handelt es sich bei $u = 3$ um ein Maximum.

Der y-Wert des Punktes P ist $y = f(3) = \frac{1}{4}\cdot 3^3 - 3\cdot 3^2 + 9\cdot 3 = 6{,}75$.

Damit hat der Punkt P die Koordinaten $\mathrm{P}(3 \mid 6{,}75)$.

c) Skizze der Flugbahn (nicht Teil der Aufgabenstellung):

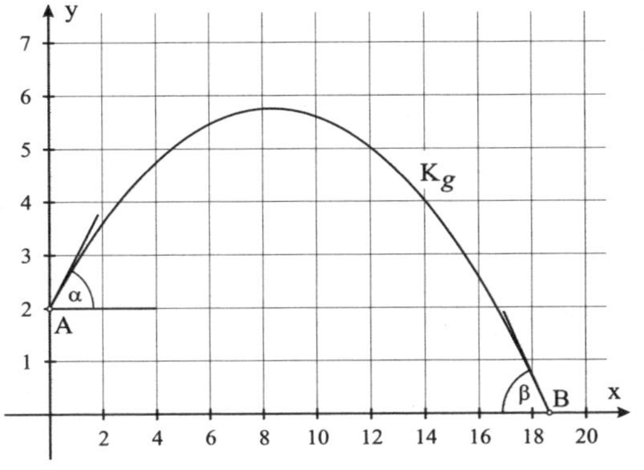

Die Flugbahn der Kugel ist näherungsweise eine Parabel, daher kann man als Ansatz $g(x) = ax^2 + bx + c$ wählen mit $a,\ b,\ c \in \mathbb{R},\ a \neq 0$.

Im Punkt A $(0 \mid 2)$ ist der Abstoßwinkel $\alpha = 42°$, d.h. die Steigung der Tangente im Punkt A ist $m = \tan 42° \approx 0{,}900 = g'(0)$.

Da $g'(x) = 2ax + b$, gilt: $g'(0) = 2a \cdot 0 + b = 0{,}900 \Rightarrow b = 0{,}900$.

Setzt man A $(0 \mid 2)$ in $g(x)$ ein, so erhält man: $a \cdot 0^2 + b \cdot 0 + c = 2 \Rightarrow c = 2$.

Setzt man B $(18{,}6 \mid 0)$ in die Funktion $g(x)$ ein, so erhält man: $a \cdot 18{,}6^2 + b \cdot 18{,}6 + c = 0$ bzw. $345{,}96a + 0{,}9 \cdot 18{,}6 + 2 = 0 \Rightarrow a \approx -0{,}054$.

Somit hat die Parabel die Gleichung:

$g(x) = -0{,}054x^2 + 0{,}9x + 2$

Um den Auftreffwinkel β zu bestimmen, berechnet man die Tangentensteigung in B $(18{,}6 \mid 0)$ mit Hilfe von $g'(x) = -0{,}108x + 0{,}9$:

$g'(18{,}6) = -0{,}108 \cdot 18{,}6 + 0{,}9 \approx -1{,}109$

Aus $\tan\beta = -1{,}109$ folgt $\beta \approx -47{,}96°$.

Die Kugel trifft also unter einem Winkel von ca. $47{,}96°$ auf dem Boden auf.

6 Exponentialfunktion – Sonnenblume

a) Zu Beginn hat die Sonnenblume die Höhe $h_1(0) = 0,08 \cdot e^{k \cdot 0} = 0,08$.
Nach 5 Wochen ist sie $0,08\ \text{m} + 0,52\ \text{m} = 0,6\ \text{m}$ hoch, also gilt:

$$h_1(5) = 0,6 \Rightarrow 0,08 \cdot e^{k \cdot 5} = 0,6 \Rightarrow k = \frac{\ln\left(\frac{0,6}{0,08}\right)}{5} \approx 0,4030$$

Somit lautet die Funktionsgleichung von h_1:
$h_1(t) = 0,08 \cdot e^{0,4030 \cdot t}$.
Nach 8 Wochen ist $h_1(8) = 0,08 \cdot e^{0,4030 \cdot 8} \approx 2,01$.

b) Da h_1 die Höhe der Sonnenblume beschreibt, wird durch h_1' die Wachstumsgeschwindigkeit beschrieben.
Gesucht ist der Zeitpunkt, an dem diese 1 dm pro Woche beträgt.
Die Funktion h_1 wird mit Hilfe der Kettenregel abgeleitet:

$$h_1(t) = 0,08 \cdot e^{0,4030 \cdot t}$$
$$h_1'(t) = 0,4030 \cdot 0,08 \cdot e^{0,4030 \cdot t} \approx 0,03 \cdot e^{0,4030 \cdot t}$$

Nun wird h_1' gleich 0,1 gesetzt:

$$0,1 = 0,03 \cdot e^{0,4030 \cdot t} \Rightarrow 3,33 = e^{0,4030 \cdot t} \Rightarrow \ln 3,33 = 0,4030 \cdot t \Rightarrow t \approx 2,99$$

Nach ca. 3 Wochen beträgt die Wachstumsgeschwindigkeit also 1 dm pro Woche.

c) Nach 5 Wochen ist die Sonnenblume 0,60 m, nach 8 Wochen 1,20 m hoch, somit gelten folgende zwei Gleichungen:

$$\begin{array}{lllllll} \text{I} & h_2(5) & = & 0,60 & \Rightarrow & a - b \cdot e^{-0,5 \cdot 5} & = & 0,60 \\ \text{II} & h_2(8) & = & 1,20 & \Rightarrow & a - b \cdot e^{-0,5 \cdot 8} & = & 1,20 \end{array}$$

Subtrahiert man Gleichung II von Gleichung I, so ergibt sich:

$$-b \cdot e^{-0,5 \cdot 5} + b \cdot e^{-0,5 \cdot 8} = -0,6 \Rightarrow b \cdot \left(-e^{-0,5 \cdot 5} + e^{-0,5 \cdot 8}\right) = -0,6$$
$$\Rightarrow b = \frac{-0,6}{-e^{-0,5 \cdot 5} + e^{-0,5 \cdot 8}} \approx 9,41$$

Setzt man $b = 9,41$ in Gleichung I ein, so ergibt sich:

$$a - 9,41 \cdot e^{-0,5 \cdot 5} = 0,6 \Rightarrow a = 0,6 + 9,41 e^{-0,5 \cdot 5} \approx 1,37$$

Somit lautet die Funktionsgleichung von h_2:

$$h_2(t) = 1,37 - 9,41 \cdot e^{-0,5 \cdot t} \text{ mit } t \geqslant 5$$

Es ergibt sich für den Grenzwert

$$\lim_{t \to \infty} h_2(t) = \lim_{t \to \infty} \left(1,37 - 9,41 \cdot e^{-0,5 \cdot t}\right) = 1,37$$

Die Sonnenblume kann daher langfristig nach Modell h_2 die Höhe von $1,37$ m nicht überschreiten.

d) Da h_1 ein natürliches exponentielles Wachstum beschreibt, hat Modell h_1 gegenüber h_2 den Nachteil, dass es bei h_1 keine Grenze des Wachstums gibt. Das Wachstum von Sonnenblumen ist aber beschränkt. Daher gibt Modell h_2, welches ein beschränktes Wachstum beschreibt, ab einer gewissen Zeit den Verlauf der Höhe der Sonnenblume besser wieder.

7 Exponentialfunktion – Jod

Es ist $f(x) = (4x+6)e^{-0,5x}$; $x \in \mathbb{R}$.

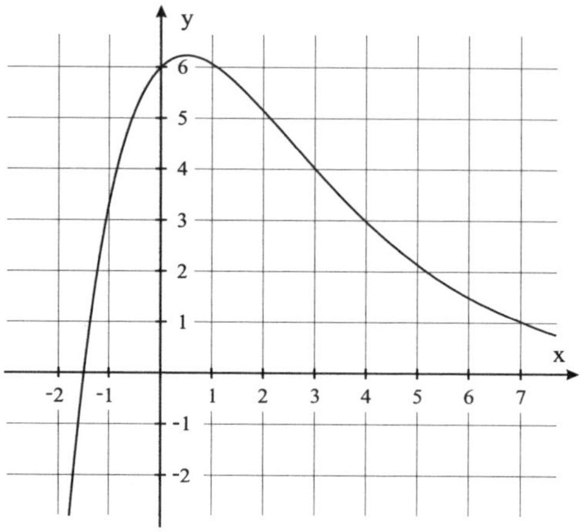

a) Den Schnittpunkt mit der y-Achse erhält man, indem man $x = 0$ in $f(x)$einsetzt:
$f(0) = (4 \cdot 0 + 6)e^{-0,5 \cdot 0} = 6 \cdot e^0 = 6 \cdot 1 = 6 \Rightarrow S_y(0 \mid 6)$.
Den Schnittpunkt mit der x-Achse erhält man, indem man $f(x) = 0$ setzt:
$(4x+6)e^{-0,5x} = 0$ bzw. $4x+6 = 0 \Rightarrow x = -1,5 \Rightarrow N(-1,5 \mid 0)$.
Für die Extrempunkte benötigt man die 1. und 2. Ableitung. Diese bestimmt man mit Hilfe der Produkt- und Kettenregel:
$f'(x) = 4e^{-0,5x} + (4x+6)e^{-0,5x} \cdot (-0,5) = (-2x+1)e^{-0,5x}$
$f''(x) = -2e^{-0,5x} + (-2x+1)e^{-0,5x} \cdot (-0,5) = (x-2,5)e^{-0,5x}$
Für Extrempunkte gilt: $f'(x) = 0$
$(-2x+1)e^{-0,5x} = 0 \Rightarrow -2x+1 = 0 \Rightarrow x = 0,5$
Der zugehörige y-Wert ist: $y = f(0,5) = (4 \cdot 0,5 + 6)e^{-0,5 \cdot 0,5} \approx 6,23$.
Um die Art des Extrempunkts zu bestimmen, setzt man $x = 0,5$ in $f''(x)$ ein:
$f''(0,5) = (0,5-2,5)e^{-0,5 \cdot 0,5} < 0 \Rightarrow H(0,5 \mid 6,23)$.
Zur Bestimmung der Asymptoten schreibt man $f(x)$ zunächst als Bruch: $f(x) = \frac{4x+6}{e^{0,5x}}$
Nun betrachtet man $x \to \pm\infty$:
$x \to \infty \Rightarrow f(x) \to 0$, weil $e^{0,5x}$ im Nenner stärker wächst als $4x+6$ im Zähler. Also ist die x-Achse waagerechte Asymptote ($y = 0$).
$x \to -\infty \Rightarrow f(x) \to -\infty$, weil der Zähler gegen $-\infty$ und der Nenner gegen Null geht, also gibt es keine weiteren Asymptoten.

b) Um die Tangentengleichung im Punkt $B(0 \mid f(0))$ zu bestimmen, benötigt man zuerst die Steigung der Kurve m_t im Punkt B. Diese erhält man, indem man den x-Wert von B in $f'(x)$ einsetzt:
$m_t = f'(0) = (-2 \cdot 0 + 1)e^{-0,5 \cdot 0} = 1$

Setzt man B(0 | 6) und $m_t = 1$ in die Punkt-Steigungsform $y - y_1 = m \cdot (x - x_1)$ ein, so erhält man die Gleichung der Tangente in B:

$t\colon\ y - 6 = 1 \cdot (x - 0) \Rightarrow y = x + 6.$

Die Steigung der Normalen m_n ist der negative Kehrwert von m_t, also $m_n = -1$.

Setzt man B(0 | 6) und $m_n = -1$ in die Punkt-Steigungsform $y - y_1 = m \cdot (x - x_1)$ ein, so erhält man die Gleichung der Normalen in B:

$n\colon\ y - 6 = -1 \cdot (x - 0) \Rightarrow y = -x + 6.$

Schneidet man t mit der x-Achse, so ist $y = 0$ bzw. $0 = x + 6 \Rightarrow x = -6 \Rightarrow \mathrm{F}(-6 \mid 0)$.

Schneidet man n mit der x-Achse, so ist $y = 0$ bzw. $0 = -x + 6 \Rightarrow x = 6 \Rightarrow \mathrm{G}(6 \mid 0)$.

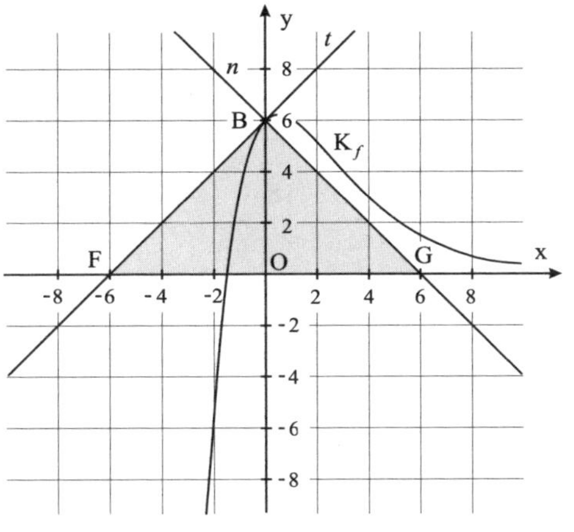

Das Dreieck BFG hat die Grundseite $g = \overline{\mathrm{FG}} = 12$ und die Höhe $h = \overline{\mathrm{OB}} = 6$.

Somit ist der Flächeninhalt A_1 des Dreiecks BFG: $\mathrm{A}_1 = \frac{1}{2} \cdot g \cdot h = \frac{1}{2} \cdot 12 \cdot 6 = 36$ FE.

Um zu zeigen, dass $\mathrm{F}(x) = (-28 - 8x)e^{-0,5x}$ eine Stammfunktion von f ist, bestimmt man die 1. Ableitung von F:

$$\begin{aligned}\mathrm{F}'(x) &= -8e^{-0,5x} + (-28 - 8x)e^{-0,5x} \cdot (-0,5)\\ &= (-8 + 14 + 4x)e^{-0,5x} = (4x + 6)e^{-0,5x} = f(x)\end{aligned}$$

Den Flächeninhalt A_2 der Fläche zwischen K_f und den Koordinatenachsen im 2. Quadranten berechnet man mit Hilfe des Integrals, dabei wird die angegebene Stammfunktion $\mathrm{F}(x)$ verwendet. Als Integrationsgrenzen wählt man die x-Koordinaten der Schnittpunkte von $f(x)$ mit den Koordinatenachsen: $x = -1,5$ bzw. $x = 0$:

$$\begin{aligned}\mathrm{A}_2 &= \int_{-1,5}^{0} f(x)\,dx = \int_{-1,5}^{0} (4x + 6)e^{-0,5x}dx = \Big[\mathrm{F}(x)\Big]_{-1,5}^{0} = \Big[(-28 - 8x)e^{-0,5x}\Big]_{-1,5}^{0}\\ &= \big((-28 - 8 \cdot 0)e^{-0,5 \cdot 0}\big) - \Big(\big(-28 - 8 \cdot (-1,5)\big)e^{-0,5 \cdot (-1,5)}\Big)\\ &= (-28) - \big((-28 + 12)e^{0,75}\big) \approx 5,87\end{aligned}$$

Der Flächeninhalt beträgt etwa 5,9 FE.

c) Da natürlicher exponentieller Zerfall angenommen wird, kann man für $J(t)$ folgenden Ansatz wählen:
$J(t) = a \cdot e^{-kt}$; $k > 0$
Setzt man die gegebenen Werte in $J(t)$ ein, so erhält man:
$J(0) = 30$ bzw. $a \cdot e^{-k \cdot 0} = 30 \Rightarrow a = 30$
$J(5) = 22$ bzw. $30 \cdot e^{-k \cdot 5} = 22 \Rightarrow k = \frac{\ln(\frac{22}{30})}{-5} \approx 0,0620$
Also ist die gesuchte Funktionsgleichung: $J(t) = 30 \cdot e^{-0,0620t}$.
Die Jodmenge nach einer Woche erhält man, indem man $t = 7$ in $J(t)$ einsetzt:
$J(7) = 30 \cdot e^{-0,0620 \cdot 7} \approx 19,44$
Nach 7 Tagen sind noch etwa 19,44 mg Jod 131 vorhanden.

Die Halbwertszeit erhält man, indem man den Zeitpunkt bestimmt, zu dem noch die Hälfte der Anfangsmenge vorhanden ist:
$15 = 30 \cdot e^{-0,0620t} \Rightarrow t = \frac{\ln(\frac{15}{30})}{-0,0620} \approx 11,18$
Die Halbwertszeit beträgt etwa 11,2 Tage.

Um den Zeitpunkt zu bestimmen, bei dem 80 % der Ausgangssubstanz (30 mg) zerfallen sind, berechnet man den Zeitpunkt, an dem noch 20 % der Ausgangsmenge (20 % von 30 mg = 6 mg) vorhanden sind:
$6 = 30 \cdot e^{-0,0620t} \Rightarrow t = \frac{\ln(\frac{6}{30})}{-0,0620} \approx 25,96$
Nach etwa 26 Tagen sind 80 % der Ausgangsmenge zerfallen.

8 Exponentialfunktion – Bakterien

a) Es ist $f(x) = (2x+3) \cdot e^{-x}$.

Die Ableitungen erhält man mit Hilfe der Produkt- und Kettenregel:

$f'(x) = 2 \cdot e^{-x} + (2x+3) \cdot e^{-x} \cdot (-1) = (-2x-1) \cdot e^{-x}$

$f''(x) = -2 \cdot e^{-x} + (-2x-1) \cdot e^{-x} \cdot (-1) = (2x-1) \cdot e^{-x}$

$f'''(x) = 2 \cdot e^{-x} + (2x-1) \cdot e^{-x} \cdot (-1) = (-2x+3) \cdot e^{-x}.$

Den Schnittpunkt S mit der y-Achse erhält man durch Einsetzen von $x = 0$ in $f(x)$:
$f(0) = (2 \cdot 0 + 3) \cdot e^{-0} = 3 \Rightarrow \mathrm{S}\,(0 \mid 3)$.

Den Schnittpunkt N mit der x-Achse erhält man durch $f(x) = 0$:
$(2x+3) \cdot e^{-x} = 0$ führt zu $2x+3 = 0$ mit $x = -\frac{3}{2} \Rightarrow \mathrm{N}\left(-\frac{3}{2} \mid 0\right)$.

Den Extrempunkt erhält man durch $f'(x) = 0$:
$(-2x-1)e^{-x} = 0$ führt zu $-2x-1 = 0$ mit $x = -\frac{1}{2}$. Setzt man $x = -\frac{1}{2}$ in $f(x)$ ein, so erhält man den y-Wert $f(-\frac{1}{2}) = 2e^{\frac{1}{2}}$. Zur Überprüfung der Art des Extrempunkts setzt man $x = -\frac{1}{2}$ in $f''(x)$ ein: $f''\left(-\frac{1}{2}\right) = -2e^{\frac{1}{2}} < 0 \Rightarrow \mathrm{H}(-\frac{1}{2} \mid 2e^{\frac{1}{2}})$.

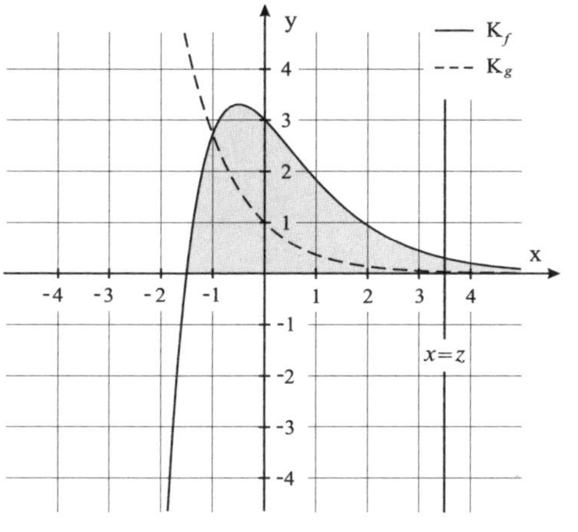

Den Wendepunkt erhält man, indem man die 2. Ableitung gleich Null setzt: $f''(x) = 0$ führt zu: $(2x-1) \cdot e^{-x} = 0$ bzw. $2x-1 = 0$ mit $x = \frac{1}{2}$. Setzt man $x = \frac{1}{2}$ in $f(x)$ ein, so erhält man den y-Wert $f\left(\frac{1}{2}\right) = 4e^{-\frac{1}{2}}$. Setzt man $x = \frac{1}{2}$ in $f'''(x)$ ein, erhält man: $f'''\left(\frac{1}{2}\right) = 2e^{-\frac{1}{2}} \neq 0$ $\Rightarrow \mathrm{W}\left(\frac{1}{2} \mid 4e^{-\frac{1}{2}}\right)$. Für $x \to \infty$ geht $f(x) \to 0$, also ist $y = 0$ eine waagrechte Asymptote.

b) Um zu zeigen, dass die Funktion F mit $\mathrm{F}(x) = -(2x+5)e^{-x}$ eine Stammfunktion von f mit $f(x) = (2x+3) \cdot e^{-x}$ ist, leitet man F mit Hilfe der Produkt- und Kettenregel einmal ab:

$\mathrm{F}'(x) = -2e^{-x} + \left(-(2x+5)e^{-x} \cdot (-1)\right) = (-2+2x+5) \cdot e^{-x} = (2x+3)e^{-x} = f(x).$

Die ins Unendliche reichende Fläche wird also zunächst begrenzt durch $x = -\frac{3}{2}$ und $x = z$; $z > -\frac{3}{2}$. Die Fläche wird in Abhängigkeit von z mit Hilfe des Integrals und der gegebenen Stammfunktion berechnet:

$$A(z) = \int_{-\frac{3}{2}}^{z} (f(x) - 0)\,dx = \int_{-\frac{3}{2}}^{z} (2x+3)\cdot e^{-x}dx = \left[-(2x+5)e^{-x}\right]_{-\frac{3}{2}}^{z}$$
$$= -(2z+5)\cdot e^{-z} - \left(-\left(2\cdot\left(-\tfrac{3}{2}\right)+5\right)\cdot e^{-\left(-\frac{3}{2}\right)}\right) = -(2z+5)e^{-z} + 2e^{\frac{3}{2}}$$

Für $z \longrightarrow \infty$ geht $A(z) \longrightarrow 2e^{\frac{3}{2}}$.

Der Flächeninhalt der ins Unendliche reichenden Fläche beträgt somit $A = 2e^{\frac{3}{2}}$ FE.

Die Teilfläche im 2. Quadranten, die von K_f der x-Achse und der y-Achse begrenzt wird, berechnet man ebenfalls mit Hilfe der gegebenen Stammfunktion:

$$A_1 = \int_{-\frac{3}{2}}^{0} (f(x) - 0)dx = \int_{-\frac{3}{2}}^{0} (2x+3)e^{-x}dx = \left[-(2x+5)e^{-x}\right]_{-\frac{3}{2}}^{0}$$
$$= -(2\cdot 0+5)\cdot e^{-0} - \left(-\left(2\cdot\left(-\tfrac{3}{2}\right)+5\right)\cdot e^{-\left(-\frac{3}{2}\right)}\right) = -5 + 2\cdot e^{\frac{3}{2}}$$

Somit ist $\frac{A}{2} = \frac{2e^{\frac{3}{2}}}{2} = e^{\frac{3}{2}} \neq -5 + 2e^{\frac{3}{2}} = A_1$.

Also halbiert die y-Achse die Fläche A nicht.

c) Um P und Q zu erhalten, setzt man u in $f(x)$ und $g(x)$ ein und erhält:
$P(u \mid f(u))$ bzw. $P(u \mid (2u+3)e^{-u})$ und $Q(u \mid g(u))$ bzw. $Q(u \mid e^{-u})$.
Die Länge der Strecke PQ ist der Abstand d der beiden Punkte:
$d(u) = f(u) - g(u) = (2u+3)e^{-u} - e^{-u} = (2u+2)e^{-u}$.
Um das Maximum zu erhalten, leitet man $d(u)$ zwei Mal mit Hilfe von Produkt- und Kettenregel ab:

$$d'(u) = 2e^{-u} + (2u+2)e^{-u}\cdot(-1) = -2ue^{-u}$$
$$d''(u) = -2e^{-u} + \left(-2ue^{-u}\cdot(-1)\right) = (2u-2)e^{-u}$$

Setzt man nun $d'(u) = 0$, so erhält man $-2ue^{-u} = 0$, was zu $u = 0$ führt.
Setzt man $u = 0$ in $d''(u)$ ein, so erhält man $d''(0) = (2\cdot 0 - 2)e^{-0} = -2 < 0$, also erhält man ein Maximum für $u = 0$.
Die maximale Länge erhält man durch Einsetzen von $u = 0$ in $d(u)$:
$d(0) = (2\cdot 0+2)e^{-0} = 2$. Somit beträgt die maximale Länge der Strecke PQ 2 LE.

d) Für das Wachstumsgesetz wählt man den Ansatz $B(t) = a\cdot e^{kt}$, da es sich um natürliches exponentielles Wachstum handelt.
Da $B(0) = 500$ und nach einer Stunde $B(1) = 500 + \frac{30}{100}\cdot 500 = 650$, gelten folgende Gleichungen:

$$\begin{array}{lrcl} \text{I} & a\cdot e^{k\cdot 0} & = & 500 \\ \text{II} & a\cdot e^{k\cdot 1} & = & 650 \end{array}$$

Gleichung I führt zu $a = 500$; setzt man dies in Gleichung II ein, so ergibt sich $500\cdot e^{k} = 650$ bzw. $k = \ln\left(\frac{650}{500}\right) \approx 0,2624$.

Somit lautet das Wachstumsgesetz: $B(t) = 500\cdot e^{0,2624\cdot t}$.

Für $t = 6$ gilt: $\mathrm{B}(6) = 500 \cdot e^{0,2624 \cdot 6} \approx 2414.$
Nach 6 Stunden sind ca. 2414 Bakterien vorhanden.

Die Zeit, nach der sich die Anzahl der Bakterien verdreifacht (Anzahl = 1500) hat, erhält man durch die Gleichung:
$1500 = \mathrm{B}(t)$ bzw. $1500 = 500 \cdot e^{0,2624 \cdot t}$ mit $t = \frac{\ln 3}{0,2624} \approx 4,2.$
Nach 4,2 Stunden hat sich die Anzahl der Bakterien verdreifacht.

Zum Zeitpunkt, zu dem erstmals die Bakterienanzahl weniger als die Anzahl zu Beginn der Beobachtung (500) betragen soll, muss gelten:
$500 = 2414 \cdot e^{-0,8755 \cdot (t-6)} \Rightarrow \ln\left(\frac{500}{2414}\right) = -0,8755 \cdot (t-6) \Rightarrow t = 6 + \frac{\ln\left(\frac{500}{2414}\right)}{-0,8755} \approx 7,8$
Nach etwa 7,8 Stunden gibt es weniger als 500 Bakterien.

9 Exponentialfunktion – Infusion

a) Die Ableitung einer Funktion beschreibt die momentane Änderung einer Funktion, somit beschreibt $m'(t)$ die momentane Änderungsrate der Medikamentenmenge im Körper in Abhängigkeit von der Zeit bzw. zu einem bestimmten Zeitpunkt t.

b) Um $m(t)$ zu bestimmen, bildet man eine allgemeine Stammfunktion von $m'(t) = e^{-0,02t}$:
Als Ansatz erhält man: $m(t) = \frac{1}{-0,02}e^{-0,02t} + c = -50e^{-0,02t} + c$.
Da der Körper für $t = 0$ keine Medikamentenmenge aufweist, gilt:
$m(0) = 0$ bzw. $-50e^{-0,02\cdot 0} + c = 0 \Rightarrow c = 50$.
Somit gilt: $m(t) = -50e^{-0,02t} + 50 = 50\left(1 - e^{-0,02t}\right)$; $t \geqslant 0$.

c) Es sind $m(t) = 50\left(1 - e^{-0,02t}\right)$ und $m'(t) = e^{-0,02t}$ mit den zugehörigen Graphen K_m und $K_{m'}$:

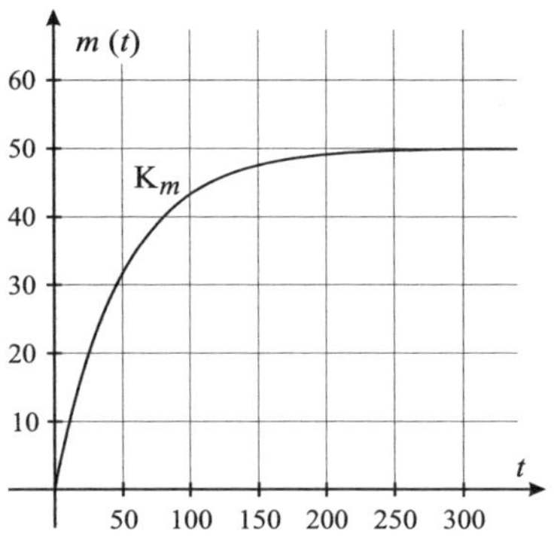

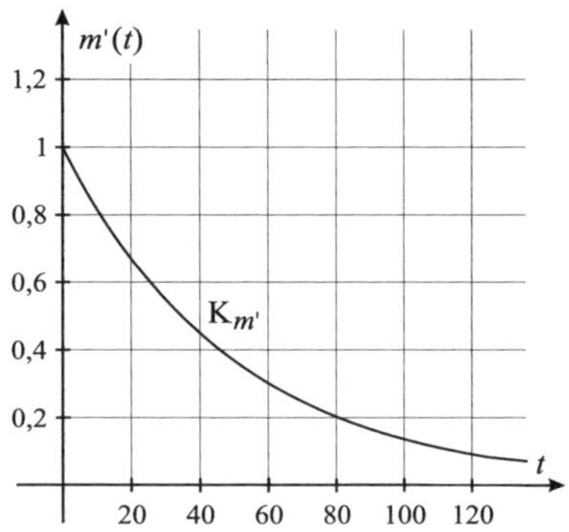

Anhand des Graphen von $m(t)$ kann man erkennen, dass die Medikamentenmenge im Körper zunächst schnell, mit wachsender Zeit aber immer langsamer zunimmt; die Medikamentenmenge ist für $t > 250$ nahezu konstant und beträgt dann nahezu 50 mg.
Anhand des Graphen von $m'(t)$ kann man erkennen, dass die Änderungsrate bzw. Zunahme der Medikamentenmenge im Körper mit wachsendem t immer kleiner wird und schließlich gegen Null geht.

d) Es ist $\lim\limits_{t\to\infty} m(t) = \lim\limits_{t\to\infty} 50\left(1 - e^{-0,02t}\right) = 50$, da der Term $e^{-0,02t}$ für $t \to \infty$ gegen Null geht, weil bei $e^{-0,02t} = \frac{1}{e^{0,02t}}$ der Nenner für wachsendes t immer größer wird.
Um den Zeitpunkt t_1 zu bestimmen, ab dem die Medikamentenmenge 90 % des Grenzwerts erreicht, gilt:
$m(t_1) = 0,90 \cdot 50$ bzw. $50\left(1 - e^{-0,02t_1}\right) = 45 \Rightarrow 0,1 = e^{-0,02t_1} \Rightarrow t_1 = \frac{\ln(0,1)}{-0,02} \approx 115,13$.
Nach 115 Minuten, d.h. nach etwa 2 Stunden, erreicht die Medikamentenmenge 90 % des Grenzwerts.

Um den Zeitpunkt t_2 zu bestimmen, ab dem der Zuwachs des Medikaments weniger als

0,5 mg pro Minute beträgt, muss folgende Ungleichung gelöst werden:

$m'(t_2) < 0,5$ bzw. $e^{-0,02t_2} < 0,5 \Rightarrow -0,02t_2 < \ln(0,5) \Rightarrow t_2 > \frac{\ln(0,5)}{-0,02} \approx 34,66.$

Nach ca. 35 Minuten ist der Zuwachs der Medikamentenmenge im Körper kleiner als 0,5 mg pro Minute.

e) Zur Berechnung des Integrals benötigt man eine Stammfunktion. Da die zu integrierende Funktion $m'(t)$ ist, kann man als Stammfunktion $m(t)$ verwenden. Somit gilt:

$$\int_0^{10} e^{-0,02t}dt = \left[50\left(1-e^{-0,02t}\right)\right]_0^{10} = 50\left(1-e^{-0,02\cdot 10}\right) - 50\left(1-e^{-0,02\cdot 0}\right) \approx 9,06.$$

Da dieses Integral die Summe aller Zuwachsraten von $t = 0$ bis $t = 10$ beschreibt, ist das Ergebnis die Medikamentenmenge, die nach 10 Minuten im Körper vorhanden ist, also

$$\int_0^{10} e^{-0,02t}dt = m(t).$$

f) Zuerst bestimmt man die Medikamentenmenge nach 5 Stunden (= 300 Minuten):

$m(300) = 50\left(1-e^{-0,02\cdot 300}\right) \approx 49,88\,\text{mg}.$

Da der Abbau danach mit einer Halbwertszeit von 6 Stunden erfolgt, stellt man eine neue Funktion $f(t)$ für natürlichen exponentiellen Zerfall ab diesem Zeitpunkt (t in Stunden, $f(t)$ in mg) auf: $f(t) = a \cdot e^{-k\cdot t}$; $k > 0$; $t \geqslant 0$

Mit den gegebenen Daten erhält man:

$f(0) = 49,88$ bzw. $a \cdot e^{-k\cdot 0} = 49,88 \Rightarrow a = 49,88.$

$f(6) = 0,5 \cdot 49,88$ bzw. $49,88 \cdot e^{-k\cdot 6} = 0,5 \cdot 49,88 \Rightarrow k = \frac{\ln(0,5)}{-6} \approx 0,1155.$

Somit gilt: $f(t) = 49,88 \cdot e^{-0,1155\cdot t}$

Um den Zeitpunkt t zu bestimmen, ab dem die Nachweisgrenze von 10^{-3} mg unterschritten wird, stellt man folgende Ungleichung auf:

$f(t) < 10^{-3}$ bzw. $49,88 \cdot e^{-0,1155\cdot t} < 10^{-3} \Rightarrow t > \frac{\ln\left(\frac{10^{-3}}{49,88}\right)}{-0,1155} \approx 93,66.$

Nach etwa weiteren 94 Stunden, also insgesamt etwa 99 Stunden (ca. 4 Tage) nach erstmaliger Einnahme des Medikaments, wird die Nachweisgrenze unterschritten.

10 Exponentialfunktion – Ventile

a) Es ist $f(x) = e^{1-x}$.
Die Ableitungen erhält man mit Hilfe der Kettenregel:
$f'(x) = e^{1-x} \cdot (-1) = -e^{1-x}$
$f_t''(x) = -e^{1-x} \cdot (-1) = e^{1-x}$
$f_t'''(x) = e^{1-x} \cdot (-1) = -e^{1-x}$.
Den Schnittpunkt S mit der y-Achse erhält man durch Einsetzen von $x = 0$ in $f(x)$:
$f(0) = e^{1-o} = e \Rightarrow S(0 \mid e)$.
Mögliche Schnittpunkte mit der x-Achse erhält man durch $f(x) = 0$:
$e^{1-x} = 0$ hat keine reelle Lösung, also gibt es keinen Schnittpunkt mit der x-Achse.
Den Extrempunkt erhält man durch $f'(x) = 0$:
$-e^{1-x} = 0$ hat keine reelle Lösung, also gibt es keinen Extrempunkt.
Den Wendepunkt W erhält man durch $f''(x) = 0$:
$e^{1-x} = 0$ hat keine reelle Lösung , also gibt es keinen Wendepunkt.
Für $x \to \infty$ geht $f(x) \to 0$, also ist die x-Achse ($y = 0$) eine waagrechte Asymptote.

b) Um den Flächeninhalt der ins Unendliche reichenden Fläche zu berechnen, die von der y-Achse, der x-Achse und dem Graphen eingeschlossen wird, bestimmt man das Integral in den Grenzen 0 und z. Anschließend läßt man $z \to \infty$ gehen.
$A(z) = \int_0^z e^{1-x}\,dx = \left[-e^{1-x}\right]_0^z = -e^{1-z} - \left(-e^{1-0}\right) = -e^{1-z} + e$
Für $z \to \infty$ geht $-e^{1-z} \to 0$, also geht $A(z) \to e$.
Es ist also $\lim\limits_{z\to\infty} A(z) = e$, damit beträgt der Flächeninhalt der von der y-Achse, der x-Achse und dem Graphen eingeschlossenen Fläche e FE.

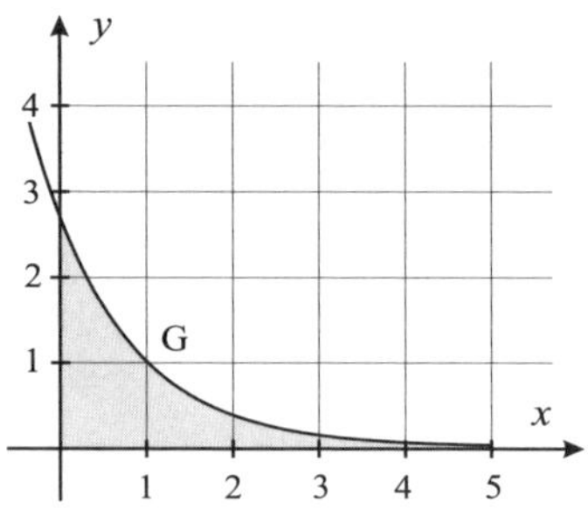

c) Um das Wasservolumen nach 1 Stunde (= 60 Minuten) zu bestimmen, benötigt man eine Funktionsgleichung für das Wasservolumen zum Zeitpunkt t, also $V(t)$.
Hierzu bestimmt man eine Stammfunktion zu $V'(t) = 0,6 \cdot e^{-0,01 \cdot t}$:
$V(t) = \frac{0,6}{-0,01} \cdot e^{-0,01 \cdot t} + c = -60 \cdot e^{-0,01 \cdot t} + c$.
Die Konstante c erhält man mit Hilfe der Nebenbedingung, dass zu Beginn 50 Liter Wasser vorhanden sind:
$V(0) = -60 \cdot e^{-0,01 \cdot 0} + c = 50 \Rightarrow c = 110$,

also ergibt sich: $V(t) = 110 - 60 \cdot e^{-0,01 \cdot t}$.

Damit ist $V(60) = 110 - 60 \cdot e^{-0,01 \cdot 60} \approx 77,1$.
Nach einer Stunde sind 77 Liter Wasser im Behälter.
Langfristig ist mit 110 Liter zu rechnen, da $\lim_{t \to \infty} \left(110 - 60 \cdot e^{-0,01 \cdot t}\right) = 110$.

Zur Berechnung der Zeit, nach der sich im Wasserbehälter die doppelte Wassermenge (100 Liter) wie zu Beginn (50 Liter) befindet, ist folgende Gleichung zu lösen:

$100 = 110 - 60 \cdot e^{-0,01 \cdot t}$ bzw. $\frac{-10}{-60} = e^{-0,01t} \Rightarrow t = \dfrac{\ln \frac{1}{6}}{-0,01} \approx 179$.

Nach etwa 179 Minuten ($\approx$3 Stunden) ist im Wasserbehälter die doppelte Menge Wasser wie zu Beginn.

Da nun $V^{*\prime}(t) = -0,9 \cdot e^{0,05 \cdot t}$ und $V^*(0) = 100$ gilt, benötigt man eine neue Stammfunktion, die diese Bedingungen erfüllt:
$V^*(t) = -\frac{0,9}{0,05} \cdot e^{0,05 \cdot t} + c = -18 \cdot e^{0,05 \cdot t} + c$.
Die Konstante c bestimmt man mit Hilfe der Nebenbedingung $V^*(0) = 100$:
$V^*(0) = -18 \cdot e^{0,05 \cdot 0} + c = 100 \Rightarrow c = 118$, also ergibt sich $V^*(t) = -18 \cdot e^{0,05 \cdot t} + 118$.
Der Behälter ist leer, wenn $V^*(t) = 0$ gilt:
$-18 \cdot e^{0,05 \cdot t} + 118 = 0$ führt zu $t = \frac{\ln \frac{118}{18}}{0,05} \approx 37,6$.
Nach etwa 38 weiteren Minuten ist der Behälter leer.

11 Exponentialfunktion – Feinstaub

a) Es ist $f(x) = 250x \cdot e^{-0,5x}$; $x \geqslant 0$. Wegen $x \geqslant 0$ und $e^{-0,5x} > 0$, sind beide Faktoren von $f(x)$ positiv; damit ist auch $f(x)$ positiv, also $f(x) \geqslant 0$.
Zur Bestimmung der Asymptote schreibt man die Funktionsgleichung um:
$f(x) = 250x \cdot e^{-0,5x} = \frac{250x}{e^{0,5x}}$. Da für $x \to \infty$ der Nenner «viel stärker» ansteigt als der Zähler, geht der Bruchterm insgesamt gegen Null; somit hat der Graph von f eine waagrechte Asymptote mit der Gleichung $y = 0$.
Um zu bestimmen, für welchen Durchmesser die größte Anzahl von Teilchen ausgestoßen wird, benötigt man die 1. und 2. Ableitung von f, die man mit Hilfe der Produkt- und Kettenregel erhält:
$f'(x) = 250 \cdot e^{-0,5x} + 250x \cdot e^{-0,5x} \cdot (-0,5) = (250 - 125x) \cdot e^{-0,5x}$
$f''(x) = -125 \cdot e^{-0,5x} + (250 - 125x) \cdot e^{-0,5x} \cdot (-0,5) = (62,5x - 250) \cdot e^{-0,5x}$
Als notwendige Bedingung für ein Maximum setzt man die 1. Ableitung gleich Null:
$f'(x) = 0$ führt zu $(250 - 125x) \cdot e^{-0,5x} = 0$ bzw. $250 - 125x = 0 \Rightarrow x = 2$.
Den zugehörigen Funktionswert erhält man durch Einsetzen von $x = 2$ in $f(x)$:
$f(2) = 250 \cdot 2 \cdot e^{-0,5 \cdot 2} = 500e^{-1} \approx 183,94$.
Setzt man $x = 2$ in $f''(x)$ ein, so erhält man:
$f''(2) = (62,5 \cdot 2 - 250) \cdot e^{-0,5 \cdot 2} = -125e^{-1} < 0$, also handelt es sich um ein Maximum.
Alternativ hätte man das Maximum auch durch die Überlegung nachweisen können, dass $f'(x)$ bei $x = 2$ einen Vorzeichenwechsel von $+$ nach $-$ hat.
Also wird für einen Durchmesser von 2 μm die größte Anzahl von Teilchen ausgestoßen, etwa 184 Teilchen.
Um den Graphen zu skizzieren, erstellt man eine Wertetabelle:

x	0	1	2	3	4	5
$f(x)$	0	152	184	167	135	103

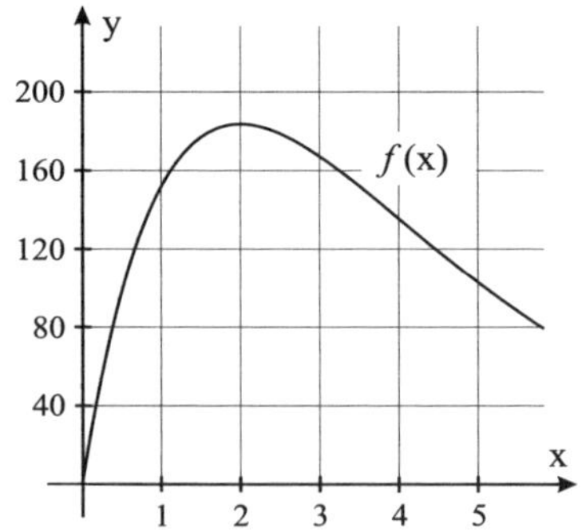

b) Um zu zeigen, dass F mit $F(x) = -250(2x+4) \cdot e^{-0,5x}$ eine Stammfunktion von f ist, bestimmt man die 1. Ableitung von F mit Hilfe der Produkt- und Kettenregel:

$$F'(x) = -250 \cdot \left(2 \cdot e^{-0,5x} + (2x+4) \cdot e^{-0,5x} \cdot (-0,5)\right) = -250 \cdot \left(-x \cdot e^{-0,5x}\right)$$
$$= 250x \cdot e^{-0,5x} = f(x).$$

Die Gesamtanzahl aller ausgestoßenen Partikel erhält man durch Integration der Funktion $f(x)$ in den Grenzen von 0 bis d ($d > 0$) mit Hilfe der gegebenen Stammfunktion F und anschließender Grenzwertbetrachtung:

$$A(d) = \int_0^d f(x)dx = \left[F(x)e^{-0,5x}\right]_0^d = \left[-250(2x+4) \cdot e^{-0,5x}\right]_0^d$$
$$= -250(2d+4) \cdot e^{-0,5d} - \left(-250(2 \cdot 0+4) \cdot e^{-0,5 \cdot 0}\right)$$
$$= -250(2d+4) \cdot e^{-0,5d} + 1000$$

Da d alle möglichen positiven Werte annehmen kann, ergibt sich die Gesamtanzahl für $d \to \infty$. Es gilt:

$\lim\limits_{d \to \infty} A(d) = \lim\limits_{d \to \infty} \left(-250(2d+4) \cdot e^{-0,5d} + 1000\right) = \lim\limits_{d \to \infty} \left(-\frac{250(2d+4)}{e^{0,5d}} + 1000\right) = 1000$, weil

der Nenner des Bruchs «viel schneller» wächst als der Zähler und der Bruchterm somit für $d \to \infty$ gegen Null geht.

Somit beträgt die Gesamtanzahl der ausgestoßenen Partikel 1000.

Um die Anzahl der ausgestoßenen Partikel mit einem Durchmesser kleiner gleich 10 μm zu bestimmen, berechnet man das Integral der Funktion f in den Grenzen von 0 bis 10, d.h. man setzt $d = 10$ in die Formel für $A(d)$ ein und erhält:

$$A(10) = \int_0^{10} f(x)dx = -250(2 \cdot 10+4) \cdot e^{-0,5 \cdot 10} + 1000 \approx 959,57$$

Da 1000 Partikel 100 % entsprechen, entsprechen etwwa 960 Partikel 96 %.

12 Ganzrationale Funktion – Küstenlinie (CAS)

a) Die abgebildete Küstenlinie hat drei Extrempunkte, also ist der Ansatz einer Polynomfunktion 4. Grades sinnvoll, denn die Ableitung $f'(x)$ ist dann ein Polynom 3. Grades und kann maximal 3 Nullstellen haben (jede Nullstelle der Ableitung entspricht einem Extrempunkt der Funktion). Damit wird $f(x)$ angesetzt als:

$f(x) = ax^4 + bx^3 + cx^2 + dx + e.$

Man braucht zur Bestimmung der Funktionsgleichung also fünf Bedingungen:

Der Punkt A $(0 \mid 0)$ liegt auf der Kurve, also gilt: $f(0) = 0$.

Der Punkt B $(1 \mid 2)$ liegt auf der Kurve und er ist ein Tiefpunkt mit Steigung Null, also gilt: $f(1) = 2$ und $f'(1) = 0$.

Der Punkt C $(2 \mid 4)$ liegt auf der Kurve und er ist ein Hochpunkt mit Steigung Null, also gilt: $f(2) = 4$ und $f'(2) = 0$.

Setzt man diese Bedingungen in $f(x)$ bzw. $f'(x) = 4ax^3 + 3bx^2 + 2cx + d$ ein, so erhält man ein Gleichungssystem, das mit dem CAS gelöst werden kann:

$$\begin{array}{lrcl} \text{I} & f(0) & = & 0 \\ \text{II} & f(1) & = & 2 \\ \text{III} & f'(1) & = & 0 \\ \text{IV} & f(2) & = & 4 \\ \text{V} & f'(2) & = & 0 \end{array}$$

einsetzen ergibt:

$$\begin{array}{lrcrcrcrcrcl} \text{I} & a\cdot 0^4 & + & b\cdot 0^3 & + & c\cdot 0^2 & + & d\cdot 0 & + & e & = & 0 \\ \text{II} & a\cdot 1^4 & + & b\cdot 1^3 & + & c\cdot 1^2 & + & d\cdot 1 & + & e & = & 2 \\ \text{III} & 4a\cdot 1^3 & + & 3b\cdot 1^2 & + & 2c\cdot 1 & + & d & & & = & 0 \\ \text{IV} & a\cdot 2^4 & + & b\cdot 2^3 & + & c\cdot 2^2 & + & d\cdot 2 & + & e & = & 4 \\ \text{V} & 4a\cdot 2^3 & + & 3b\cdot 2^2 & + & 2c\cdot 2 & + & d & & & = & 0 \end{array}$$

daraus folgt:

$$\begin{array}{lrcrcrcrcrcl} \text{I} & & & & & & & & & e & = & 0 \\ \text{II} & a & + & b & + & c & + & d & + & e & = & 2 \\ \text{III} & 4a & + & 3b & + & 2c & + & d & & & = & 0 \\ \text{IV} & 16a & + & 8b & + & 4c & + & 2d & + & e & = & 4 \\ \text{V} & 32a & + & 12b & + & 4c & + & d & & & = & 0 \end{array}$$

Lösen mit dem CAS führt auf:

$$\begin{array}{lrcr} \text{I} & a & = & -3 \\ \text{II} & b & = & 14 \\ \text{III} & c & = & -21 \\ \text{IV} & d & = & 12 \\ \text{V} & e & = & 0 \end{array}$$

Somit wird die Küstenlinie beschrieben durch die Polynomfunktion
$f(x) = -3x^4 + 14x^3 - 21x^2 + 12x$.

b) Um die Entfernung zwischen C (2 | 4) und D zu berechnen, benötigt man die Koordinaten von D:

An der Zeichnung ist ersichtlich, dass der Punkt D ein (lokales) Maximum der Funktion $f(x)$ ist. Seine Koordinaten lassen sich z.B. mit Hilfe des CAS bestimmen: man erhält $x = 0,5$ und $y = 2,3125 \Rightarrow \mathrm{D}(0,5 \mid 2,3125)$.

Alternativ kann man die x-Koordinate von D auch an der Zeichnung ablesen und dann in $f(x)$ einsetzen.

Den Abstand d zwischen zwei Punkten $(x_1 \mid y_1)$ und $(x_2 \mid y_2)$ erhält man mit der Formel:
$d = \sqrt{(x_2 - x_1)^2 + (y_2 - y_1)^2}$.

Somit gilt: $\overline{\mathrm{CD}} = \sqrt{(0,5-2)^2 + (2,3125-4)^2} \approx 2,2578\,\mathrm{LE}$.

Da eine Längeneinheit 10 km entspricht, beträgt die Entfernung zwischen den beiden Kaps C und D ca. 22,6 km.

c) Um die Länge der Fahrtstrecke vom Hafen B $(1 \mid 2)$ zum nächstgelegenen Punkt der gegenüberliegenden Küstenlinie mit $k(x) = 0,5x^2 - 0,25x + 4$ zu berechnen, bestimmt man zuerst den Abstand $d(x)$ zwischen B und einem allgemeinen Punkt $P(x \mid k(x))$ der Küstenlinie in Abhängigkeit von x und berechnet anschließend das Minimum von $d(x)$. Es gilt:

$$d(x) = \sqrt{(x-1)^2 + (k(x)-2)^2} = \sqrt{(x-1)^2 + (0,5x^2 - 0,25x + 4 - 2)^2}$$

Das Minimum von $d(x)$ erhält man mit dem CAS:

$x = 0,5$ und $d(0,5) = \sqrt{4,25} \approx 2,0616$.

Da eine Einheit 10 km entspricht, beträgt die Länge der Fahrtstrecke des Ausflugsboots ca. 20,6 km.

d) Um den gesuchten Winkel α zur Nordrichtung zu berechnen, den das Boot einschlagen muss, betrachtet man das rechtwinklige Dreieck, auf dem die Punkte B $(1 \mid 2)$ und P $(0,5 \mid 4)$ liegen:

Die Längen der Katheten betragen dann $|4-2| = 2$ LE bzw. $|0,5-1| = 0,5$ LE.

Es gilt: $\tan\alpha = \frac{0,5}{2} \Rightarrow \alpha \approx 14,04°$. Das Boot muss also einen Kurs von 14,04° einschlagen, um von B nach P zu kommen.

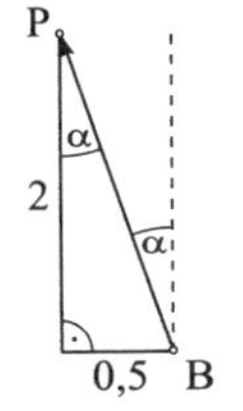

e) Es ist $f(x) = -3x^4 + 14x^3 - 21x^2 + 12x$ und $g(x) = 0,5x^2 + 0,5x + 1$ mit $x \geqslant 0$.

Der tatsächliche Landgewinn setzt sich zusammen aus all jenen Flächen, welche im Lauf der Zeit hinzukamen abzüglich der Flächen, die verloren gingen.

Er entspricht dem Flächeninhalt zwischen den beiden Kurven, den man mit Hilfe des Integrals berechnen kann. Die Integrationsgrenzen sind $x_1 = 0$ und $x_2 = 2$.

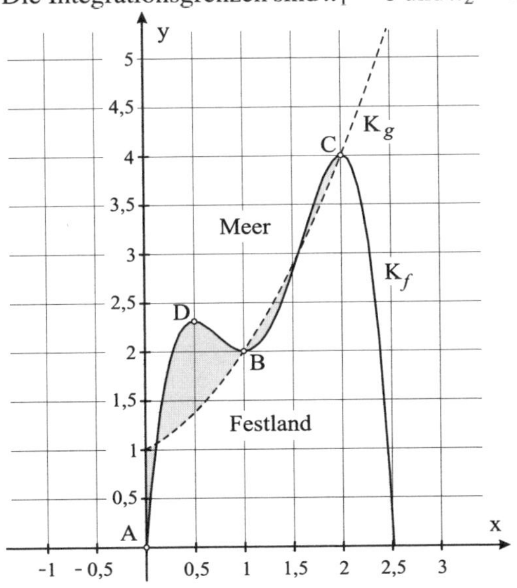

Durch das Integrieren über $f(x) - g(x)$ wird der Landgewinn mit positivem Vorzeichen (er entspricht den Abschnitten, an denen K_f oberhalb von K_g verläuft) und der Landverlust (er entspricht den Abschnitten, an denen K_f unterhalb von K_g verläuft) mit negativem Vorzeichen gezählt. Das Ergebnis ist daher der tatsächliche Landgewinn:

$$\begin{aligned}\int_0^2 (f(x) - g(x))\,dx &= \int_0^2 \left(-3x^4 + 14x^3 - 21x^2 + 12x - \left(0{,}5x^2 + 0{,}5x + 1\right)\right) dx \\ &= \int_0^2 \left(-3x^4 + 14x^3 - 21{,}5x^2 + 11{,}5x - 1\right) dx \approx 0{,}4667 \text{ (CAS)}\end{aligned}$$

Da eine Längeneinheit 10 km entspricht, entspricht eine Flächeneinheit $100\,\text{km}^2$. Somit beträgt der Landgewinn etwa $46{,}7\,\text{km}^2$.

13 Exponentialfunktion – Medikament (CAS)

Es ist $f(t) = 40t \cdot e^{-0,5t};\ t \geqslant 0$.

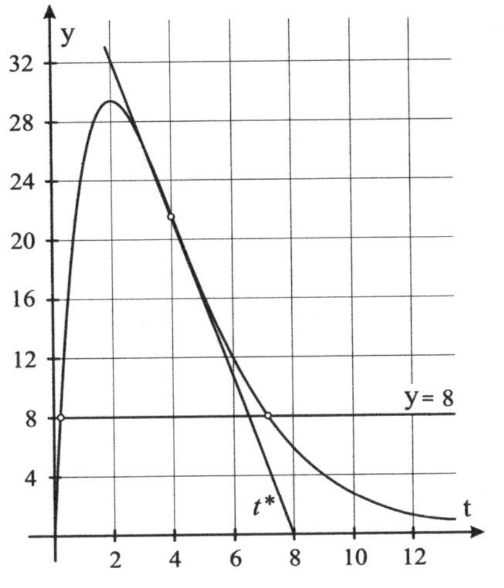

a) Das Maximum von $f(t)$ erhält man mit dem CAS: $t = 2$ und $f(2) = \frac{80}{e} \approx 29,43$.
Nach zwei Stunden wird die maximale Konzentration von $29,43\ \frac{\text{mg}}{\text{l}}$ erreicht.

Schneidet man den Graphen von $f(t)$ mit der Geraden $y = 8$, so erhält man mit dem CAS:
$t_1 \approx 0,22$ und $t_2 \approx 7,15$. Damit ist $t_2 - t_1 = 6,93$.
Somit beträgt der Zeitraum, in dem das Medikament wirksam ist, etwa 7 Stunden.

b) Um den Zeitpunkt, zu dem das Medikanment am stärksten abgebaut wird, zu erhalten, berechnet man das Minimum von $f'(t)$:
$f'(t) = 40e^{-0,5t} + 40t \cdot e^{-0,5t} \cdot (-0,5) = (40 - 20t)e^{-0,5t}$
Das Minimum von $f'(t)$ erhält man mit dem CAS: $t = 4$.
Genau 4 Stunden nach Einnahme des Medikaments wird es am stärksten abgebaut.

Die momentane Änderungsrate zum Zeitpunkt $t = 4$ erhält man mit $f'(t)$:
$f'(4) = (40 - 20 \cdot 4)e^{-0,5 \cdot 4} = -40e^{-2} = -\frac{40}{e^2} \approx -5,41$.
Nach 4 Stunden beträgt die momentane Änderungsrate etwa $-5,4$.

Um die Gleichung der Tangente t^* an den Graphen von $f(t)$ an der Stelle $t_1 = 4$ zu erhalten, setzt man $t_1 = 4$, $y_1 = f(4) = 160e^{-2}$ und $m = f'(4) = -40e^{-2}$ in die Punkt-Steigungsform $y - y_1 = m(t - t_1)$ ein:
$y - 160e^{-2} = -40e^{-2} \cdot (t - 4) \Rightarrow y = -40e^{-2}t + 320e^{-2}$.
Schneidet man die Tangente mit der x-Achse, so erhält man:
$0 = -40e^{-2}t + 320e^{-2} = e^{-2}(320 - 40t) \Rightarrow 320 - 40t = 0 \Rightarrow t = 8$.
Nach 8 Stunden ist das Medikament vollständig abgebaut.

c) Es ist $g(t) = at \cdot e^{-bt}$; $a > 0, b > 0$.
Die Ableitung $g'(t)$ erhält man mit der Produkt- und Kettenregel:
$g'(t) = a \cdot e^{-bt} + at \cdot e^{-bt} \cdot (-b) = (a - abt) \cdot e^{-bt}$
Damit die Konzentration $g(t)$ nach 4 Stunden ihren größten Wert von 20 $\frac{\text{mg}}{\text{l}}$ annimmt, müssen folgende Bedingungen gelten:

$$\begin{array}{lrcclcl} \text{I} & g(4) & = & 20 & \Rightarrow & 4a \cdot e^{-4b} & = & 20 \\ \text{II} & g'(4) & = & 0 & \Rightarrow & (a - 4ab) \cdot e^{-4b} & = & 0 \end{array}$$

Löst man Gleichung II, so ergibt sich: $a - 4ab = 0 \Rightarrow a(1 - 4b) = 0$ bzw. wegen $a > 0$ folgt $1 - 4b = 0 \Rightarrow b = \frac{1}{4}$.
Setzt man $b = \frac{1}{4}$ in Gleichung I ein, so ergibt sich: $4a \cdot e^{-4 \cdot 0{,}25} = 20 \Rightarrow 4a \cdot e^{-1} = 20$ $\Rightarrow a = 5e \approx 13{,}59$.
Die Konzentration erreicht 4 Stunden nach der Einnahme ihren größten Wert von 20 $\frac{\text{mg}}{\text{l}}$, wenn $a = 5e$ und $b = \frac{1}{4}$ gewählt werden.
Die Funktion $g(t)$ lautet dann: $g(t) = 5e \cdot t \cdot e^{-\frac{1}{4}t} = 5te^{1-0{,}25t}$.

14 Exponentialfunktion – Tannensetzling (CAS)

a) Es ist $f_t(x) = 1,5 \cdot e^{-0,005(x-t)^2}$.

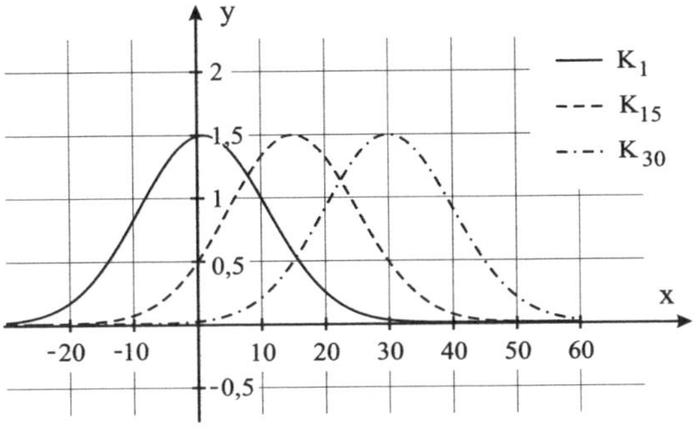

Anhand der Graphen erkennt man folgende gemeinsame Eigenschaften:

- Sie verlaufen oberhalb der x-Achse, da $f_t(x) > 0$.
- Sie haben die x-Achse als waagerechte Asymptote für $x \to \pm\infty$.
- Sie haben genau einen Hochpunkt $\mathrm{H}(t \mid 1,5)$.
- Sie haben genau zwei Wendepunkte.
- Sie sind achsensymmetrisch zur Geraden $x = t$.

b) Das Maximum von f wird mit dem CAS bestimmt: $t = 25$.
Im 25. Jahr ist das Längenwachstum maximal.

Das durchschnittliche Wachstum in den ersten 30 Jahren erhält man durch Integration:
$\frac{1}{30}\int_0^{30} f(t)dt = \frac{1}{30}\int_0^{30} 1,5 \cdot e^{-0,005(t-25)^2}dt \approx \frac{1}{30} \cdot 25,77 \approx 0,86$ (CAS).
Die Tanne wächst in den ersten 30 Jahren durchschnittlich 0,86 m pro Jahr.

Die Höhe h der Tanne ist $h = 0,3 + \int_0^{30} f(t)dt \approx 26,07$.

Alternativ: $h \approx 0,3 + 30 \cdot 0,86 = 26,1$.
Die Tanne ist nach 30 Jahren etwa 26,1 m hoch.
Um den Zeitpunkt T für die Höhe von 13 m zu bestimmen, muss gelten:

$13 = 0,3 + \int_0^{\mathrm{T}} f(t)dt$ bzw.

$12,7 = \int_0^{\mathrm{T}} f(t)dt$.

Durch Ausprobieren bzw. Lösen der Integralgleichung mit dem CAS erhält man $\mathrm{T} \approx 21$.
Nach 21 Jahren ist die Tanne 13 m hoch.

Um den Zeitpunkt des «Ausgewachsenseins» zu bestimmen, schneidet man den Graphen von f mit der Geraden $y = 0,2$. Mit dem CAS erhält man $t \approx 45$.

Die Höhe einer 45-jährigen Tanne beträgt $h_1 = 0,3 + \int_0^{45} f(t)dt \approx 36,8$ (CAS).

Die Höhe einer 60-jährigen Tanne beträgt $h_2 = 0,3 + \int_0^{60} f(t)dt \approx 37,7$ (CAS).

Die Differenz beträgt etwa $0,9$.

Alternativ hätte man die Differenz auch durch folgendes Integral berechnen können:

$\int_{45}^{60} f(t)dt \approx 0,85$.

Also ist eine 60-jährige Tanne $0,9$ m bzw. $0,85$ m höher als eine «ausgewachsene» Tanne.

15 Exponentialfunktion – Fischteich (CAS)

a) Es ist $f(x) = \frac{400 \cdot e^{0,1x}}{19+e^{0,1x}}$; $x \geqslant 0$. Mit Hilfe des CAS und geeigneter Einstellung des Zeichenfensters kann man den zugehörigen Graphen G_f skizzieren:

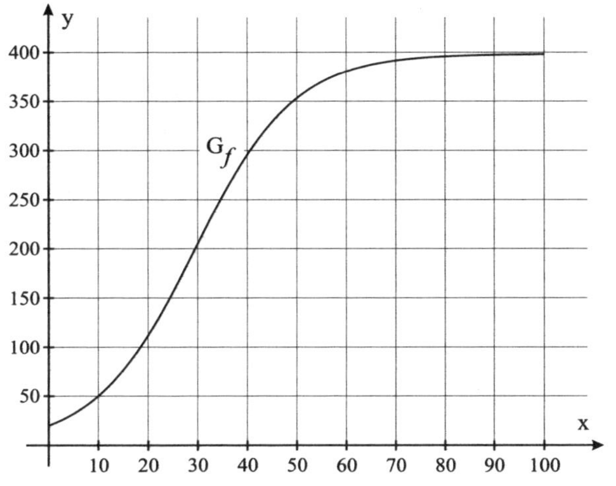

Den Anfangsbestand der Fische erhält man für $x = 0$: $f(0) = \frac{400 \cdot e^{0,1 \cdot 0}}{19+e^{0,1 \cdot 0}} = \frac{400}{20} = 20$.
Ursprünglich wurden 20 Fische in den See eingesetzt.
Das Maximum der Fischpopulation erhält man für $x \longrightarrow \infty$. Dazu wird die Funktion $f(x)$ umgeformt (Zähler und Nenner durch $e^{0,1x}$ teilen): $f(x) = \frac{400 \cdot e^{0,1x}}{19+e^{0,1x}} = \frac{400}{\frac{19}{e^{0,1x}}+1}$

Für $x \longrightarrow \infty$ geht $f(x) \longrightarrow 400$, da im Nenner der Term $\frac{19}{e^{0,1x}}$ gegen Null geht.
Der See kann also maximal 400 Fische ernähren.
Alternativ hätte man die obere Grenze der Fischpopulation auch am Graphen von $f(x)$ ablesen können: Die Gerade $y = 400$ ist waagrechte Asymptote von G_f.
Da die 1. Ableitung von $f(x)$ die Wachstumsgeschwindigkeit der Fischpopulation beschreibt, bestimmt man diese mit Hilfe des CAS:
$f'(x) = \frac{760 \cdot e^{0,1x}}{\left(19+e^{0,1x}\right)^2}$
Anschließend bestimmt man mit dem CAS das Maximum von $f'(x)$:
Man erhält als Lösung: $x \approx 29,44$ und damit $f'(29,44) \approx 10$ (CAS).
Nach etwa 29,5 Jahren ist die Wachstumsgeschwindigkeit also maximal; sie beträgt dann ca. 10 Fische pro Jahr.

b) Die Wachstumsgeschwindigkeit von $f_k(x)$ wird durch die 1. Ableitung $f_k{}'(x) = \frac{40ke^{0,1x}}{\left(k+e^{0,1x}\right)^2}$ (CAS) beschrieben.
Wenn diese maximal sein soll, muss die 2. Ableitung $f_k{}''(x) = \frac{4k^2e^{0,1x}-4ke^{0,2x}}{\left(k+e^{0,1x}\right)^3}$ (CAS) Null

sein. Da das Maximum nach 10 Jahren erreicht sein soll, gilt $x = 10$ und man erhält:

$f_k''(10) = 0$ bzw. $\frac{4k^2e^{0,1\cdot 10} - 4ke^{0,2\cdot 10}}{\left(k+e^{0,1\cdot 10}\right)^3} = 0 \Rightarrow 4k^2e - 4ke^2 = 0 \Rightarrow 4ke(k-e) = 0$

mit den Lösungen $k_1 = 0$ und $k_2 = e$. Wegen $k > 0$ ist nur $k_2 = e$ eine gültige Lösung.

Setzt man $k_2 = e$ und $x = 10$ in die 3. Ableitung $f_k'''(x) = \frac{0,4k^3e^{0,1x} - 1,6k^2e^{0,2x} + 0,4ke^{0,3x}}{\left(k+e^{0,1x}\right)^4}$ (CAS) ein, so erhält man:

$f_e'''(10) = -0,05 < 0$, somit handelt es sich tatsächlich um ein Maximum.

Damit hat die gesuchte Wachstumsfunktion die Gleichung: $f_e(x) = \frac{400\cdot e^{0,1x}}{e+e^{0,1x}}$.

c) Mit Hilfe des CAS und geeigneter Einstellung des Zeichenfensters kann man die Graphen G_k von $f_k(x) = \frac{400\cdot e^{0,1x}}{k+e^{0,1x}}$ für $k = 5$, 10, 20, 30 und 35 skizzieren:

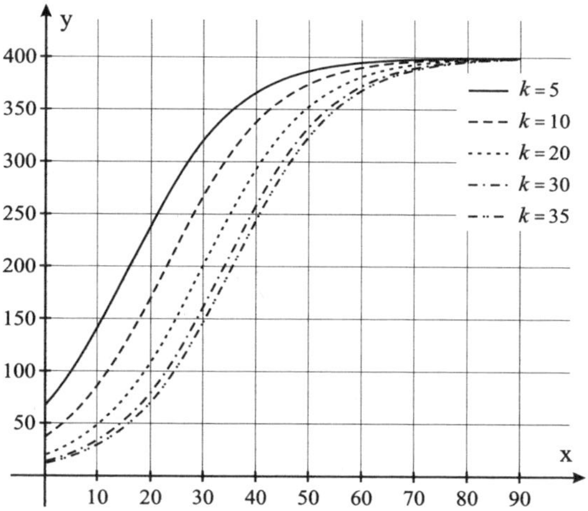

Anhand der Graphen kann man folgendes erkennen:

- Alle Graphen sind monoton steigend. Rechnerische Bestätigung: $f_k'(x) = \frac{40ke^{0,1x}}{\left(k+e^{0,1x}\right)^2} > 0$, d.h. die Fischpopulation nimmt laufend zu.
- Alle Graphen haben für $x \to \infty$ eine waagrechte Asymptote mit der Gleichung $y = 400$. Rechnerische Bestätigung: $f_k(x) = \frac{400\cdot e^{0,1x}}{k+e^{0,1x}} = \frac{400}{\frac{k}{e^{0,1x}}+1}$ geht für $x \to \infty$ gegen Null, da der Bruchterm im Nenner gegen Null geht, d.h. der maximale Fischbestand beträgt 400 Fische.
- Je größer der Parameter k ist, desto kleiner ist der y-Achsenabschnitt der Graphen. Rechnerische Bestätigung: $f_k(0) = \frac{400\cdot e^{0,1\cdot 0}}{k+e^{0,1\cdot 0}} = \frac{400}{k+1}$, d.h. je größer k, desto kleiner der Anfangsbestand der Fischpopulation.
- Je größer k ist, desto weiter ist die Wendestelle nach rechts verschoben. Rechnerische Bestätigung: Setzt man $f_k''(x) = \frac{4k^2e^{0,1x} - 4ke^{0,2x}}{\left(k+e^{0,1x}\right)^3} = 0$, so erhält man: $x = 10 \cdot \ln k$ (CAS), d.h. der Zeitpunkt der maximalen Wachstumsgeschwindigkeit tritt für größeres k erst später ein.

Die maximale Fischpopulation ist für alle Parameter k gleich groß, da bei $f_k(x) = \frac{400 \cdot e^{0,1x}}{k+e^{0,1x}} = \frac{400}{\frac{k}{e^{0,1x}}+1}$ im Nenner der Term $\frac{k}{e^{0,1x}}$ für $x \to \infty$ gegen Null geht (unabhängig von k) und somit $f_k(x) \to 400$, was der maximalen Fischpopulation entspricht.

Man erhält den Zeitpunkt, bei dem die maximale Wachstumsgeschwindigkeit erreicht wird, indem man die 2. Ableitung von $f_k(x)$ gleich Null setzt:

$f_k''(x) = \frac{4k^2e^{0,1x} - 4ke^{0,2x}}{\left(k+e^{0,1x}\right)^3} = 0$ führt zu $4k^2e^{0,1x} - 4ke^{0,2x} = 0$ bzw. $4ke^{0,1x} \cdot \left(k - e^{0,1x}\right) = 0$

da $k > 0$ ist, folgt $k = e^{0,1x}$ mit der Lösung $x = \frac{\ln k}{0,1} = 10 \cdot \ln k$.

Setzt man $x = 10 \cdot \ln k$ in die 3. Ableitung $f_k'''(x) = \frac{0,4k^3e^{0,1x} - 1,6k^2e^{0,2x} + 0,4ke^{0,3x}}{\left(k+e^{0,1x}\right)^4}$ ein, so erhält man: $f_k'''(10 \cdot \ln k) = -0,05 < 0$ (CAS), also handelt es sich um ein Maximum.

Den zugehörigen y-Wert erhält man, indem man $x = 10 \cdot \ln k$ in $f_k(x)$ einsetzt:

$f_k(10 \cdot \ln k) = 200$ (CAS).

Dies entspricht der Hälfte der maximalen Fischzahl (400).

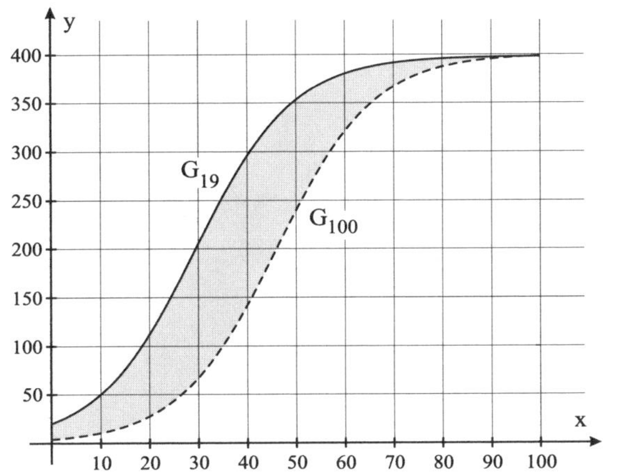

Den Flächeninhalt A zwischen den beiden Graphen G_{19} und G_{100} von $x = 0$ bis $x = 100$ erhält man durch Integration über die Differenz der Funktionen $f_{19}(x)$ und $f_{100}(x)$:

$$A = \int_0^{100} \left(f_{19}(x) - f_{100}(x)\right) dx = \int_0^{100} \left(\frac{400 \cdot e^{0,1x}}{19+e^{0,1x}} - \frac{400 \cdot e^{0,1x}}{100+e^{0,1x}}\right) dx \approx 6462,88 \text{ (CAS)}$$

Der Flächeninhalt beträgt etwa 6463 FE.

Um zu untersuchen, ob die Fläche gegen einen Grenzwert strebt, setzt man die obere Grenze des Integrals gleich z ($z > 0$) und bestimmt mit dem CAS eine Stammfunktion $F_k(x) = 4000 \cdot \ln\left(e^{0,1x} + k\right)$ von $f_k(x)$.

Somit erhält man für den Flächeninhalt $A(z)$ in Abhängigkeit von z mit $z > 0$:

$$
\begin{aligned}
A(z) &= \int_0^z (f_{19}(x) - f_{100}(x))\, dx \\
&= \left[4000 \cdot \ln\left(e^{0,1x} + 19\right) - 4000 \cdot \ln\left(e^{0,1x} + 100\right)\right]_0^z \\
&= \left(4000 \cdot \ln\left(e^{0,1z} + 19\right) - 4000 \cdot \ln\left(e^{0,1z} + 100\right)\right) \\
&\quad - \left(4000 \cdot \ln\left(e^{0,1\cdot 0} + 19\right) - 4000 \cdot \ln\left(e^{0,1\cdot 0} + 100\right)\right) \\
&= 4000 \cdot \ln\left(\frac{e^{0,1z}+19}{e^{0,1z}+100}\right) - 4000 \cdot \ln\left(\frac{20}{101}\right) \\
&= 4000 \cdot \ln\left(\frac{\frac{e^{0,1z}+19}{e^{0,1z}+100}}{\frac{20}{101}}\right) = 4000 \cdot \ln\left(\frac{101\left(e^{0,1z}+19\right)}{20\left(e^{0,1z}+100\right)}\right) = 4000 \cdot \ln\left(\frac{101\left(1+\frac{19}{e^{0,1z}}\right)}{20\left(1+\frac{100}{e^{0,1z}}\right)}\right)
\end{aligned}
$$

Für $z \to \infty$ gehen die beiden Terme $\frac{19}{e^{0,1z}}$ und $\frac{100}{e^{0,1z}}$ jeweils gegen Null, also gilt:

$\lim\limits_{z\to\infty} A(z) = 4000 \cdot \ln\left(\frac{101(1+0)}{20(1+0)}\right) \approx 6477,55$ (CAS).

Die Fläche strebt somit bei unbeschränkt wachsender oberer Grenze gegen einen Grenzwert von etwa 6478 FE.

16 Exponentialfunktion – Abkühlung (CAS)

a) Es ist $f_a(x) = x^2 \cdot e^{-\frac{x^2}{a}}$; $a \neq 0$; $x \in \mathbb{R}$.

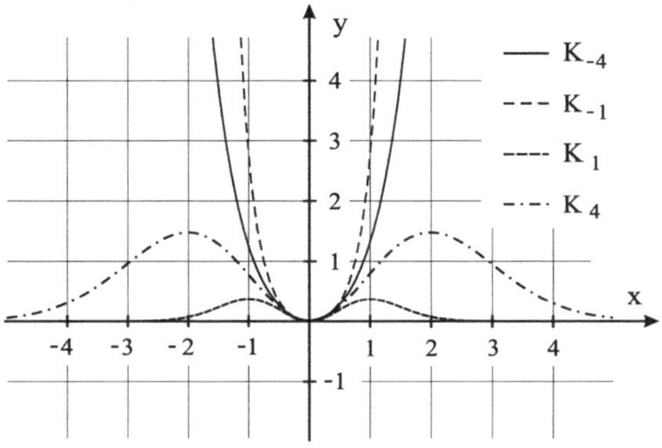

Aus den Graphen kann man folgende Eigenschaften der Kurven der Schar bestimmen:

- Sie gehen durch den Ursprung.
- Sie sind achsensymmetrisch zur y-Achse.
- Sie haben im Ursprung einen Tiefpunkt.
- Sie verlaufen für $x \neq 0$ oberhalb der x-Achse.
- Für $a > 0$ ist die x-Achse waagerechte Asymptote.
- Für $a > 0$ gibt es zwei Hochpunkte:
  - Je größer a wird ($a \to \infty$), desto weiter liegen diese auseinander und desto größer sind die zugehörigen y-Werte.
  - Je kleiner a wird ($a \to 0$), desto näher liegen die Hochpunkte zusammen und desto kleiner sind die zugehörigen y-Werte und die Kurven werden flacher.
- Für $a < 0$ sind die Kurven K_a parabelartig nach oben geöffnet:
  - Je kleiner a wird ($a \to -\infty$), desto mehr nähern die sich Kurven der Normalparabel $y = x^2$ an (da $e^{-\frac{x^2}{a}} \to e^0 = 1$ für $a \to -\infty$)
  - Je größer a wird ($a \to 0$), desto schmaler werden die Kurven der Schar.

b) Die 1. Ableitung bestimmt man mit Hilfe von Produkt- und Kettenregel:

$f_a(x) = x^2 \cdot e^{-\frac{x^2}{a}}$

$f_a{}'(x) = 2x \cdot e^{-\frac{x^2}{a}} + x^2 \cdot e^{-\frac{x^2}{a}} \cdot \left(-\frac{2x}{a}\right) = 2x \cdot e^{-\frac{x^2}{a}} \cdot \left(1 - \frac{x^2}{a}\right)$

Für Punkte mit waagerechter Tangente (Steigung ist Null) gilt: $f_a{}'(x) = 0$.

Dies führt zur notwendigen Bedingung: $2x \cdot e^{-\frac{x^2}{a}} \cdot \left(1 - \frac{x^2}{a}\right) = 0$.

Daraus folgt: $x = 0$ oder $1 - \frac{x^2}{a} = 0 \Rightarrow x^2 = a$.

Also ist: $x_1 = 0$, $x_2 = \sqrt{a}$, $x_3 = -\sqrt{a}$; x_2 und x_3 existieren nur für $a > 0$.

Die zugehörigen y-Werte sind $f(0) = 0$ und $f\left(\pm\sqrt{a}\right) = \left(\pm\sqrt{a}\right)^2 \cdot e^{-\frac{(\pm\sqrt{a})^2}{a}} = a \cdot e^{-1} = \frac{a}{e}$.
Um festzustellen, ob es sich um Hoch- oder Tiefpunkte der Scharkurven handelt, benötigt man die 2. Ableitung von $f_a(x)$.

Mit Hilfe des CAS erhält man: $f_a{}''(x) = e^{-\frac{x^2}{a}} \cdot \left(2 - \frac{10x^2}{a} + \frac{4x^4}{a^2}\right)$.

Setzt man $x_1 = 0$ in $f_a{}''(x)$ ein, so erhält man:

$f_a{}''(0) = e^{-\frac{0^2}{a}} \cdot \left(2 - \frac{10 \cdot 0^2}{a} + \frac{4 \cdot 0^4}{a^2}\right) = 2 > 0 \Rightarrow \mathrm{T}(0 \mid 0)$.

Setzt man $x_2 = \sqrt{a}$ in $f_a{}''(x)$ ein, so erhält man:

$f_a{}''\left(\sqrt{a}\right) = e^{-\frac{(\sqrt{a})^2}{a}} \cdot \left(2 - \frac{10 \cdot (\sqrt{a})^2}{a} + \frac{4 \cdot (\sqrt{a})^4}{a^2}\right) = -\frac{4}{e} < 0 \Rightarrow \mathrm{H}_1(\sqrt{a} \mid \frac{a}{e})$.

Setzt man $x_3 = -\sqrt{a}$ in $f_a{}''(x)$ ein, so erhält man:

$f_a{}''\left(-\sqrt{a}\right) = e^{-\frac{(-\sqrt{a})^2}{a}} \cdot \left(2 - \frac{10 \cdot (-\sqrt{a})^2}{a} + \frac{4 \cdot (-\sqrt{a})^4}{a^2}\right) = -\frac{4}{e} < 0 \Rightarrow \mathrm{H}_2(-\sqrt{a} \mid \frac{a}{e})$.

Somit gibt es für alle $a \neq 0$ einen Tiefpunkt $\mathrm{T}(0 \mid 0)$ und für $a > 0$ noch zusätzlich zwei Hochpunkte $\mathrm{H}_1(\sqrt{a} \mid \frac{a}{e})$ und $\mathrm{H}_2(-\sqrt{a} \mid \frac{a}{e})$.

Um die Gleichung der Ortskurve aller Punkte mit waagerechter Tangente aller Scharkurven K_a zu erhalten, löst man die Gleichung für den x-Wert von H_1 bzw. H_2 nach a auf und setzt diesen Term in den y-Wert von H_1 bzw. H_2 ein: Mit $x = \pm\sqrt{a}$ erhält man durch Quadrieren $a = x^2 \Rightarrow y = \frac{a}{e} = \frac{x^2}{e}$. Da auch $\mathrm{T}(0 \mid 0)$ ein Punkt dieser Kurve ist (denn $\frac{0^2}{e} = 0$), liegen alle Punkte mit waagerechter Tangente aller Scharkurven K_a auf der Parabel mit der Gleichung $y = \frac{x^2}{e}$.

c) Mit Hilfe der gegebenen Daten kann man zwei Gleichungen für $\mathrm{T}(t) = a + b \cdot e^{-0{,}050 \cdot t}$ aufstellen:

$$\begin{array}{llcccll} \mathrm{I} & \mathrm{T}(2) & = & 80 & \Rightarrow & a + b \cdot e^{-0{,}050 \cdot 2} & = 80 \\ \mathrm{II} & \mathrm{T}(7) & = & 70 & \Rightarrow & a + b \cdot e^{-0{,}050 \cdot 7} & = 70 \end{array}$$

Subtrahiert man Gleichung II von Gleichung I, so ergibt sich $b \cdot e^{-0{,}050 \cdot 2} - b \cdot e^{-0{,}050 \cdot 7} = 10$, bzw. $b \cdot \left(e^{-0{,}050 \cdot 2} - e^{-0{,}050 \cdot 7}\right) = 10 \Rightarrow b = \frac{10}{e^{-0{,}1} - e^{-0{,}35}} \approx 50$.

Setzt man $b = 50$ in I ein, so erhält man $a + 50 \cdot e^{-0{,}050 \cdot 2} = 80 \Rightarrow a = 80 - 50 \cdot e^{-0{,}1} \approx 35$.
Somit erhält man $\mathrm{T}(t) = 35 + 50 \cdot e^{-0{,}050 \cdot t}$.

Die Anfangstemperatur ist $\mathrm{T}(0) = 35 + 50 \cdot e^{-0{,}050 \cdot 0} = 85$. Für $t \to \infty$ geht $\mathrm{T}(t) \to 35$. Somit ist die Anfangstemperatur 85 °C und langfristig werden 35 °C erwartet.

Die Temperatur nimmt ab dem Zeitpunkt um weniger als 0,5 °C pro Minute ab, bei dem gilt: $\mathrm{T}'(t) = -0{,}5$.
Dies führt auf folgende Gleichung:

$$-0,05 \cdot 50 \cdot e^{-0,050 \cdot t} = -0,5 \Rightarrow t = \frac{\ln\left(\frac{1}{5}\right)}{-0,05} \approx 32,2.$$

Nach 32 Minuten nimmt die Temperatur um weniger als 0,5 °C pro Minute ab.

Alternativ kann man auch mit dem CAS einen Graph von $\mathrm{T}'(t)$ zeichnen und es mit der Geraden $y = -0,5$ schneiden.

Die mittlere Temperatur $\overline{\mathrm{T}}$ bestimmt man durch Integration mit Hilfe des CAS:

$$\overline{\mathrm{T}} = \frac{1}{20-15} \int_{15}^{20} \left(35 + 50 \cdot e^{-0,050 \cdot t}\right) dt \approx 55,90.$$

Die mittlere Temperatur zwischen 15 und 20 Minuten nach Beginn der Beobachtung beträgt 56 °C.

17 Exponentialfunktion – Pharmaunternehmen (CAS)

Es ist $f_d(x) = \frac{1}{100} \cdot d \cdot x \cdot e^{-\frac{x^2}{20 \cdot d}}$; $x, d \geqslant 0$.

a) Für $d = 100$ bzw. $d = 300$ erhält man:

$f_{100}(x) = x \cdot e^{-\frac{x^2}{2000}}$ bzw. $f_{300}(x) = 3 \cdot x \cdot e^{-\frac{x^2}{6000}}$ mit $x \geqslant 0$.

Mit Hilfe des CAS und geeigneter Einstellung des Zeichenfensters kann man die zugehörigen Graphen G_{100} bzw. G_{300} skizzieren:

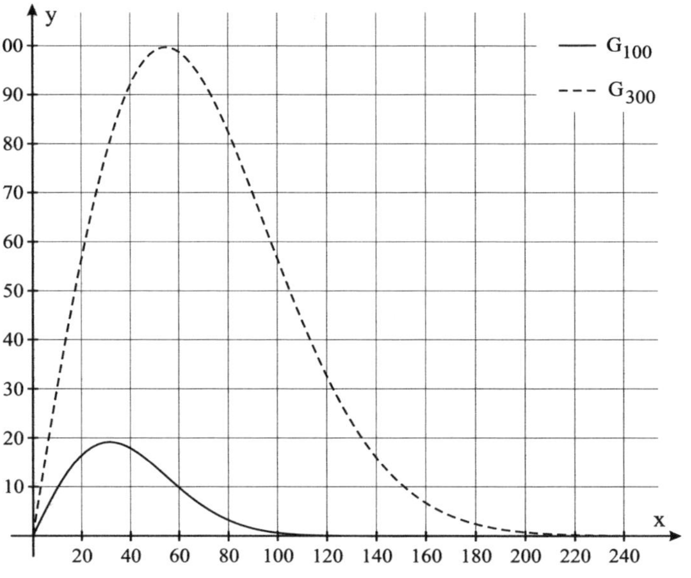

Die Graphen beginnen im Ursprung, d.h. die Wirkung ist bei der Einnahme Null. Dann steigen die Graphen schnell bis zu einem Maximum an und fallen langsam wieder ab, d.h. das Präparat wirkt schnell und die Wirkung klingt nach Eintreten der maximalen Wirksamkeit langsam wieder ab. Der Parameter d bestimmt die Lage des Maximums, d.h. die Dosis steuert die maximale Wirkung: Je größer die Dosis, desto später und größer die maximale Wirkung.

Zur Bestimmung der Extrem- und Wendestellen benötigt man die ersten drei Ableitungen von $f_d(x)$. Mit Hilfe des CAS erhält man:

$$f_d{}'(x) = \frac{1}{100} \cdot d \cdot e^{-\frac{x^2}{20 \cdot d}} + \frac{1}{100} \cdot d \cdot x \cdot e^{-\frac{x^2}{20 \cdot d}} \cdot \left(\frac{-2x}{20d}\right) = \frac{1}{100} \cdot \left(d - \frac{x^2}{10}\right) \cdot e^{-\frac{x^2}{20d}}$$

$$f_d{}''(x) = \frac{1}{100} \cdot \left(\frac{-2x}{10} \cdot e^{-\frac{x^2}{20 \cdot d}} + \left(d - \frac{x^2}{10}\right) \cdot e^{-\frac{x^2}{20d}} \cdot \left(\frac{-2x}{20d}\right)\right) = \frac{1}{1000} \cdot \left(-3x + \frac{x^3}{10d}\right) \cdot e^{-\frac{x^2}{20d}}$$

$$f_d{}'''(x) = \frac{1}{1000} \cdot \left(\left(-3 + \frac{3x^2}{10d}\right) \cdot e^{-\frac{x^2}{20d}} + \left(-3x + \frac{x^3}{10d}\right) \cdot e^{-\frac{x^2}{20d}} \cdot \left(\frac{-2x}{20d}\right)\right)$$
$$= \frac{1}{1000} \cdot \left(-\frac{x^4}{100d^2} + \frac{3x^2}{5d} - 3\right) \cdot e^{-\frac{x^2}{20d}}$$

Zur Berechnung der Extremstellen setzt man die 1. Ableitung gleich Null:
$\frac{1}{100} \cdot \left(d - \frac{x^2}{10}\right) \cdot e^{-\frac{x^2}{20d}} = 0$ führt zu $d - \frac{x^2}{10} = 0$ bzw. $x^2 = 10d \Rightarrow x = \sqrt{10d}$.
(Wegen $x \geqslant 0$ kommt die zweite Lösung $x = -\sqrt{10d}$ nicht in Frage).
Setzt man $x = \sqrt{10d}$ in $f_d''(x)$ ein, so erhält man:

$$f_d''\left(\sqrt{10d}\right) = \frac{1}{1000} \cdot \left(-3 \cdot \sqrt{10d} + \frac{\left(\sqrt{10d}\right)^3}{10d}\right) \cdot e^{-\frac{\left(\sqrt{10d}\right)^2}{20d}} = \frac{-2 \cdot \sqrt{10d}}{1000} \cdot e^{-\frac{1}{2}} < 0$$

also handelt es sich um ein Maximum.
Die x-Koordinate der Extremstelle gibt den Zeitpunkt (in Minuten) nach der Einnahme des Präparats an, bei dem die Wirkung des Präparats am größten ist. Dies ist also bei $x = \sqrt{10d}$ der Fall.
Zur Berechnung der Wendestellen setzt man die 2. Ableitung gleich Null:
$\frac{1}{1000} \cdot \left(-3x + \frac{x^3}{10d}\right) \cdot e^{-\frac{x^2}{20d}} = 0$ führt zu $-3x + \frac{x^3}{10d} = 0$ bzw. $x \cdot \left(-3 + \frac{x^2}{10d}\right) = 0$ mit den Lösungen $x_1 = 0$ und der weiteren Lösung $x_2 = \sqrt{30d}$ (wegen $x \geqslant 0$ kommt $x_3 = -\sqrt{30d}$ nicht in Frage).

Da $f_d''(x)$ bei $x_1 = 0$ das Vorzeichen wechselt und

$$f_d'''\left(\sqrt{30d}\right) = \frac{1}{1000} \cdot \left(-\frac{\left(\sqrt{30d}\right)^4}{100d^2} + \frac{3 \cdot \left(\sqrt{30d}\right)^2}{5d} - 3\right) \cdot e^{-\frac{\left(\sqrt{30d}\right)^2}{20d}} = \frac{3}{500} \cdot e^{-\frac{3}{2}} \neq 0,$$

handelt es sich jeweils um Wendestellen.

Die x-Koordinate einer Wendestelle gibt den Zeitpunkt (in Minuten) nach der Einnahme des Präparats an, bei dem die Änderung der Wirkung des Präparats am größten ist. Dies ist also zu Beginn und zum Zeitpunkt $x = \sqrt{30d}$ der Fall.

Für $x \longrightarrow \infty$ geht der Term $e^{-\frac{x^2}{20d}}$ und damit auch $f_d(x)$ gegen Null, d.h. die konzentrationssteigernde Wirkung des Präparats geht schließlich völlig zurück und ist nach einer gewissen Zeit nicht mehr nachzuweisen.

b) Um die maximale konzentrationssteigernde Wirkung für die gegebenen Dosismengen zu berechnen, setzt man $d = 100$ bzw. $d = 300$ in die Extremstelle $x = \sqrt{10d}$ ein und berechnet die zugehörigen Funktionswerte:
Für $d = 100$ bzw. $d = 300$ gilt:

$f_{100}\left(\sqrt{10 \cdot 100}\right) \approx 19,18$ (CAS).

$f_{300}\left(\sqrt{10 \cdot 300}\right) \approx 99,66$ (CAS).

Die maximale konzentrationssteigernde Wirkung beträgt also ca. 19 % bei einer Dosis von 100 mg und fast 100 % bei einer Dosis von 300 mg.
Um einen Term für die maximale konzentrationssteigernde Wirkung in Abhängigkeit von

d zu bestimmen, setzt man $x=\sqrt{10d}$ in $f_d(x)$ ein:

$$f_d\left(\sqrt{10d}\right)=\frac{1}{100}\cdot d\cdot\sqrt{10d}\cdot e^{-\frac{(\sqrt{10d})^2}{20\cdot d}}=\frac{1}{100}\cdot d\cdot\sqrt{10d}\cdot e^{-0,5}$$

Da die konzentrationssteigernde Wirkung maximal 75 % betragen darf, setzt man diesen Term mit 75 gleich und berechnet d:

$75=\frac{1}{100}\cdot d\cdot\sqrt{10d}\cdot e^{-0,5}\Rightarrow d\approx 248,20$ (CAS).

Die maximal einzunehmende Dosis beträgt ca. 248,2 mg.

c) Um nachzuweisen, dass F_d mit $F_d(x)=-\frac{1}{10}\cdot d^2\cdot e^{-\frac{x^2}{20\cdot d}}$ eine Stammfunktion der Funktionenschar f_d ist, bestimmt man die 1. Ableitung von F_d mit der Kettenregel:

$$F_d{}'(x)=-\frac{1}{10}\cdot d^2\cdot e^{-\frac{x^2}{20\cdot d}}\cdot\left(\frac{-2x}{20d}\right)=\frac{1}{100}\cdot d\cdot x\cdot e^{-\frac{x^2}{20\cdot d}}=f_d(x)$$

Um den Flächeninhalt A_d der nach rechts ins Unendliche wachsenden Fläche unter dem Graphen von f_d zu bestimmen, bestimmt man das Integral über $f_d(x)$ von $x=0$ bis zu einer Grenze $x=z$ mit $z>0$ und läßt dann z gegen Unendlich laufen; als Stammfunktion verwendet man $F_d(x)$:

$$A_d(z)=\int_0^z f_d(x)\,dx=\Big[F_d(x)\Big]_0^z=\left[-\frac{1}{10}\cdot d^2\cdot e^{-\frac{x^2}{20\cdot d}}\right]_0^z$$

$$=-\frac{1}{10}\cdot d^2\cdot e^{-\frac{z^2}{20\cdot d}}-\left(-\frac{1}{10}\cdot d^2\cdot e^{-\frac{0^2}{20\cdot d}}\right)$$

$$=-\frac{1}{10}\cdot d^2\cdot e^{-\frac{z^2}{20\cdot d}}+\frac{1}{10}\cdot d^2$$

$$=\frac{1}{10}\cdot d^2\cdot\left(1-e^{-\frac{z^2}{20\cdot d}}\right)$$

Also ist $A_d=\lim\limits_{z\to\infty}A_d(z)=\lim\limits_{z\to\infty}\frac{1}{10}\cdot d^2\cdot\left(1-e^{-\frac{z^2}{20\cdot d}}\right)=\frac{1}{10}\cdot d^2$, da $\lim\limits_{z\to\infty}e^{-\frac{z^2}{20\cdot d}}=0$

Setzt man $d_1=100$, $d_2=300$ und $d_3=400$ in A_d ein, so erhält man:

$A_{100}=\frac{1}{10}\cdot 100^2=1000\,\text{FE}$, $\quad A_{300}=\frac{1}{10}\cdot 300^2=9000\,\text{FE}$.

$A_{400}=\frac{1}{10}\cdot 400^2=16000\,\text{FE}$.

Der gesetzmäßige Zusammenhang zwischen der Dosis d und dem Flächeninhalt A_d ist quadratisch, wie man anhand der Ergebnisse oder an der Gleichung $A_d=\frac{1}{10}\cdot d^2$ erkennen kann, d.h. dass mit wachsender Dosismenge d die Belastung des Körpers quadratisch zunimmt.

Um die Dosis d für die Belastungsobergrenze von 3000 zu bestimmen, muss gelten:

$3000=\frac{1}{10}\cdot d^2\Rightarrow d=\sqrt{30000}\approx 173,21.$

Die Belastungsobergrenze von 3000 wird also bei einer Dosis von etwa 173 mg erreicht.

Lineare Algebra/ Geometrie

18 Abbildungsmatrix – Turm

a) Für die einzelnen Punkte ergeben sich folgende Koordinaten:
A(8 | 0 | 0), B(8 | 8 | 0), C(0 | 8 | 0), D(0 | 0 | 0), E(8 | 0 | 18), F(8 | 8 | 18), G(0 | 8 | 18), H(0 | 0 | 18), S(4 | 4 | 24), M(4 | 4 | 18).
Den Neigungswinkel des Daches bestimmt man mit Hilfe der Trigonometrie:

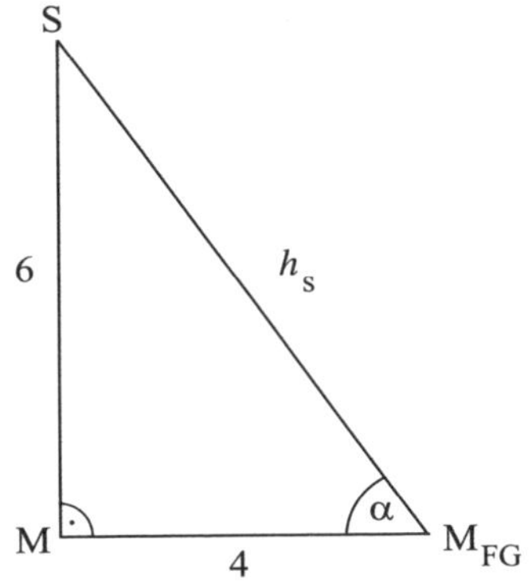

Es ist $\tan\alpha = \frac{6}{4} \Rightarrow \alpha \approx 56,31^\circ$.
Für die Berechnung der Größe der Dachfläche ermittelt man zuerst die Dreiecksfläche einer Seitenfläche der Pyramide: $A_\triangle = \frac{1}{2} \cdot g \cdot h_s$.
Die Grundseite g ist 8 m lang, h_s erhält man mit Hilfe des Satzes des Pythagoras (siehe Skizze):
$h_s^2 = 4^2 + 6^2 \Rightarrow h_s = \sqrt{52} = 2\sqrt{13}$.
Für eine Dreiecksfläche ergibt sich
$A_\triangle = \frac{1}{2} \cdot 8 \cdot 2\sqrt{13} = 8\sqrt{13}$.

Da die gesamte Dachfläche aus 4 kongruenten Dreiecken besteht, erhält man für die Größe der Dachfläche:
$A_{Dach} = 4 \cdot A_\triangle = 4 \cdot 8 \cdot \sqrt{13} = 32 \cdot \sqrt{13} \approx 115,4$.
Die Größe der Dachfläche beträgt somit 115,4 m^2.

b) Um die Länge des Schattens zu bestimmen, braucht man den Schattenpunkt der Spitze des Fahnenmastes an der Wand und den Schattenpunkt am Übergang zwischen Boden und Wand.
Für die Spitze S′ des Fahnenmastes ergibt sich: S′(18 | 4 | 8).
Den Schattenpunkt Z′ der Spitze S′ an der Wand erhält man, indem mit S′ und der Richtung des Sonnenlichtes eine Gerade g aufgestellt wird, welche mit der Turmebene ABFE mit der Gleichung $x_1 = 8$ geschnitten wird:

$$g: \vec{x} = \begin{pmatrix} 18 \\ 4 \\ 8 \end{pmatrix} + t \cdot \begin{pmatrix} -10 \\ 1 \\ -2 \end{pmatrix}; t \in \mathbb{R}$$

geschnitten mit $x_1 = 8$ führt zu $18 - 10t = 8 \Rightarrow t = 1$.

Setzt man $t = 1$ in g ein, so erhält man Z':

$$\vec{z'} = \begin{pmatrix} 18 \\ 4 \\ 8 \end{pmatrix} + 1 \cdot \begin{pmatrix} -10 \\ 1 \\ -2 \end{pmatrix} = \begin{pmatrix} 8 \\ 5 \\ 6 \end{pmatrix}$$

daraus ergibt sich: $Z'(8 \mid 5 \mid 6)$.

Geht man von Z' aus vertikal bis zum Boden nach unten, so erhält man einen Schattenpunkt Z am Übergang zwischen Boden und Wand: $Z(8 \mid 5 \mid 0)$.
Die Länge des Schattens ergibt sich nun aus zwei Teilstrecken:
$l_1 = \overline{PZ}$ (Schattenlänge am Boden), $l_2 = \overline{ZZ'}$ (Schattenlänge an der Wand):

$$l_1 = \overline{PZ} = |\overrightarrow{PZ}| = \left| \begin{pmatrix} -10 \\ 1 \\ 0 \end{pmatrix} \right| = \sqrt{(-10)^2 + 1^2 + 0^2} = \sqrt{101}$$

und

$$l_2 = \overline{ZZ'} = |\overrightarrow{ZZ'}| = \left| \begin{pmatrix} 0 \\ 0 \\ 6 \end{pmatrix} \right| = \sqrt{0^2 + 0^2 + 6^2} = 6$$

So ergibt sich für die Gesamtlänge l:
$l = l_1 + l_2 = \sqrt{101} + 6 \approx 16{,}05$.
Der Schatten hat eine Gesamtlänge von etwa 16,05 m.

c) Das Auge des Kindes befindet sich in der Ebene E^*: $x_3 = 1$. Es kann die Spitze S erstmals sehen, wenn das Auge sich in der Linie SF befindet, folglich ist die Gerade h durch S und F mit der Ebene E^* zu schneiden, um die Position des Kindes zu erhalten, wenn es die Turmspitze erstmals sehen kann:

$$h: \vec{x} = \begin{pmatrix} 8 \\ 8 \\ 18 \end{pmatrix} + t \cdot \begin{pmatrix} 4 \\ 4 \\ -6 \end{pmatrix}; t \in \mathbb{R}$$

geschnitten mit $x_3 = 1$ ergibt: $18 - 6t = 1 \Rightarrow t = \frac{17}{6}$.
Setzt man $t = \frac{17}{6}$ in h ein, so erhält man die Position des Kindes K:

$$\vec{k} = \begin{pmatrix} 8 \\ 8 \\ 18 \end{pmatrix} + \frac{17}{6} \cdot \begin{pmatrix} 4 \\ 4 \\ -6 \end{pmatrix} = \begin{pmatrix} \frac{58}{3} \\ \frac{58}{3} \\ 1 \end{pmatrix} \Rightarrow K\left(\frac{58}{3} \mid \frac{58}{3} \mid 1\right)$$

Alternativ erhält man den Punkt K, indem man die Gerade h durch S und F mit der Geraden, auf der sich das Kind bewegt, schneidet. Die Gerade k, auf der sich das Kind bewegt, verläuft durch die Punkte $\mathrm{D}'(0 \mid 0 \mid 1)$ und $\mathrm{B}'(8 \mid 8 \mid 1)$: Es ist

$$h: \vec{x} = \begin{pmatrix} 8 \\ 8 \\ 18 \end{pmatrix} + t \cdot \begin{pmatrix} 4 \\ 4 \\ -6 \end{pmatrix}$$

und

$$k: \vec{x} = \begin{pmatrix} 0 \\ 0 \\ 1 \end{pmatrix} + s \cdot \begin{pmatrix} 8 \\ 8 \\ 0 \end{pmatrix}; \; s,\, t \in \mathbb{R}$$

$h \cap k$ ergibt das folgende Gleichungssystem:

$$\begin{array}{rcrcl} 8 & + & 4t & = & 8s \\ 8 & + & 4t & = & 8s \\ 18 & - & 6t & = & 1 \end{array}$$

mit den Lösungen $t = \frac{17}{6}$ und $s = \frac{29}{12}$.

Eingesetzt in h bzw. k ergibt sich ebenfalls $\mathrm{K}\left(\frac{58}{3} \mid \frac{58}{3} \mid 1\right)$.

Die Entfernung zur Turmkante BF erhält man, indem man zuerst den Punkt B′ auf BF in Höhe 1 bestimmt und dann den Abstand zwischen B′ und K berechnet: Es istB′ $(8 \mid 8 \mid 1)$ und damit

$$d\left(\mathrm{B}';\mathrm{K}\right) = |\overrightarrow{\mathrm{B}'\mathrm{K}}| = \left| \begin{pmatrix} \frac{34}{3} \\ \frac{34}{3} \\ 0 \end{pmatrix} \right| = \sqrt{\left(\frac{34}{3}\right)^2 + \left(\frac{34}{3}\right)^2 + 0^2} \approx 16{,}03$$

Die Entfernung des Kindes zur Turmkante beträgt 16,03 m.

d) Um nachzuweisen, dass die affine Abbildung α die Gleichung $\alpha: \vec{x}\,' = \begin{pmatrix} 1 & 0 \\ 1 & 2 \end{pmatrix} \cdot \vec{x}$ hat, setzt man die Koordinaten der Punkte $\mathrm{A}(3 \mid 1)$, $\mathrm{B}(-1 \mid 2)$ und $\mathrm{C}(1 \mid -3)$ in α ein und erhält:

$$\vec{a}\,' = \begin{pmatrix} 1 & 0 \\ 1 & 2 \end{pmatrix} \cdot \begin{pmatrix} 3 \\ 1 \end{pmatrix} = \begin{pmatrix} 1 \cdot 3 + 0 \cdot 1 \\ 1 \cdot 3 + 2 \cdot 1 \end{pmatrix} = \begin{pmatrix} 3 \\ 5 \end{pmatrix} \Rightarrow \mathrm{A}'(3 \mid 5)$$

$$\vec{b}\,' = \begin{pmatrix} 1 & 0 \\ 1 & 2 \end{pmatrix} \cdot \begin{pmatrix} -1 \\ 2 \end{pmatrix} = \begin{pmatrix} 1 \cdot (-1) + 0 \cdot 2 \\ 1 \cdot (-1) + 2 \cdot 2 \end{pmatrix} = \begin{pmatrix} -1 \\ 3 \end{pmatrix} \Rightarrow \mathrm{B}'(-1 \mid 3)$$

$$\vec{c}\,' = \begin{pmatrix} 1 & 0 \\ 1 & 2 \end{pmatrix} \cdot \begin{pmatrix} 1 \\ -3 \end{pmatrix} = \begin{pmatrix} 1 \cdot 1 + 0 \cdot (-3) \\ 1 \cdot 1 + 2 \cdot (-3) \end{pmatrix} = \begin{pmatrix} 1 \\ -5 \end{pmatrix} \Rightarrow \mathrm{C}'(1 \mid -5)$$

Da die gegebenen Punkte A, B und C auf die gegebenen Punkte A′, B′ und C′ abgebildet werden, hat die affine Abbildung α die Gleichung $\alpha : \vec{x}' = \begin{pmatrix} 1 & 0 \\ 1 & 2 \end{pmatrix} \cdot \vec{x}$.

Setzt man die Koordinaten der Geraden $g : \vec{x} = \begin{pmatrix} 3 \\ 1 \end{pmatrix} + t \cdot \begin{pmatrix} 2 \\ 1 \end{pmatrix}$ in α ein, so erhält man:

$$\begin{pmatrix} 1 & 0 \\ 1 & 2 \end{pmatrix} \cdot \left(\begin{pmatrix} 3 \\ 1 \end{pmatrix} + t \cdot \begin{pmatrix} 2 \\ 1 \end{pmatrix} \right) = \begin{pmatrix} 1 & 0 \\ 1 & 2 \end{pmatrix} \cdot \begin{pmatrix} 3+2t \\ 1+t \end{pmatrix}$$

$$= \begin{pmatrix} 1 \cdot (3+2t) + 0 \cdot (1+t) \\ 1 \cdot (3+2t) + 2 \cdot (1+t) \end{pmatrix} = \begin{pmatrix} 3+2t \\ 5+4t \end{pmatrix} = \begin{pmatrix} 3 \\ 5 \end{pmatrix} + t \cdot \begin{pmatrix} 2 \\ 4 \end{pmatrix}$$

Die Bildgerade g' hat somit die Gleichung: $g' : \vec{x} = \begin{pmatrix} 3 \\ 5 \end{pmatrix} + t \cdot \begin{pmatrix} 2 \\ 4 \end{pmatrix}; t \in \mathbb{R}$.

19 Abbildungsmatrix – Würfel

a) Um zu zeigen, dass sich die Punkte $A(3 \mid -2 \mid 1)$, $B(3 \mid 3 \mid 1)$ und $C(6 \mid 3 \mid 5)$ zu einem Quadrat ergänzen lassen, ist nachzuweisen, dass das Dreieck ABC gleichschenklig und rechtwinklig ist. Hierzu bestimmt man die Längen der Verbindungsvektoren von je zwei Punkten sowie das Skalarprodukt der beiden Verbindungsvektoren, die die gleiche Länge haben. Es ist:

$$\overrightarrow{AB} = \begin{pmatrix} 0 \\ 5 \\ 0 \end{pmatrix}, \ \overline{AB} = |\overrightarrow{AB}| = \left|\begin{pmatrix} 0 \\ 5 \\ 0 \end{pmatrix}\right| = \sqrt{0^2+5^2+0^2} = \sqrt{25} = 5.$$

$$\overrightarrow{AC} = \begin{pmatrix} 3 \\ 5 \\ 4 \end{pmatrix}, \ \overline{AC} = |\overrightarrow{AC}| = \left|\begin{pmatrix} 3 \\ 5 \\ 4 \end{pmatrix}\right| = \sqrt{3^2+5^2+4^2} = \sqrt{50}.$$

$$\overrightarrow{BC} = \begin{pmatrix} 3 \\ 0 \\ 4 \end{pmatrix}, \ \overline{BC} = |\overrightarrow{BC}| = \left|\begin{pmatrix} 3 \\ 0 \\ 4 \end{pmatrix}\right| = \sqrt{3^2+0^2+4^2} = \sqrt{25} = 5.$$

Da $\overline{AB} = \overline{BC}$, ist das Dreieck ABC gleichschenklig.

Da $\overrightarrow{AB} \cdot \overrightarrow{BC} = \begin{pmatrix} 0 \\ 5 \\ 0 \end{pmatrix} \cdot \begin{pmatrix} 3 \\ 0 \\ 4 \end{pmatrix} = 0 \cdot 3 + 5 \cdot 0 + 0 \cdot 4 = 0$, hat das Dreieck ABC bei B einen rechten Winkel.

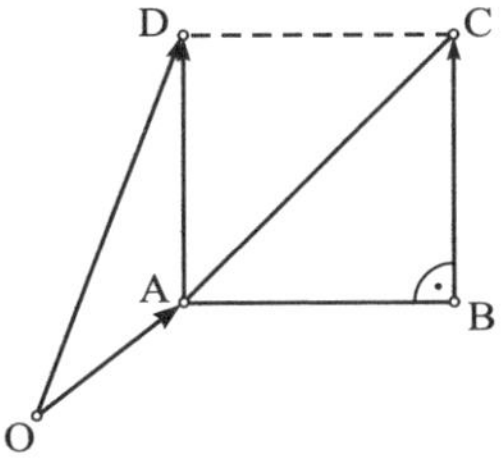

Somit läßt sich das Dreieck ABC zu einem Quadrat ABCD ergänzen, indem man eine Vektorkette zum Punkt D aufstellt:

$$\overrightarrow{OD} = \overrightarrow{OA} + \overrightarrow{BC} = \begin{pmatrix} 3 \\ -2 \\ 1 \end{pmatrix} + \begin{pmatrix} 3 \\ 0 \\ 4 \end{pmatrix} = \begin{pmatrix} 6 \\ -2 \\ 5 \end{pmatrix} \Rightarrow D(6 \mid -2 \mid 5).$$

Der Punkt D hat die Koordinaten $D(6 \mid -2 \mid 5)$.

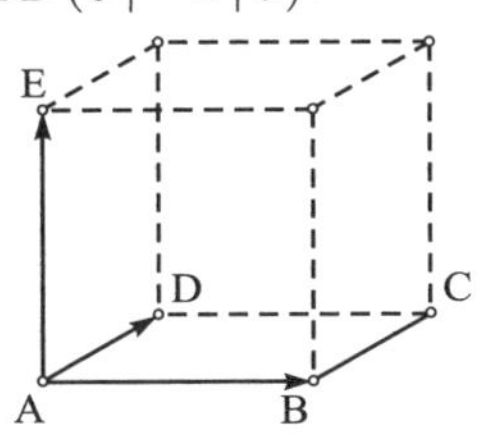

Wenn die Kante $\overline{AE}$ mit $E(7 \mid -2 \mid -2)$ zusammen mit dem Quadrat ABCD Teil eines Würfels ist, muss sie die Länge 5 LE haben und mit den Kanten $\overline{AB}$ und $\overline{AD}$ jeweils einen rechten Winkel einschließen, d.h. das Skalarprodukt von $\overrightarrow{AE}$ und $\overrightarrow{AB}$ bzw. von $\overrightarrow{AE}$ und $\overrightarrow{AD}$ muss jeweils Null sein. Es ist:

$$\overrightarrow{AE} = \begin{pmatrix} 4 \\ 0 \\ -3 \end{pmatrix}, \ \overline{AE} = |\overrightarrow{AE}| = \left|\begin{pmatrix} 4 \\ 0 \\ -3 \end{pmatrix}\right| = \sqrt{4^2+0^2+(-3)^2} = \sqrt{25} = 5.$$

Somit hat die Kante $\overline{AE}$ eine Länge von 5 LE.

$$\overrightarrow{AE} \cdot \overrightarrow{AB} = \begin{pmatrix} 4 \\ 0 \\ -3 \end{pmatrix} \cdot \begin{pmatrix} 0 \\ 5 \\ 0 \end{pmatrix} = 4 \cdot 0 + 0 \cdot 5 + (-3) \cdot 0 = 0.$$

$$\overrightarrow{AE} \cdot \overrightarrow{AD} = \begin{pmatrix} 4 \\ 0 \\ -3 \end{pmatrix} \cdot \begin{pmatrix} 3 \\ 0 \\ 4 \end{pmatrix} = 4 \cdot 3 + 0 \cdot 0 + (-3) \cdot 4 = 12 - 12 = 0.$$

Also schließen die Kanten $\overline{AE}$ und $\overline{AB}$ bzw. $\overline{AE}$ und $\overline{AD}$ jeweils einen rechten Winkel ein. Damit kann die Kante $\overline{AE}$ zusammen mit dem Quadrat ABCD Teil eines Würfels sein.

b) Zuerst bestimmt man die Höhe h der Pyramide ABCDS und den Mittelpunkt M des Quadrats ABCD: Die Grundfläche ABCD der Pyramide hat einen Flächeninhalt von $G = \overline{AB} \cdot \overline{BC} = 5 \cdot 5 = 25$ FE.

Das Volumen V einer Pyramide wird mit der Formel $V = \frac{1}{3} \cdot G \cdot h$ berechnet;
mit $V = 125$ und $G = 25$ gilt:
$125 = \frac{1}{3} \cdot 25 \cdot h \Rightarrow h = 15$ LE.
Die Koordinaten des Mittelpunkts M des Quadrats ABCD erhält man mit Hilfe einer Vektorkette:
$\overrightarrow{OM} = \overrightarrow{OA} + \frac{1}{2} \cdot \overrightarrow{AC}$

$$= \begin{pmatrix} 3 \\ -2 \\ 1 \end{pmatrix} + \frac{1}{2} \cdot \begin{pmatrix} 3 \\ 5 \\ 4 \end{pmatrix} = \begin{pmatrix} 4,5 \\ 0,5 \\ 3 \end{pmatrix}$$

$\Rightarrow M(4,5 \mid 0,5 \mid 3)$.

Der Vektor $\overrightarrow{AE} = \begin{pmatrix} 4 \\ 0 \\ -3 \end{pmatrix}$ steht senkrecht auf der Grundfläche ABCD und hat die Länge 5 LE (siehe Aufgabe a)).

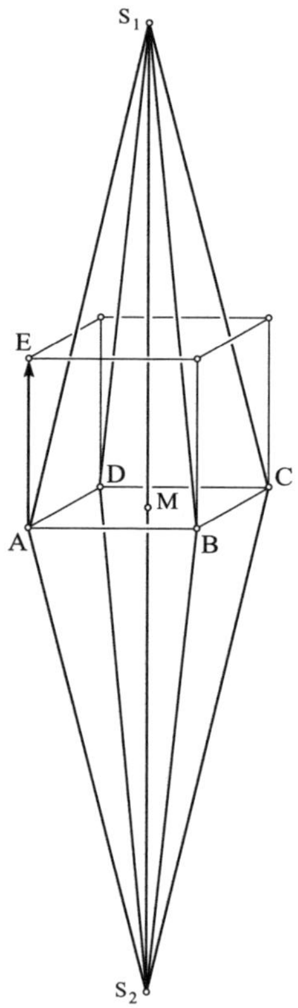

Um die Koordinaten von möglichen Spitzen S_1 bzw. S_2 der senkrechten Pyramide ABCDS mit Höhe $h = 15\,\text{LE}$ (also das Dreifache der Länge von $\overrightarrow{AE}$) zu bestimmen, kann man folgende Vektorketten aufstellen:

$$\overrightarrow{OS_1} = \overrightarrow{OM} + 3 \cdot \overrightarrow{AE} = \begin{pmatrix} 4,5 \\ 0,5 \\ 3 \end{pmatrix} + 3 \cdot \begin{pmatrix} 4 \\ 0 \\ -3 \end{pmatrix} = \begin{pmatrix} 16,5 \\ 0,5 \\ -6 \end{pmatrix} \Rightarrow S_1\,(16,5 \mid 0,5 \mid -6).$$

$$\overrightarrow{OS_2} = \overrightarrow{OM} - 3 \cdot \overrightarrow{AE} = \begin{pmatrix} 4,5 \\ 0,5 \\ 3 \end{pmatrix} - 3 \cdot \begin{pmatrix} 4 \\ 0 \\ -3 \end{pmatrix} = \begin{pmatrix} -7,5 \\ 0,5 \\ 12 \end{pmatrix} \Rightarrow S_2\,(-7,5 \mid 0,5 \mid 12).$$

Mögliche Spitzen der gesuchten quadratischen senkrechten Pyramide ABCDS sind somit: $S_1\,(16,5 \mid 0,5 \mid -6)$ und $S_2\,(-7,5 \mid 0,5 \mid 12)$.

c) Als Ansatz für die affine Abbildung α verwendet man:

$$\alpha\colon \begin{pmatrix} x_1' \\ x_2' \end{pmatrix} = \begin{pmatrix} a_1 & b_1 \\ a_2 & b_2 \end{pmatrix} \cdot \begin{pmatrix} x_1 \\ x_2 \end{pmatrix} + \begin{pmatrix} c_1 \\ c_2 \end{pmatrix}$$

bzw.

$$\begin{aligned} x_1' &= a_1x_1 + b_1x_2 + c_1 \\ x_2' &= a_2x_1 + b_2x_2 + c_2 \end{aligned}$$

Setzt man die Koordinaten von $A\,(3 \mid 2)$, $A'(-3 \mid 7)$, $B\,(1 \mid -2)$, $B'(-1 \mid -3)$, $C\,(-2 \mid 0)$ und $C'(2 \mid -2)$ in α ein, so erhält man folgende Gleichungssysteme:

$$\begin{array}{lrcrcrcr} \text{I} & -3 & = & 3a_1 & + & 2b_1 & + & c_1 \\ \text{II} & -1 & = & a_1 & - & 2b_1 & + & c_1 \\ \text{III} & 2 & = & -2a_1 & & & + & c_1 \end{array}$$

und

$$\begin{array}{lrcrcrcr} \text{IV} & 7 & = & 3a_2 & + & 2b_2 & + & c_2 \\ \text{V} & -3 & = & a_2 & - & 2b_2 & + & c_2 \\ \text{VI} & -2 & = & -2a_2 & & & + & c_2 \end{array}$$

Addiert man Gleichung I und II und subtrahiert vom Ergebnis das 2-fache von Gleichung III, so erhält man: $a_1 = -1 \Rightarrow c_1 = 0$ und $b_1 = 0$.
Addiert man Gleichung IV und V und subtrahiert vom Ergebnis das 2-fache von Gleichung VI, so erhält man: $a_2 = 1 \Rightarrow c_2 = 0$ und $b_2 = 2$.
Somit hat die affine Abbildung α folgende Matrixdarstellung:

$$\alpha\colon \vec{x}' = \begin{pmatrix} -1 & 0 \\ 1 & 2 \end{pmatrix} \cdot \vec{x}$$

Eine zentrische Streckung β von $O\,(0 \mid 0)$ aus mit Streckfaktor $k = 3$ hat die Gleichung:

$$\beta\colon \vec{x}' = \begin{pmatrix} 3 & 0 \\ 0 & 3 \end{pmatrix} \cdot \vec{x}$$

Um die Matrixdarstellung der affinen Abbildung $\gamma = \beta \circ \alpha$ («erst α, dann β») zu bestimmen, wird die Matrix von β von links mit der Matrix von α multipliziert:

$$\gamma: \vec{x}' = \begin{pmatrix} 3 & 0 \\ 0 & 3 \end{pmatrix} \cdot \begin{pmatrix} -1 & 0 \\ 1 & 2 \end{pmatrix} \cdot \vec{x}$$

$$= \begin{pmatrix} 3\cdot(-1) + 0\cdot 1 & 3\cdot 0 + 0\cdot 2 \\ 0\cdot(-1) + 3\cdot 1 & 0\cdot 0 + 3\cdot 2 \end{pmatrix} \cdot \vec{x}$$

$$= \begin{pmatrix} -3 & 0 \\ 3 & 6 \end{pmatrix} \cdot \vec{x}$$

Setzt man die Koordinaten von $P(2 \mid -1)$ in γ ein, so erhält man:

$$\vec{p}^* = \begin{pmatrix} -3 & 0 \\ 3 & 6 \end{pmatrix} \cdot \begin{pmatrix} 2 \\ -1 \end{pmatrix} = \begin{pmatrix} -3\cdot 2 + 0\cdot(-1) \\ 3\cdot 2 + 6\cdot(-1) \end{pmatrix} = \begin{pmatrix} -6 \\ 0 \end{pmatrix} \Rightarrow P^*(-6 \mid 0).$$

Da die x_2-Koordinate von P^* gleich Null ist, liegt das Bild von P auf der x_1-Achse.

20 Abbildungsmatrix – Turmdach

a)

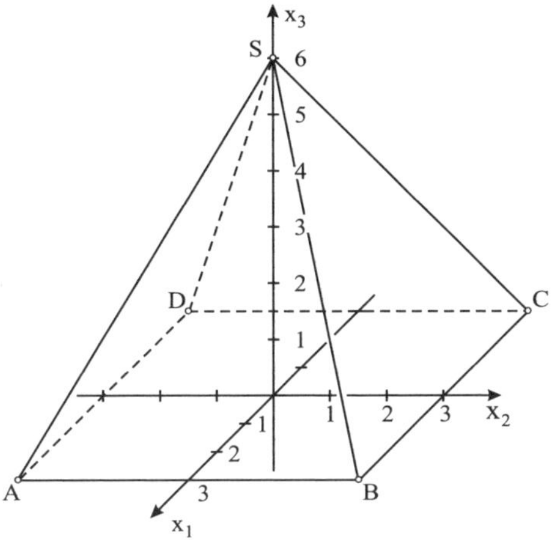

Es handelt sich um eine Pyramide mit einer quadratischen Grundfläche. Da die Spitze S genau senkrecht über dem Mittelpunkt des Quadrats liegt, ist die geometrische Form des Daches eine quadratische senkrechte Pyramide.

b) Um eine Koordinatengleichung der Ebene E, in der die Dachfläche BCS liegt, aufzustellen, benötigt man zwei Spannvektoren, die Verbindungsvektoren der Punkte $B\,(3 \mid 3 \mid 0)$, $C\,(-3 \mid 3 \mid 0)$ und $S\,(0 \mid 0 \mid 6)$ sind, z. B.:

$$\overrightarrow{BC} = \begin{pmatrix} -6 \\ 0 \\ 0 \end{pmatrix}, \; \overrightarrow{BS} = \begin{pmatrix} -3 \\ -3 \\ 6 \end{pmatrix}$$

Für die Koordinatengleichung benötigt man einen Punkt der Ebene und einen Normalenvektor.

Einen Normalenvektor $\overrightarrow{n_1}$ erhält man z.B. mit Hilfe des Vektorprodukts (siehe Seite 65) obiger Verbindungsvektoren:

$$\overrightarrow{BC} \times \overrightarrow{BS} = \begin{pmatrix} -6 \\ 0 \\ 0 \end{pmatrix} \times \begin{pmatrix} -3 \\ -3 \\ 6 \end{pmatrix} = \begin{pmatrix} 0 \\ 36 \\ 18 \end{pmatrix} \Rightarrow \overrightarrow{n_1} = \begin{pmatrix} 0 \\ 2 \\ 1 \end{pmatrix}$$

Setzt man B und $\overrightarrow{n_1}$ in die Punkt-Normalenform ein, so erhält man:

$$E: \left(\vec{x} - \begin{pmatrix} 3 \\ 3 \\ 0 \end{pmatrix} \right) \cdot \begin{pmatrix} 0 \\ 2 \\ 1 \end{pmatrix} = 0 \Rightarrow E: \; 2x_2 + x_3 - 6 = 0$$

c) Um die Koordinaten des Punktes F und die Länge des Stützstabes zu berechnen, stellt man die Gleichung einer Hilfsebene E_H, die durch den Punkt C geht und orthogonal zur Dachkante AS verläuft, auf.

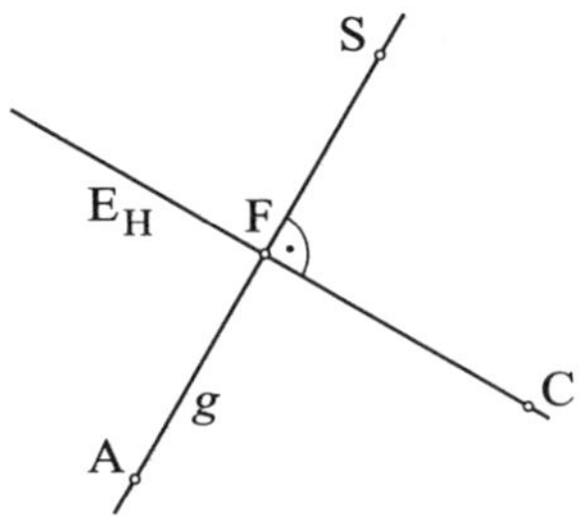

Der Schnitt von E_H mit der Geraden g durch die Punkte A und S liefert die Koordinaten des Punktes F.

Die Länge des Stützstabs ist dann der Betrag des Vektors $\overrightarrow{CF}$ (Der Stützbalken entspricht dem Fällen des Lots von C auf AS).

Als Normalenvektor der Ebene E_H verwendet man: $\overrightarrow{n_2} = \overrightarrow{AS} = \begin{pmatrix} -3 \\ 3 \\ 6 \end{pmatrix}$.

Setzt man C und $\overrightarrow{n_2}$ in die Punkt-Normalenform ein, so erhält man:

$$E_H: \left(\vec{x} - \begin{pmatrix} -3 \\ 3 \\ 0 \end{pmatrix}\right) \cdot \begin{pmatrix} -3 \\ 3 \\ 6 \end{pmatrix} = 0 \Rightarrow E_H: -3x_1 + 3x_2 + 6x_3 - 18 = 0$$

Schneidet man E_H mit der Geraden $g: \vec{x} = \begin{pmatrix} 3 \\ -3 \\ 0 \end{pmatrix} + t \cdot \begin{pmatrix} -3 \\ 3 \\ 6 \end{pmatrix}$ durch A und S, so erhält man die Koordinaten von F:

$-3 \cdot (3 - 3t) + 3 \cdot (-3 + 3t) + 6 \cdot (6t) - 18 = 0 \Rightarrow t = \frac{2}{3}$.

Setzt man $t = \frac{2}{3}$ in g ein, so erhält man: $F(1 \mid -1 \mid 4)$.

Die Länge l des Stützstabes ist die Länge des Vektors $\overrightarrow{CF}$:

$$l = |\overrightarrow{CF}| = \left|\begin{pmatrix} 4 \\ -4 \\ 4 \end{pmatrix}\right| = \sqrt{4^2 + (-4)^2 + 4^2} = \sqrt{48} \approx 6{,}93$$

Der Stützstab hat eine Länge von etwa 6,93 m.

d) Es ist $\alpha: \vec{x}' = \begin{pmatrix} 1 & 2 \\ 4 & -3 \end{pmatrix} \cdot \vec{x}$.

Setzt man die Koordinaten von $A(2 \mid 1)$, $B(-1 \mid 3)$ und $C(1 \mid -4)$ in α ein, so erhält man:

$$\vec{a}' = \begin{pmatrix} 1 & 2 \\ 4 & -3 \end{pmatrix} \cdot \begin{pmatrix} 2 \\ 1 \end{pmatrix} = \begin{pmatrix} 1 \cdot 2 + 2 \cdot 1 \\ 4 \cdot 2 + (-3) \cdot 1 \end{pmatrix} = \begin{pmatrix} 4 \\ 5 \end{pmatrix} \Rightarrow A'(4 \mid 5)$$

$$\vec{b}' = \begin{pmatrix} 1 & 2 \\ 4 & -3 \end{pmatrix} \cdot \begin{pmatrix} -1 \\ 3 \end{pmatrix} = \begin{pmatrix} 1 \cdot (-1) + 2 \cdot 3 \\ 4 \cdot (-1) + (-3) \cdot 3 \end{pmatrix} = \begin{pmatrix} 5 \\ -13 \end{pmatrix} \Rightarrow B'(5 \mid -13)$$

$$\vec{c}\,' = \begin{pmatrix} 1 & 2 \\ 4 & -3 \end{pmatrix} \cdot \begin{pmatrix} 1 \\ -4 \end{pmatrix} = \begin{pmatrix} 1 \cdot 1 + & 2 \cdot (-4) \\ 4 \cdot 1 + & (-3) \cdot (-4) \end{pmatrix} = \begin{pmatrix} -7 \\ 16 \end{pmatrix} \Rightarrow \mathrm{C}'(-7 \mid 16)$$

Die x_2-Achse schließt mit der x_1-Achse einen Winkel von $90°$ ein, also gilt für die Spiegelmatrix:

$$\mathrm{S} = \begin{pmatrix} \cos 180° & \sin 180° \\ \sin 180° & -\cos 180° \end{pmatrix} = \begin{pmatrix} -1 & 0 \\ 0 & 1 \end{pmatrix}$$

Für die Spiegelung β an der x_2-Achse gilt somit: $\beta : \vec{x}\,' = \begin{pmatrix} -1 & 0 \\ 0 & 1 \end{pmatrix} \cdot \vec{x}$.

Setzt man die Koordinaten von $\mathrm{A}'(4 \mid 5)$, $\mathrm{B}'(5 \mid -13)$ und $\mathrm{C}'(-7 \mid 16)$ in β ein, so erhält man:

$$\vec{a}\,'' = \begin{pmatrix} -1 & 0 \\ 0 & 1 \end{pmatrix} \cdot \begin{pmatrix} 4 \\ 5 \end{pmatrix} = \begin{pmatrix} -4 \\ 5 \end{pmatrix} \Rightarrow \mathrm{A}''(-4 \mid 5)$$

$$\vec{b}\,'' = \begin{pmatrix} -1 & 0 \\ 0 & 1 \end{pmatrix} \cdot \begin{pmatrix} 5 \\ -13 \end{pmatrix} = \begin{pmatrix} -5 \\ -13 \end{pmatrix} \Rightarrow \mathrm{B}''(-5 \mid -13)$$

$$\vec{c}\,'' = \begin{pmatrix} -1 & 0 \\ 0 & 1 \end{pmatrix} \cdot \begin{pmatrix} -7 \\ 16 \end{pmatrix} = \begin{pmatrix} 7 \\ 16 \end{pmatrix} \Rightarrow \mathrm{C}''(7 \mid 16)$$

Die Abbildung γ, die das Dreiecks ABC auf das Dreieck A″B″C″ abbildet, ist eine Verkettung von α und $\beta : \gamma = \beta \circ \alpha$.
Bei der Verkettung «erst α, dann β» wird die Matrix von β von links mit der Matrix von α multipliziert: $\gamma : \vec{x}\,' = \begin{pmatrix} -1 & 0 \\ 0 & 1 \end{pmatrix} \cdot \begin{pmatrix} 1 & 2 \\ 4 & -3 \end{pmatrix} \cdot \vec{x} = \begin{pmatrix} -1 & -2 \\ 4 & -3 \end{pmatrix} \cdot \vec{x}$.

21 Abbildungsmatrix – Würfelstumpf

Es ist A(5 | −5 | 0), die Kantenlänge a des Würfels ist 10 LE.

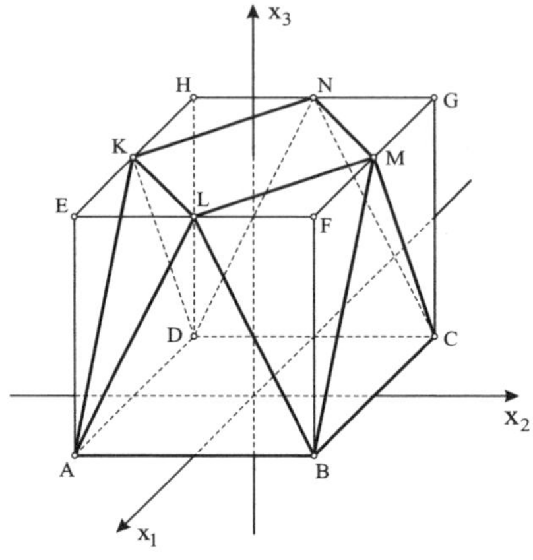

a) Die Punkte B, L und M haben folgende Koordinaten:
B(5 | 5 | 0), L(5 | 0 | 10) und M(0 | 5 | 10).
Die drei verschiedenen Kantenlängen des neuen Körpers sind $\overline{AB}$, $\overline{BL}$ und $\overline{LM}$. Es gilt:
$\overline{AB} = a = 10$.

$$\overline{BL} = |\overrightarrow{BL}| = \left|\begin{pmatrix} 0 \\ -5 \\ 10 \end{pmatrix}\right| = \sqrt{0^2 + (-5)^2 + 10^2} = \sqrt{125}.$$

$$\overline{LM} = |\overrightarrow{LM}| = \left|\begin{pmatrix} -5 \\ 5 \\ 0 \end{pmatrix}\right| = \sqrt{(-5)^2 + 5^2 + 0^2} = \sqrt{50}.$$

Der neue Körper hat die drei verschiedenen Kantenlängen 10, $\sqrt{50}$ und $\sqrt{125}$ LE.
Das Volumen V_{WS} des Würfelstumpfes erhält man, indem man vom Volumen V_W des Würfels viermal das Volumen V_P einer Pyramide (z. B. BFLM) subtrahiert: $V_{WS} = V_W - 4 \cdot V_P$.
Das Volumen V_W des Würfels ist: $V_W = a^3 = 10^3 = 1000$.
Das Volumen einer Pyramide erhält man mit der Formel: $V_P = \frac{1}{3} \cdot G_1 \cdot h$.
Wählt man als Grundfläche G_1 der Pyramide BFLM das rechtwinklige Dreieck LFM, so gilt: $G_1 = \frac{1}{2} \cdot 5 \cdot 5 = 12{,}5$; für die zugehörige Pyramidenhöhe gilt: $h = 10$.
Somit hat eine der Pyramiden folgendes Volumen: $V_P = \frac{1}{3} \cdot 12{,}5 \cdot 10 = \frac{125}{3}$.
Damit erhält man für das Volumen des Würfelstumpfes:
$V_{WS} = V_W - 4 \cdot V_P = 1000 - 4 \cdot \frac{125}{3} = \frac{2500}{3} \approx 833{,}33$.
Der Würfelstumpf hat ein Volumen von etwa 833 VE.

b) Um den Abstand des Punktes D(−5 | −5 | 0) von der Geraden g, die durch die Punkte B(5 | 5 | 0) und L(5 | 0 | 10) verläuft, zu bestimmen, stellt man die Gleichung einer Hilfsebene E_H auf. Diese enthält den Punkt D und steht senkrecht auf der Geraden g. Daher ist der Richtungsvektor $\overrightarrow{r_g}$ der Geraden g ein Normalenvektor $\vec{n}$ von E_H (siehe Seite 65):

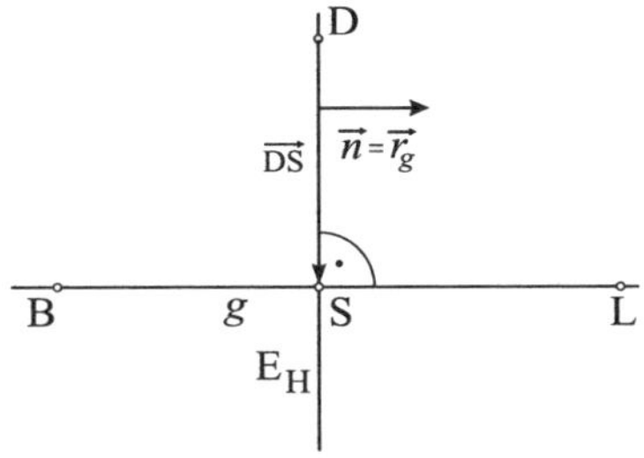

Schneidet man E_H mit g, so erhält man den Punkt S (Fußpunkt von D bezüglich g). Der Abstand von D zu g ist die Länge des Vektors $\overrightarrow{DS}$.

Rechnung:

Die Gerade g durch B und L hat die Gleichung $g: \vec{x} = \begin{pmatrix} 5 \\ 5 \\ 0 \end{pmatrix} + t \cdot \begin{pmatrix} 0 \\ -5 \\ 10 \end{pmatrix}$; $t \in \mathbb{R}$.

Die Ebene E_H enthält den Punkt $D(-5 \mid -5 \mid 0)$ und ist orthogonal zur Geraden g, hat also als möglichen Normalenvektor den Richtungsvektor von g : $\vec{n} = \begin{pmatrix} 0 \\ -5 \\ 10 \end{pmatrix}$. Setzt man D und $\vec{n}$ in die Punkt-Normalenform von E_H ein, so erhält man:

$$E_H: \left(\vec{x} - \begin{pmatrix} -5 \\ -5 \\ 0 \end{pmatrix}\right) \cdot \begin{pmatrix} 0 \\ -5 \\ 10 \end{pmatrix} = 0 \text{ bzw. } E_H: -5x_2 + 10x_3 = 25 \Rightarrow E_H: -x_2 + 2x_3 = 5.$$

Schneidet man E_H mit g, so erhält man: $-5 \cdot (5 - 5t) + 10 \cdot (0 + 10t) = 25 \Rightarrow t = \frac{2}{5}$.
Setzt man $t = \frac{2}{5}$ in g ein, so erhält man die Koordinaten des Schnittpunkts S:

$$\vec{x} = \begin{pmatrix} 5 \\ 5 \\ 0 \end{pmatrix} + \frac{2}{5} \cdot \begin{pmatrix} 0 \\ -5 \\ 10 \end{pmatrix} = \begin{pmatrix} 5 \\ 3 \\ 4 \end{pmatrix} \Rightarrow S(5 \mid 3 \mid 4).$$

Der Abstand d von D zu g ist die Länge des Vektors $\overrightarrow{DS}$:

$$d = |\overrightarrow{DS}| = \left|\begin{pmatrix} 10 \\ 8 \\ 4 \end{pmatrix}\right| = \sqrt{10^2 + 8^2 + 4^2} = \sqrt{180} \approx 13{,}42.$$

Der Punkt D hat von der Geraden g den Abstand von etwa 13,4 LE.

c) Eine zentrische Streckung α vom Ursprung aus mit Streckfaktor $k = 2$ hat die Darstellung

$$\alpha : \vec{x}' = \begin{pmatrix} 2 & 0 \\ 0 & 2 \end{pmatrix} \cdot \vec{x}.$$

Setzt man die Koordinaten von $A(1 \mid 2)$, $B(-2 \mid 1)$ und $C(2 \mid -1)$ in α ein, so erhält man:

$$\vec{a}' = \begin{pmatrix} 2 & 0 \\ 0 & 2 \end{pmatrix} \cdot \begin{pmatrix} 1 \\ 2 \end{pmatrix} = \begin{pmatrix} 2\cdot 1 + 0\cdot 2 \\ 0\cdot 1 + 2\cdot 2 \end{pmatrix} = \begin{pmatrix} 2 \\ 4 \end{pmatrix} \Rightarrow A'(2\,|\,4)$$

$$\vec{b}' = \begin{pmatrix} 2 & 0 \\ 0 & 2 \end{pmatrix} \cdot \begin{pmatrix} -2 \\ 1 \end{pmatrix} = \begin{pmatrix} 2\cdot(-2) + 0\cdot 1 \\ 0\cdot(-2) + 2\cdot 1 \end{pmatrix} = \begin{pmatrix} -4 \\ 2 \end{pmatrix} \Rightarrow B'(-4\,|\,2)$$

$$\vec{c}' = \begin{pmatrix} 2 & 0 \\ 0 & 2 \end{pmatrix} \cdot \begin{pmatrix} 2 \\ -1 \end{pmatrix} = \begin{pmatrix} 2\cdot 2 + 0\cdot(-1) \\ 0\cdot 2 + 2\cdot(-1) \end{pmatrix} = \begin{pmatrix} 4 \\ -2 \end{pmatrix} \Rightarrow C'(4\,|\,-2)$$

Eine Drehung β um den Ursprung um $60\,^\circ$ hat die Darstellung

$$\beta : \vec{x}' = \begin{pmatrix} \cos 60^\circ & -\sin 60^\circ \\ \sin 60^\circ & \cos 60^\circ \end{pmatrix} \cdot \vec{x} \text{ bzw. } \beta : \vec{x}' = \begin{pmatrix} 0{,}5 & -\frac{1}{2}\sqrt{3} \\ \frac{1}{2}\sqrt{3} & 0{,}5 \end{pmatrix} \cdot \vec{x}$$

Setzt man die Koordinaten von $A'(2\,|\,4)$, $B'(-4\,|\,2)$ und $C'(4\,|\,-2)$ in β ein, so erhält man:

$$\vec{a}'' = \begin{pmatrix} 0{,}5 & -\frac{1}{2}\sqrt{3} \\ \frac{1}{2}\sqrt{3} & 0{,}5 \end{pmatrix} \cdot \begin{pmatrix} 2 \\ 4 \end{pmatrix} = \begin{pmatrix} 1-2\sqrt{3} \\ 2+\sqrt{3} \end{pmatrix} \Rightarrow A''(1-2\sqrt{3}\,|\,2+\sqrt{3})$$

$$\vec{b}'' = \begin{pmatrix} 0{,}5 & -\frac{1}{2}\sqrt{3} \\ \frac{1}{2}\sqrt{3} & 0{,}5 \end{pmatrix} \cdot \begin{pmatrix} -4 \\ 2 \end{pmatrix} = \begin{pmatrix} -2-\sqrt{3} \\ 1-2\sqrt{3} \end{pmatrix} \Rightarrow B''(-2-\sqrt{3}\,|\,1-2\sqrt{3})$$

$$\vec{c}'' = \begin{pmatrix} 0{,}5 & -\frac{1}{2}\sqrt{3} \\ \frac{1}{2}\sqrt{3} & 0{,}5 \end{pmatrix} \cdot \begin{pmatrix} 4 \\ -2 \end{pmatrix} = \begin{pmatrix} 2+\sqrt{3} \\ -1+2\sqrt{3} \end{pmatrix} \Rightarrow C''(2+\sqrt{3}\,|\,-1+2\sqrt{3})$$

Die Abbildung γ, die das Dreieck ABC auf das Dreieck A″B″C″ abbildet, ist eine Verkettung von α und β : $\gamma = \beta \circ \alpha$.

Bei der Verkettung «erst α, dann β» wird die Matrix von β von links mit der Matrix von α multipliziert:

$$\begin{aligned} \gamma : \vec{x}' &= \begin{pmatrix} 0{,}5 & -\frac{1}{2}\sqrt{3} \\ \frac{1}{2}\sqrt{3} & 0{,}5 \end{pmatrix} \cdot \begin{pmatrix} 2 & 0 \\ 0 & 2 \end{pmatrix} \cdot \vec{x} \\ &= \begin{pmatrix} 0{,}5\cdot 2 + (-\frac{1}{2}\sqrt{3})\cdot 0 & 0{,}5\cdot 0 + (-\frac{1}{2}\sqrt{3})\cdot 2 \\ \frac{1}{2}\sqrt{3}\cdot 2 + 0{,}5\cdot 0 & \frac{1}{2}\sqrt{3}\cdot 0 + 0{,}5\cdot 2 \end{pmatrix} \cdot \vec{x} \\ &= \begin{pmatrix} 1 & -\sqrt{3} \\ \sqrt{3} & 1 \end{pmatrix} \cdot \vec{x} \end{aligned}$$

22 Abbildungsmatrix – Solarzellen

a)

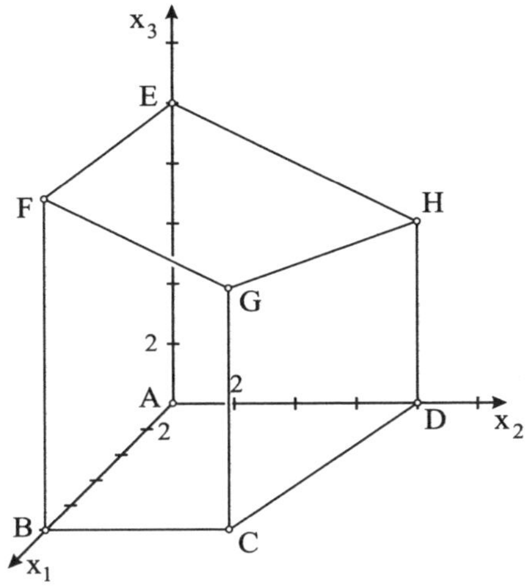

Um zu zeigen, dass die Eckpunkte der Dachfläche EFGH in einer Ebene liegen, bestimmt man zuerst mit den drei Punkten E, F und G eine Koordinatengleichung einer Ebene E_1; hierzu berechnet man mit Hilfe des Vektorprodukts (siehe Seite 65) zweier Verbindungsvektoren der drei Punkte $E(0 \mid 0 \mid 10)$, $F(10 \mid 0 \mid 11)$ und $G(10 \mid 6 \mid 8)$ einen Normalenvektor:

$$\overrightarrow{EF} \times \overrightarrow{EG} = \begin{pmatrix} 10 \\ 0 \\ 1 \end{pmatrix} \times \begin{pmatrix} 10 \\ 6 \\ -2 \end{pmatrix} = \begin{pmatrix} -6 \\ 30 \\ 60 \end{pmatrix} = 6 \cdot \begin{pmatrix} -1 \\ 5 \\ 10 \end{pmatrix} \Rightarrow \vec{n} = \begin{pmatrix} -1 \\ 5 \\ 10 \end{pmatrix}.$$

Setzt man E_1 und $\vec{n}$ in die Normalenform $E_1 : (\vec{x} - \vec{e}) \cdot \vec{n} = 0$ ein, so ergibt sich für E_1:

$$\left(\vec{x} - \begin{pmatrix} 0 \\ 0 \\ 10 \end{pmatrix}\right) \cdot \begin{pmatrix} -1 \\ 5 \\ 10 \end{pmatrix} = 0 \Rightarrow E_1 : -x_1 + 5x_2 + 10x_3 - 100 = 0.$$

Setzt man nun $H(0 \mid 8 \mid 6)$ in die Koordinatengleichung der Ebene E_1 ein, so erhält man: $-0 + 5 \cdot 8 + 10 \cdot 6 - 100 = 40 + 60 - 100 = 0.$

Da H in der Ebene E_1 enthalten ist, liegen die vier Eckpunkte der Dachfläche in einer Ebene.

b) Zur Berechnung der Dachneigung bezüglich der x_1x_2-Ebene setzt man die Normalenvektoren $\vec{n}_1 = \begin{pmatrix} -1 \\ 5 \\ 10 \end{pmatrix}$ der Ebene E_1 und $\vec{n}_2 = \begin{pmatrix} 0 \\ 0 \\ 1 \end{pmatrix}$ der x_1x_2-Ebene in die Formel

$\cos\alpha = \frac{|\vec{n_1} \cdot \vec{n_2}|}{|\vec{n_1}| \cdot |\vec{n_2}|}$ ein:

$$\cos\alpha = \frac{\left|\begin{pmatrix}-1\\5\\10\end{pmatrix}\cdot\begin{pmatrix}0\\0\\1\end{pmatrix}\right|}{\left|\begin{pmatrix}-1\\5\\10\end{pmatrix}\right|\cdot\left|\begin{pmatrix}0\\0\\1\end{pmatrix}\right|} = \frac{10}{\sqrt{126}} \Rightarrow \alpha \approx 27{,}02^\circ.$$

Da $\alpha > 25^\circ$, wird der geforderte Wert eingehalten.

Zur Berechnung der Dachfläche muss zuerst die Art des Vierecks bestimmt werden:

Da $\overrightarrow{\mathrm{EH}} = \begin{pmatrix}0\\8\\-4\end{pmatrix}$ und $\overrightarrow{\mathrm{FG}} = \begin{pmatrix}0\\6\\-3\end{pmatrix}$ gilt: $\overrightarrow{\mathrm{EH}} = \frac{4}{3}\cdot\overrightarrow{\mathrm{FG}} \Rightarrow \overrightarrow{\mathrm{EH}}$ und $\overrightarrow{\mathrm{FG}}$ sind linear abhängig, d.h $\overrightarrow{\mathrm{EH}}$ ist parallel zu $\overrightarrow{\mathrm{FG}}$.

Weil $\overrightarrow{\mathrm{EF}} = \begin{pmatrix}10\\0\\1\end{pmatrix}$ und $\overrightarrow{\mathrm{HG}} = \begin{pmatrix}10\\-2\\2\end{pmatrix}$ nicht linear abhängig sind, sind $\overrightarrow{\mathrm{EF}}$ und $\overrightarrow{\mathrm{HG}}$ nicht parallel, also handelt es sich um ein Trapez:

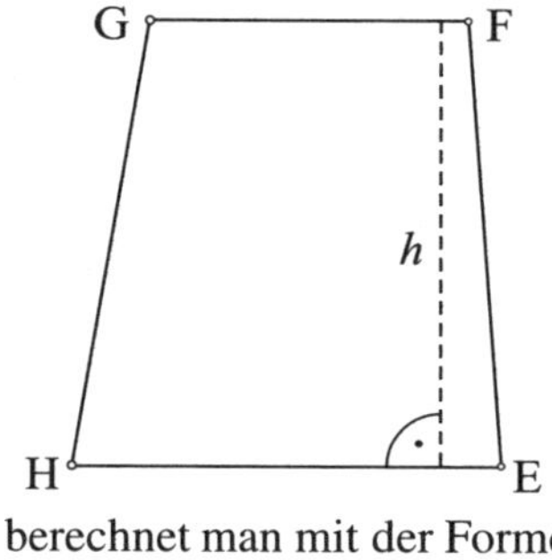

Die Fläche des Trapezes berechnet man mit der Formel $A = \frac{\overline{\mathrm{EH}}+\overline{\mathrm{FG}}}{2}\cdot h$.

$$\overline{\mathrm{EH}} = |\overrightarrow{\mathrm{EH}}| = \left|\begin{pmatrix}0\\8\\-4\end{pmatrix}\right| = \sqrt{64+16} = \sqrt{80}$$

$$\overline{\mathrm{FG}} = |\overrightarrow{\mathrm{FG}}| = \left|\begin{pmatrix}0\\6\\-3\end{pmatrix}\right| = \sqrt{36+9} = \sqrt{45}.$$

Die Trapezhöhe h ist gleich dem Abstand des Punktes F zur Geraden g durch E und H mit der Gleichung $g: \vec{x} = \begin{pmatrix}0\\0\\10\end{pmatrix} + t\cdot\begin{pmatrix}0\\8\\-4\end{pmatrix}$.

Hierzu stellt man eine Hilfsebene E_H orthogonal zur Geraden g durch den Punkt F auf, d.h.

der Normalenvektor der Ebene E_H ist der Richtungsvektor der Geraden g.

Man erhält: $E_H: \left(\vec{x} - \begin{pmatrix} 10 \\ 0 \\ 11 \end{pmatrix}\right) \cdot \begin{pmatrix} 0 \\ 8 \\ -4 \end{pmatrix} = 0 \Rightarrow E_H: 8x_2 - 4x_3 + 44 = 0$ bzw.

$E_H: 2x_2 - x_3 + 11 = 0.$

Schneidet man g mit der Hilfsebene E_H, so gilt: $2 \cdot (0 + 8t) - (10 - 4t) + 11 = 0 \Rightarrow t = -\frac{1}{20}$.

Setzt man $t = -\frac{1}{20}$ in g ein, so erhält man den Schnittpunkt: $S\left(0 \mid -\frac{2}{5} \mid \frac{51}{5}\right)$.

Damit ist die Trapezhöhe h der Abstand von S zu F:

$$h = \overline{FS} = |\overrightarrow{FS}| = \left|\begin{pmatrix} -10 \\ -\frac{2}{5} \\ -\frac{4}{5} \end{pmatrix}\right| = \sqrt{100 + \frac{4}{25} + \frac{16}{25}} \approx 10,04.$$

Somit gilt für die Trapezfläche: $A = \frac{\overline{EH} + \overline{FG}}{2} \cdot h = \frac{\sqrt{80} + \sqrt{45}}{2} \cdot 10,04 \approx 78,58$ FE.

Da 80 % der Dachfläche mit Solarzellen bestückt werden, ergibt sich für die Solarzellenfläche: $\overline{A} \approx 0,80 \cdot A = 0,80 \cdot 78,58 \approx 62,86$ FE.

c) Die Gerade $g: \vec{x} = t \cdot \begin{pmatrix} 1 \\ 1 \end{pmatrix}$; $t \in \mathbb{R}$ hat die Steigung 1. Für den Steigungswinkel gilt:

$\tan\alpha = \frac{1}{1} \Rightarrow \alpha = 45°$. Somit schließt g mit der x_1-Achse einen Winkel von 45° ein. Damit hat die Spiegelmatrix die Darstellung:

$$S = \begin{pmatrix} \cos 90° & \sin 90° \\ \sin 90° & -\cos 90° \end{pmatrix} = \begin{pmatrix} 0 & 1 \\ 1 & 0 \end{pmatrix}$$

Für die Spiegelung α an der Geraden g gilt somit: $\alpha: \vec{x}' = \begin{pmatrix} 0 & 1 \\ 1 & 0 \end{pmatrix} \cdot \vec{x}$.

Setzt man die Koordinaten von $P(5 \mid -2)$ in α ein, so erhält man:

$$\vec{p}' = \begin{pmatrix} 0 & 1 \\ 1 & 0 \end{pmatrix} \cdot \begin{pmatrix} 5 \\ -2 \end{pmatrix} = \begin{pmatrix} 0 \cdot 5 + 1 \cdot (-2) \\ 1 \cdot 5 + 0 \cdot (-2) \end{pmatrix} = \begin{pmatrix} -2 \\ 5 \end{pmatrix} \Rightarrow P'(-2 \mid 5).$$

Die Matrix D bei einer Drehung um $O(0 \mid 0)$ um 30° hat die Darstellung

$$D = \begin{pmatrix} \cos 30° & -\sin 30° \\ \sin 30° & \cos 30° \end{pmatrix} = \begin{pmatrix} \frac{1}{2}\sqrt{3} & -0,5 \\ 0,5 & \frac{1}{2}\sqrt{3} \end{pmatrix}.$$

Für die Drehung β um $O(0 \mid 0)$ um 30° gilt somit: $\beta: \vec{x}' = \begin{pmatrix} \frac{1}{2}\sqrt{3} & -0,5 \\ 0,5 & \frac{1}{2}\sqrt{3} \end{pmatrix} \cdot \vec{x}$.

Setzt man die Koordinaten von $P'(-2 \mid 5)$ in β ein, so erhält man:

$$\vec{p}'' = \begin{pmatrix} \frac{1}{2}\sqrt{3} & -0,5 \\ 0,5 & \frac{1}{2}\sqrt{3} \end{pmatrix} \cdot \begin{pmatrix} -2 \\ 5 \end{pmatrix} = \begin{pmatrix} -\sqrt{3} - 2,5 \\ -1 + 2,5 \cdot \sqrt{3} \end{pmatrix}$$

$\Rightarrow P''(-2,5 - \sqrt{3} \mid -1 + 2,5 \cdot \sqrt{3})$.

Die Matrixdarstellung der Abbildung γ, die P auf P$''$ abbildet, erhält man als Verkettung von α und β: $\gamma = \beta \circ \alpha$.

Bei der Verkettung «erst α, dann β» wird die Matrix von β von links mit der Matrix von α multipliziert: $\gamma: \vec{x}' = \begin{pmatrix} \frac{1}{2}\sqrt{3} & -0,5 \\ 0,5 & \frac{1}{2}\sqrt{3} \end{pmatrix} \cdot \begin{pmatrix} 0 & 1 \\ 1 & 0 \end{pmatrix} \cdot \vec{x} = \begin{pmatrix} -0,5 & \frac{1}{2}\sqrt{3} \\ \frac{1}{2}\sqrt{3} & 0,5 \end{pmatrix} \cdot \vec{x}$.

23 Abbildungsmatrix – Gleichungssystem

a) Das gegebene Gleichungssystem wird mit Hilfe des Gauß-Algorithmus auf Stufenform gebracht und gelöst:

$$\begin{array}{lrcrcrcr} \text{I} & 2x_1 & - & 3x_2 & - & x_3 & = & -4 \\ \text{II} & x_1 & - & 2x_2 & - & x_3 & = & -3 \\ \text{III} & -3x_1 & + & 9x_2 & + & tx_3 & = & 15 \end{array}$$

Subtrahiert man das 2-fache der Gleichung II von Gleichung I und addiert das 3-fache der Gleichung II zu Gleichung III, so erhält man:

$$\begin{array}{lrcrcrcr} \text{I} & 2x_1 & - & 3x_2 & - & x_3 & = & -4 \\ \text{IIa} & & & x_2 & + & x_3 & = & 2 \\ \text{IIIa} & & & 3x_2 & + & (t-3)x_3 & = & 6 \end{array}$$

Subtrahiert man Gleichung IIIa vom 3-fachen der Gleichung IIa, so erhält man:

$$\begin{array}{lrcrcrcr} \text{I} & 2x_1 & - & 3x_2 & - & x_3 & = & -4 \\ \text{IIa} & & & x_2 & + & x_3 & = & 2 \\ \text{IIIb} & & & & & (6-t)x_3 & = & 0 \end{array}$$

Für $t = 6$ würde eine Nullzeile $(0 = 0)$ entstehen, so dass das Gleichungssystem nicht eindeutig lösbar wäre.
Für $t \neq 6$ ist das Gleichungssystem eindeutig lösbar: Es ist $x_3 = 0$.
Um x_2 zu bestimmen, setzt man $x_3 = 0$ in Gleichung IIa ein und erhält: $x_2 = 2$.
Zum Schluss wird x_1 mit Hilfe von Gleichung I bestimmt: $2x_1 - 3 \cdot 2 - 0 = -4 \Rightarrow x_1 = 1$.
Damit besitzt das Gleichungssystem eine eindeutige Lösung.

b) Für $t = 6$ erhält man unter Verwendung obiger Rechenschritte das Gleichungssystem:

$$\begin{array}{lrcrcrcr} \text{I} & 2x_1 & - & 3x_2 & - & x_3 & = & -4 \\ \text{IIa} & & & x_2 & + & x_3 & = & 2 \\ \text{IIIc} & & & & & 0 & = & 0 \end{array}$$

Wählt man z.B. $x_3 = r$ und setzt $x_3 = r$ in Gleichung IIa ein, so erhält man:
$x_2 + r = 2 \Rightarrow x_2 = 2 - r$.
Setzt man $x_3 = r$ und $x_2 = 2 - r$ in Gleichung I ein, so erhält man:
$2x_1 - 3(2-r) - r = -4 \Rightarrow x_1 = 1 - r$.

Somit lautet die Lösungsmenge für $t = 6$: $\begin{pmatrix} x_1 \\ x_2 \\ x_3 \end{pmatrix} = \begin{pmatrix} 1 \\ 2 \\ 0 \end{pmatrix} + r \cdot \begin{pmatrix} -1 \\ -1 \\ 1 \end{pmatrix}$; $r \in \mathbb{R}$.

Anmerkung: Für den Fall $t = 6$ handelt es sich bei der Aufgabenstellung geometrisch betrachtet um den Schnitt zweier Ebenen. Die Lösungsmenge ist dann die Schnittgerade der beiden Ebenen.

c) Schneidet man die Gerade $g: \vec{x} = \begin{pmatrix} 1 \\ 2 \\ 0 \end{pmatrix} + r \cdot \begin{pmatrix} -1 \\ -1 \\ 1 \end{pmatrix}$ mit der x_1x_2-Ebene $(x_3 = 0)$, so erhält man:

$0 + r = 0 \Rightarrow r = 0 \Rightarrow S_{12}(1 \mid 2 \mid 0)$.

Schneidet man die Gerade $g: \vec{x} = \begin{pmatrix} 1 \\ 2 \\ 0 \end{pmatrix} + r \cdot \begin{pmatrix} -1 \\ -1 \\ 1 \end{pmatrix}$ mit der x_1x_3-Ebene $(x_2 = 0)$, so erhält man:

$2 - r = 0 \Rightarrow r = 2 \Rightarrow S_{13}(-1 \mid 0 \mid 2)$.

Schneidet man die Gerade $g: \vec{x} = \begin{pmatrix} 1 \\ 2 \\ 0 \end{pmatrix} + r \cdot \begin{pmatrix} -1 \\ -1 \\ 1 \end{pmatrix}$ mit der x_2x_3-Ebene $(x_1 = 0)$, so erhält man:

$1 - r = 0 \Rightarrow r = 1 \Rightarrow S_{23}(0 \mid 1 \mid 1)$.

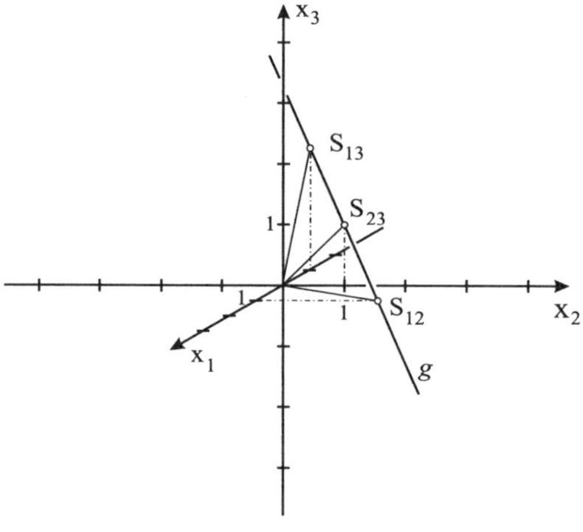

d) Um den Flächeninhalt A des Dreiecks $OS_{23}S_{13}$ zu berechnen, prüft man zuerst, ob es sich um ein rechtwinkliges Dreieck handelt. Dies geschieht mit Hilfe des Skalarprodukts. Wenn das Dreieck einen rechten Winkel besitzt, kann man anschließend den Flächeninhalt mit Hilfe der beiden Katheten berechnen, wobei eine Kathete als Grundseite und die andere Kathete als Höhe des Dreiecks genommen wird.

Die konkrete Berechnung:
Hierzu stellt man die Verbindungsvektoren zwischen den Eckpunkten auf und berechnet jeweils das Skalarprodukt zwischen zwei Verbindungsvektoren. Es gilt:

$$\overrightarrow{OS_{13}} = \begin{pmatrix} -1 \\ 0 \\ 2 \end{pmatrix}, \ \overrightarrow{OS_{23}} = \begin{pmatrix} 0 \\ 1 \\ 1 \end{pmatrix} \text{ und } \overrightarrow{S_{13}S_{23}} = \begin{pmatrix} 1 \\ 1 \\ -1 \end{pmatrix}.$$

$$\overrightarrow{OS_{13}} \cdot \overrightarrow{OS_{23}} = \begin{pmatrix} -1 \\ 0 \\ 2 \end{pmatrix} \cdot \begin{pmatrix} 0 \\ 1 \\ 1 \end{pmatrix} = 0+0+2=2$$

$$\overrightarrow{OS_{13}} \cdot \overrightarrow{S_{13}S_{23}} = \begin{pmatrix} -1 \\ 0 \\ 2 \end{pmatrix} \cdot \begin{pmatrix} 1 \\ 1 \\ -1 \end{pmatrix} = -1+0-2=-3$$

$$\overrightarrow{OS_{23}} \cdot \overrightarrow{S_{13}S_{23}} = \begin{pmatrix} 0 \\ 1 \\ 1 \end{pmatrix} \cdot \begin{pmatrix} 1 \\ 1 \\ -1 \end{pmatrix} = 0+1-1=0$$

Wegen $\overrightarrow{OS_{23}} \cdot \overrightarrow{S_{13}S_{23}} = 0$, hat das Dreieck $OS_{23}S_{13}$ bei S_{23} einen rechten Winkel.

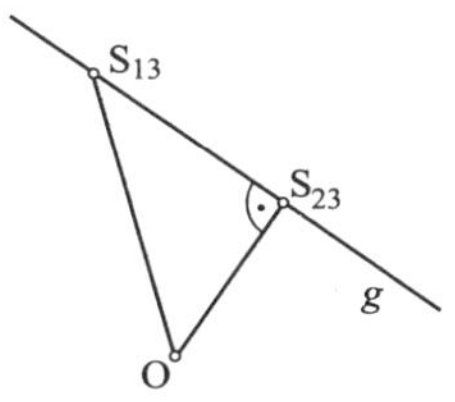

Somit gilt für den Flächeninhalt A des Dreiecks $OS_{23}S_{13}$: $A = \frac{1}{2} \cdot \overline{OS_{23}} \cdot \overline{S_{13}S_{23}}$.

$$\overline{OS_{23}} = |\overrightarrow{OS_{23}}| = \left| \begin{pmatrix} 0 \\ 1 \\ 1 \end{pmatrix} \right| = \sqrt{0^2+1^2+1^2} = \sqrt{2}.$$

$$\overline{S_{13}S_{23}} = |\overrightarrow{S_{13}S_{23}}| = \left| \begin{pmatrix} 1 \\ 1 \\ -1 \end{pmatrix} \right| = \sqrt{1^2+1^2+(-1)^2} = \sqrt{3}.$$

Einsetzen liefert: $A = \frac{1}{2} \cdot \sqrt{2} \cdot \sqrt{3} \approx 1{,}22$.

Das Dreieck $OS_{23}S_{13}$ hat somit einen Flächeninhalt von etwa 1,22 FE.

e) Es ist $\alpha : \vec{x}' = \begin{pmatrix} 4 & 2 \\ -2 & 0 \end{pmatrix} \cdot \vec{x}$.

Setzt man die Koordinaten der Geraden $g : \vec{x} = t \cdot \begin{pmatrix} -1 \\ 1 \end{pmatrix}$ in α ein, so erhält man:

$$\begin{pmatrix} 4 & 2 \\ -2 & 0 \end{pmatrix} \cdot \left(t \cdot \begin{pmatrix} -1 \\ 1 \end{pmatrix} \right) = \begin{pmatrix} 4 & 2 \\ -2 & 0 \end{pmatrix} \cdot \begin{pmatrix} -t \\ t \end{pmatrix} = \begin{pmatrix} -4t+2t \\ 2t \end{pmatrix}$$
$$= \begin{pmatrix} -2t \\ 2t \end{pmatrix} = t \cdot \begin{pmatrix} -2 \\ 2 \end{pmatrix}$$

Die Bildgerade g' hat somit die Gleichung: $g' : \vec{x} = t \cdot \begin{pmatrix} -2 \\ 2 \end{pmatrix}$; $t \in \mathbb{R}$.

Da g und g' Ursprungsgeraden mit gleicher Richtung sind, sind sie identisch; somit wird die Gerade g auf sich selbst abgebildet (g ist Fixgerade von α).
Eine Punktspiegelung β am Ursprung ist eine zentrische Streckung mit Faktor $k = -1$, hat also die Gleichung $\beta : \vec{x}' = \begin{pmatrix} -1 & 0 \\ 0 & -1 \end{pmatrix} \cdot \vec{x}$.

Setzt man die Koordinaten der Geraden $g' : \vec{x} = t \cdot \begin{pmatrix} -2 \\ 2 \end{pmatrix}$ in β ein, so erhält man:

$$\begin{pmatrix} -1 & 0 \\ 0 & -1 \end{pmatrix} \cdot \left(t \cdot \begin{pmatrix} -2 \\ 2 \end{pmatrix} \right) = \begin{pmatrix} -1 & 0 \\ 0 & -1 \end{pmatrix} \cdot \begin{pmatrix} -2t \\ 2t \end{pmatrix} = \begin{pmatrix} 2t \\ -2t \end{pmatrix} = t \cdot \begin{pmatrix} 2 \\ -2 \end{pmatrix}$$

Die Bildgerade g'' hat somit die Gleichung: $g'' : \vec{x} = t \cdot \begin{pmatrix} 2 \\ -2 \end{pmatrix}$; $t \in \mathbb{R}$.

Die Matrixdarstellung der Abbildung γ, die die Gerade g auf die Gerade g'' abbildet, erhält man als Verkettung von α und $\beta : \gamma = \beta \circ \alpha$.
Bei der Verkettung «erst α, dann β» wird die Matrix von β von links mit der Matrix von α multipliziert:

$$\gamma : \vec{x}' = \begin{pmatrix} -1 & 0 \\ 0 & -1 \end{pmatrix} \cdot \begin{pmatrix} 4 & 2 \\ -2 & 0 \end{pmatrix} \cdot \vec{x} = \begin{pmatrix} -4 & -2 \\ 2 & 0 \end{pmatrix} \cdot \vec{x}$$

24 Übergangsmatrix – Pyramide

a) Die Verbindungsvektoren sind $\overrightarrow{AB} = \begin{pmatrix} 4 \\ -4 \\ 2 \end{pmatrix}$, $\overrightarrow{AC} = \begin{pmatrix} 6 \\ -3 \\ 0 \end{pmatrix}$ und $\overrightarrow{BC} = \begin{pmatrix} 2 \\ 1 \\ -2 \end{pmatrix}$.

Nimmt man als Spannvektoren $\frac{1}{2}\overrightarrow{AB} = \begin{pmatrix} 2 \\ -2 \\ 1 \end{pmatrix}$ und $\frac{1}{3}\overrightarrow{AC} = \begin{pmatrix} 2 \\ -1 \\ 0 \end{pmatrix}$, so erhält man als Normalenvektor (siehe Seite 65):

$$\vec{n} = \begin{pmatrix} 2 \\ -2 \\ 1 \end{pmatrix} \times \begin{pmatrix} 2 \\ -1 \\ 0 \end{pmatrix} = \begin{pmatrix} 1 \\ 2 \\ 2 \end{pmatrix}.$$

Die Normalenform ist damit E: $(\vec{x} - \vec{a}) \cdot \vec{n} = 0$ bzw. E: $\left(\vec{x} - \begin{pmatrix} -3 \\ 1 \\ 2 \end{pmatrix}\right) \cdot \begin{pmatrix} 1 \\ 2 \\ 2 \end{pmatrix} = 0.$

Durch Ausrechnen erhält man als Koordinatengleichung: E: $x_1 + 2x_2 + 2x_3 - 3 = 0$

Da $\overrightarrow{AB} \cdot \overrightarrow{BC} = \begin{pmatrix} 4 \\ -4 \\ 2 \end{pmatrix} \cdot \begin{pmatrix} 2 \\ 1 \\ -2 \end{pmatrix} = 4 \cdot 2 + (-4) \cdot 1 + 2 \cdot (-2) = 8 - 4 - 4 = 0,$

ist das Dreieck ABC rechtwinklig (bei B).

Die Seitenlängen sind:

$\overline{AB} = \sqrt{4^2 + (-4)^2 + 2^2} = 6,$

$\overline{AC} = \sqrt{6^2 + (-3)^2 + 0^2} = \sqrt{45}$

$\overline{BC} = \sqrt{2^2 + 1^2 + (-2)^2} = 3$, daher ist das Dreick ABC nicht gleichschenklig.

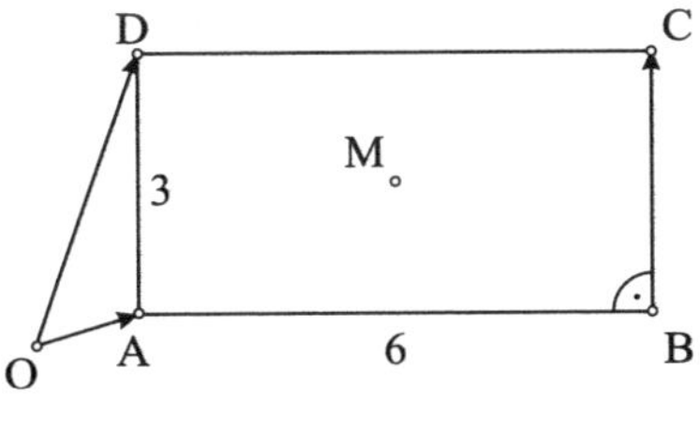

Für den Ortsvektor von D gilt folgende Vektorkette:

$$\overrightarrow{OD} = \overrightarrow{OA} + \overrightarrow{BC} = \begin{pmatrix} -3 \\ 1 \\ 2 \end{pmatrix} + \begin{pmatrix} 2 \\ 1 \\ -2 \end{pmatrix} = \begin{pmatrix} -1 \\ 2 \\ 0 \end{pmatrix} \Rightarrow D(-1 \mid 2 \mid 0).$$

b) Der Mittelpunkt M von AC hat die Koordinaten M $\left(\frac{-3+3}{2} \mid \frac{1-2}{2} \mid \frac{2+2}{2}\right) \Rightarrow M\left(0 \mid -\frac{1}{2} \mid 2\right)$.

Der Richtungsvektor der Geraden g ist der Vektor $\overrightarrow{SM} = \begin{pmatrix} -9 \\ -9,5 \\ 6 \end{pmatrix}$, der Normalenvektor der Ebene E ist der Vektor $\vec{n} = \begin{pmatrix} 1 \\ 2 \\ 2 \end{pmatrix}$. Somit gilt für den Winkel ε zwischen g und E:

$$\sin\varepsilon = \frac{|\overrightarrow{r_g} \cdot \vec{n}|}{|\overrightarrow{r_g}| \cdot |\vec{n}|} = \frac{\left|\begin{pmatrix} -9 \\ -9{,}5 \\ 6 \end{pmatrix} \cdot \begin{pmatrix} 1 \\ 2 \\ 2 \end{pmatrix}\right|}{\left|\begin{pmatrix} -9 \\ -9{,}5 \\ 6 \end{pmatrix}\right| \cdot \left|\begin{pmatrix} 1 \\ 2 \\ 2 \end{pmatrix}\right|} = \frac{|-9-19+12|}{\left|\sqrt{(-9)^2+(-9{,}5)^2+6^2}\right| \cdot \left|\sqrt{1^2+2^2+2^2}\right|} = \frac{16}{\sqrt{207{,}25 \cdot 3}}$$

$\Rightarrow \varepsilon \approx 21{,}74°$

Die Ebene F soll durch den Punkt S verlaufen und parallel zur Ebene E sein; außerdem sollen Höhe und Volumen der Pyramide gleich bleiben. Man kann also für F denselben Normalenvektor verwenden wie für E.

Somit gilt für die Normalenform von F: $(\vec{x} - \vec{s}) \cdot \vec{n} = 0$ bzw. $\left(\vec{x} - \begin{pmatrix} 9 \\ 9 \\ -4 \end{pmatrix}\right) \cdot \begin{pmatrix} 1 \\ 2 \\ 2 \end{pmatrix} = 0.$

Dies führt zu folgender Koordinatengleichung für F: $x_1 + 2x_2 + 2x_3 - 19 = 0$.

c) Die Matrix A für den Prozess von Rohstoffen zu Zwischenprodukten hat folgende Form:

$$A = \begin{pmatrix} 0{,}7 & 0{,}3 & 0{,}8 \\ 0{,}5 & 0{,}6 & 0{,}2 \\ 0{,}2 & 0{,}9 & 0{,}6 \end{pmatrix}$$

Die Matrix B für den Prozess von Zwischenprodukten zu Endprodukten hat folgende Form:

$$B = \begin{pmatrix} 0{,}4 & 0{,}2 & 0{,}8 \\ 0{,}4 & 0{,}7 & 0{,}2 \\ 0{,}3 & 0{,}2 & 0{,}1 \end{pmatrix}$$

Die Herstellungskosten K_{ges} setzen sich zusammen aus den Rohstoffkosten (K_R), den Zwischenproduktkosten (K_{Zw}), den Endproduktkosten (K_E) und den Fixkosten (K_F):

$K_{ges} = K_R + K_{Zw} + K_E + K_F$

Um die Rohstoffkosten zu ermitteln, benötigt man den Bedarf an Rohstoffen; hierfür berechnet man die Übergangsmatrix C für den Prozess von Rohstoffen zu Endprodukten. Diese erhält man durch Matrizenmultiplikation:

$$C = A \cdot B = \begin{pmatrix} 0{,}7 & 0{,}3 & 0{,}8 \\ 0{,}5 & 0{,}6 & 0{,}2 \\ 0{,}2 & 0{,}9 & 0{,}6 \end{pmatrix} \cdot \begin{pmatrix} 0{,}4 & 0{,}2 & 0{,}8 \\ 0{,}4 & 0{,}7 & 0{,}2 \\ 0{,}3 & 0{,}2 & 0{,}1 \end{pmatrix} = \begin{pmatrix} 0{,}64 & 0{,}51 & 0{,}7 \\ 0{,}5 & 0{,}56 & 0{,}54 \\ 0{,}62 & 0{,}79 & 0{,}4 \end{pmatrix}$$

Den Bedarf an Rohstoffen $\begin{pmatrix} r_1 \\ r_2 \\ r_3 \end{pmatrix}$ erhält man nun, indem man die Matrix C mit den gegebenen Eingangswerten $\begin{pmatrix} 18 \\ 10 \\ 14 \end{pmatrix}$ multipliziert:

$$\begin{pmatrix} r_1 \\ r_2 \\ r_3 \end{pmatrix} = \begin{pmatrix} 0,64 & 0,51 & 0,7 \\ 0,5 & 0,56 & 0,54 \\ 0,62 & 0,79 & 0,4 \end{pmatrix} \cdot \begin{pmatrix} 18 \\ 10 \\ 14 \end{pmatrix} = \begin{pmatrix} 26,42 \\ 22,16 \\ 24,66 \end{pmatrix}$$

Für den Auftrag benötigt man also 26,42 t von R_1, 22,16 t von R_2 und 24,66 t von R_3.
Die Rohstoffkosten betragen somit $K_R = 26,42 \cdot 350 + 22,16 \cdot 100 + 24,66 \cdot 250 = 17\,628$ €.
Um die Zwischenproduktkosten zu ermitteln, benötigt man zuerst den Bedarf an Zwischenprodukten $\begin{pmatrix} z_1 \\ z_2 \\ z_3 \end{pmatrix}$. Diesen erhält man, indem man die Matrix B mit den gegebenen Eingangswerten $\begin{pmatrix} 18 \\ 10 \\ 14 \end{pmatrix}$ multipliziert:

$$\begin{pmatrix} z_1 \\ z_2 \\ z_3 \end{pmatrix} = \begin{pmatrix} 0,4 & 0,2 & 0,8 \\ 0,4 & 0,7 & 0,2 \\ 0,3 & 0,2 & 0,1 \end{pmatrix} \cdot \begin{pmatrix} 18 \\ 10 \\ 14 \end{pmatrix} = \begin{pmatrix} 20,4 \\ 17 \\ 8,8 \end{pmatrix}$$

Für den Auftrag benötigt man also 20,4 t von Z_1, 17 t von Z_2 und 8,8 t von Z_3.
Die Zwischenproduktkosten betragen $K_{Zw} = 20,4 \cdot 850 + 17 \cdot 650 + 8,8 \cdot 780 = 35\,254$ €.
Die Endproduktkosten betragen $K_E = 18 \cdot 960 + 10 \cdot 880 + 14 \cdot 530 = 33\,500$ €.
Die Fixkosten betragen $K_F = 2100$ €.
Somit betragen die Gesamtkosten:
$K_{ges} = K_R + K_{Zw} + K_E + K_F = 17\,628 + 35\,254 + 33\,500 + 2100 = 88\,482$ €.
Setzt man x für den Verkaufspreis von einer Tonne E_1, so beträgt der Verkaufspreis $2 \cdot x$ für eine Tonne des Produkts E_2 und $5 \cdot x$ für eine Tonne des Produkts E_3.
Somit erzielt der Händler einen Erlös von $18 \cdot x + 10 \cdot 2x + 14 \cdot 5x = 108x$.
Da der Händler mindestens 10 000 € Gewinn machen möchte, muss gelten:
$108x \geqslant 88\,482 + 10000 \Rightarrow x \geqslant 911,87$
Somit muss der Verkaufspreis für eine Tonne des Produkts E_1 mindestens 911,88 €, für eine Tonne des Produkts E_2 mindestens $2 \cdot 911,88 = 1823,76$ € und für eine Tonne des Produkts E_3 mindestens $5 \cdot 911,88 = 4559,40$ € betragen.

25 Übergangsmatrix – Zelt

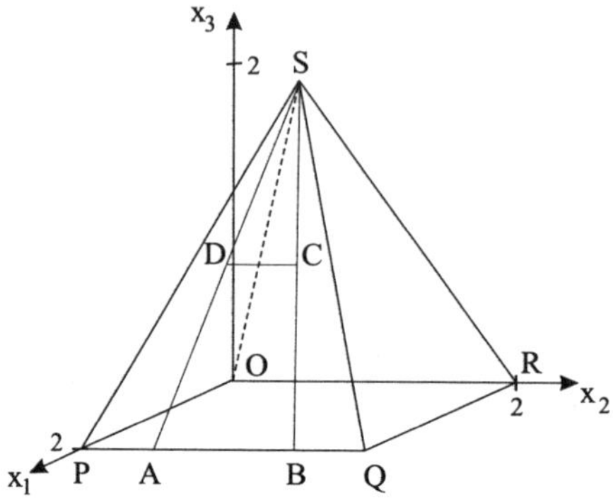

a) Legt man eine Ecke der Pyramide in den Ursprung (siehe Zeichnung), so haben die Eckpunkte folgende Koordinaten: $P(2 \mid 0 \mid 0)$, $Q(2 \mid 2 \mid 0)$, $R(0 \mid 2 \mid 0)$, $O(0 \mid 0 \mid 0)$, $S(1 \mid 1 \mid 2)$. Um den Winkel benachbarter Seitenflächen zu berechnen, benötigt man die Normalenvektoren der entsprechenden Ebenen. Diese kann man mit dem Vektorprodukt (siehe Seite 65) bestimmen:

Für die Ebene PQS ergibt sich $\overrightarrow{PQ} \times \overrightarrow{QS} = \begin{pmatrix} 0 \\ 2 \\ 0 \end{pmatrix} \times \begin{pmatrix} -1 \\ -1 \\ 2 \end{pmatrix} = \begin{pmatrix} 4 \\ 0 \\ 2 \end{pmatrix} \Rightarrow \overrightarrow{n_1} = \begin{pmatrix} 2 \\ 0 \\ 1 \end{pmatrix}$

Für die Ebene QRS ergibt sich $\overrightarrow{QR} \times \overrightarrow{QS} = \begin{pmatrix} -2 \\ 0 \\ 0 \end{pmatrix} \times \begin{pmatrix} -1 \\ -1 \\ 2 \end{pmatrix} = \begin{pmatrix} 0 \\ 4 \\ 2 \end{pmatrix} \Rightarrow \overrightarrow{n_2} = \begin{pmatrix} 0 \\ 2 \\ 1 \end{pmatrix}$

Den Winkel zwischen $\overrightarrow{n_1}$ und $\overrightarrow{n_2}$ erhält man durch

$$\cos\beta = \frac{\overrightarrow{n_1} \cdot \overrightarrow{n_2}}{|\overrightarrow{n_1}| \cdot |\overrightarrow{n_2}|} = \tfrac{1}{5} \Rightarrow \beta \approx 78{,}5^\circ.$$

Da der stumpfe Winkel gesucht ist, gilt $\alpha = 180 - \beta = 180 - 78{,}5 = 101{,}5$.
Der stumpfe Winkel zwischen zwei benachbarten Seitenflächen beträgt etwa $101{,}5^\circ$.

b) Die Vorderfläche ist das Dreieck PQS, welches folgenden Flächeninhalt hat: $A_\triangle = \frac{1}{2} \cdot g \cdot h$ mit $g = \overline{PQ}$ und $h = \overline{M_{PQ}S}$, wobei $M_{PQ}(2 \mid 1 \mid 0)$ die Mitte der Strecke PQ ist.

Da $g = \overline{PQ} = |\overrightarrow{PQ}| = \left|\begin{pmatrix} 0 \\ 2 \\ 0 \end{pmatrix}\right| = 2$ und $h = \overline{M_{PQ}S} = \left|\begin{pmatrix} -1 \\ 0 \\ 2 \end{pmatrix}\right| = \sqrt{5}$ ist,

gilt $A_\triangle = \frac{1}{2} \cdot 2 \cdot \sqrt{5} = \sqrt{5}$.

Für das Trapez werden C und D als Mitten von AS und BS bestimmt: $A(2 \mid 0{,}5 \mid 0)$, $B(2 \mid 1{,}5 \mid 0)$, $C(1{,}5 \mid 1{,}25 \mid 1)$, $D(1{,}5 \mid 0{,}75 \mid 1)$.

Das Trapez hat als Höhe h_T die Hälfte der Höhe des Dreiecks PQS, also $h_T = \frac{1}{2} \cdot \sqrt{5}$.

Mit $\overline{AB} = 1$ und $\overline{CD} = \left| \begin{pmatrix} 0 \\ -0,5 \\ 0 \end{pmatrix} \right| = 0,5$ gilt für die Fläche A_T des Trapezes

$$A_T = \frac{\overline{AB}+\overline{CD}}{2} \cdot h_T$$
$$= \frac{1+0,5}{2} \cdot \frac{1}{2} \cdot \sqrt{5} = \frac{3}{8}\sqrt{5}.$$

Für den prozentualen Anteil gilt:

$$\frac{A_T}{A_\triangle} = \frac{\frac{3}{8}\sqrt{5}}{\sqrt{5}} = \frac{3}{8} = 0,375 = 37,5\,\%.$$

Die Eingangsöffnung beansprucht damit 37,5 % der Vorderfläche.

Alternativ könnte man sich auch folgendes überlegen:
Der Flächeninhalt des Dreiecks ABS ist halb so groß wie der Flächeninhalt des Dreiecks PQS, da beide Dreiecke dieselbe Höhe haben, aber die Grundseite AB halb so lang ist wie PQ.
Der Flächeninhalt des Dreiecks DCS ist ein Viertel so groß wie der Flächeninhalt des Dreiecks ABS, da man das Dreieck DCS mit Hilfe einer zentrischen Streckung mit Zentrum S und Streckfaktor $k = 2$ auf das Dreieck ABS abbilden kann und der Flächeninhalt des Dreiecks ABS dann k^2-mal so groß ist wie der Flächeninhalt des Dreiecks DCS.
Damit ist der Flächeninhalt des Trapezes ABCD drei Viertel so groß wie der Flächeninhalt des Dreiecks ABS und somit $\frac{3}{4} \cdot \frac{1}{2} = \frac{3}{8}$ mal so groß wie der Flächeninhalt des Dreiecks PQS.
Wegen $\frac{3}{8} = 0,375$ beansprucht die Einstiegsöffnung also 37,5 %.

c) I) Aus der Aufgabenstellung liest man die Werte für den Übergangsgraphen ab. Es ergibt sich

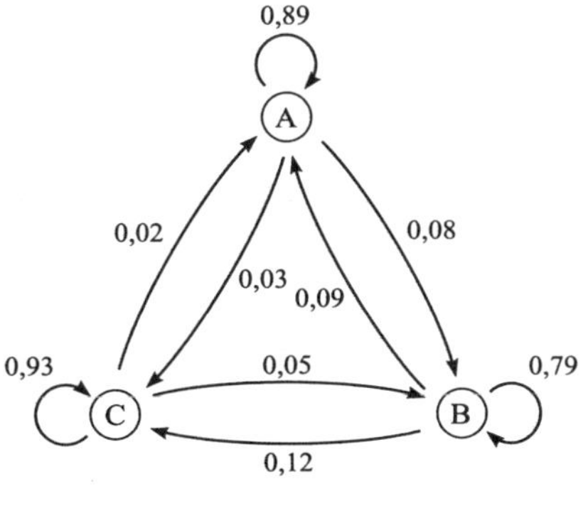

Die Eingangswerte x_1, x_2 und x_3 sind jeweils die Anzahl der Kunden von Allefilme (A), Billigvideo (B) und Cinemavideos (C).
9 % der Billigvideo-Kunden und 2 % der Cinemavideo-Kunden wechseln zu Allefilme; es bleiben 89 % der Allefilme-Kunden bei der Videothek. Somit gilt für die neue

Anzahl an Allefilme-Kunden:

$y_1 = 0,89 \cdot x_1 + 0,09 \cdot x_2 + 0,02 \cdot x_3$

8 % der Allefilme-Kunden und 5 % der Cinemavideo-Kunden wechseln zu Billigvideo; es bleiben 79 % der Billigvideo-Kunden bei der Videothek. Somit gilt für die neue Anzahl an Billigvideo-Kunden:

$y_2 = 0,08 \cdot x_1 + 0,79 \cdot x_2 + 0,05 \cdot x_3$

3 % der Allefilme-Kunden und 12 % der Billigvideo-Kunden wechseln zu Cinemavideo; es bleiben 93 % der Cinemavideo-Kunden bei der Videothek. Somit gilt für die neue Anzahl an Cinmavideo-Kunden:

$y_3 = 0,03 \cdot x_1 + 0,12 \cdot x_2 + 0,93 \cdot x_3$

Damit ergibt sich für die Übergangstabelle und die Übergangsmatrix:

	A	B	C
A	0,89	0,09	0,02
B	0,08	0,79	0,05
C	0,03	0,12	0,93

$$M = \begin{pmatrix} 0,89 & 0,09 & 0,02 \\ 0,08 & 0,79 & 0,05 \\ 0,03 & 0,12 & 0,93 \end{pmatrix}$$

II) Die Verteilung für das folgende Jahr erhält man, indem man die Matrix M mit den dem Vektor der Eingangswerte $\begin{pmatrix} 4000 \\ 3500 \\ 3000 \end{pmatrix}$ multipliziert:

$$\begin{pmatrix} y_1 \\ y_2 \\ y_3 \end{pmatrix} = \begin{pmatrix} 0,89 & 0,09 & 0,02 \\ 0,08 & 0,79 & 0,05 \\ 0,03 & 0,12 & 0,93 \end{pmatrix} \cdot \begin{pmatrix} 4000 \\ 3500 \\ 3000 \end{pmatrix} = \begin{pmatrix} 3935 \\ 3235 \\ 3330 \end{pmatrix}$$

Es gibt im folgenden Jahr 3 935 Allefilme-Kunden, 3 235 Billigvideo-Kunden und 3 330 Cinemavideo-Kunden.

III) Um zu berechnen, wieviele Kunden innherhalb von zwei Jahren zu Cinemavideo wechseln, benötigt man die Matrix für den Übergang nach zwei Jahren. Dazu multipliziert man die Matrix mit sich selbst und erhält M^2:

$$M^2 = \begin{pmatrix} 0,89 & 0,09 & 0,02 \\ 0,08 & 0,79 & 0,05 \\ 0,03 & 0,12 & 0,93 \end{pmatrix}^2 \approx \begin{pmatrix} 0,80 & 0,15 & 0,04 \\ 0,14 & 0,64 & 0,08 \\ 0,06 & 0,21 & 0,88 \end{pmatrix}$$

Die Elemente in der dritten Zeile bestimmen die Anzahlen der Kunden, die zu Cinemavideo wechseln, da der Wechsel immer «von Spalten zu Zeilen» stattfindet (von daher würde es ausreichen, die letzte Zeile der Matrix zu berechnen).

Es wechseln also 6% der Kunden von Allefilme zu Cinemavideo und 21 % der Kunden von Billigvideos zu Cinemavideos.

26 Übergangsmatrix – Geradenschar

a) Um die Gleichung von g zu bestimmen, benötigt man zwei Punkte, z.B. $C_0\,(0\mid 0\mid 4)$ und $C_1\,(0\mid 1\mid 4)$:

$$g\colon\ \vec{x}=\begin{pmatrix}0\\0\\4\end{pmatrix}+t\cdot\begin{pmatrix}0\\1\\0\end{pmatrix};\ t\in\mathbb{R}.$$

Diese Gerade ist parallel zur x_2-Achse.

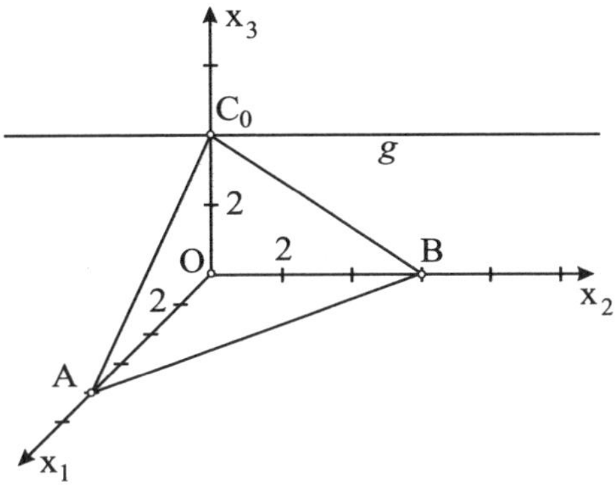

Fasst man die Punkte $A\,(8\mid 0\mid 0)$, $B\,(0\mid 6\mid 0)$ und $C_0\,(0\mid 0\mid 4)$ als Spurpunkte der Ebene E: $ax_1+bx_2+cx_3-d=0$ auf, so erhält man durch Einsetzen:

$$\begin{array}{lccccccccl} \text{I} & a\cdot 8 & + & b\cdot 0 & + & c\cdot 0 & - & d= & 0 & \\ \text{II} & a\cdot 0 & + & b\cdot 6 & + & c\cdot 0 & - & d= & 0 & \Rightarrow 8a=6b=4c \\ \text{III} & a\cdot 0 & + & b\cdot 0 & + & c\cdot 4 & - & d= & 0 & \end{array}$$

Dies wird erfüllt durch z.B. $a=3\Rightarrow b=4\Rightarrow c=6\Rightarrow d=24$.
Somit erhält man: E: $3x_1+4x_2+6x_3-24=0$.

Alternativ berechnet man mit Hilfe des Vektorprodukts (siehe Seite 65) zweier Verbindungsvektoren der drei Punkte $A\,(8\mid 0\mid 0)$, $B\,(0\mid 6\mid 0)$ und $C_0\,(0\mid 0\mid 4)$ einen Normalenvektor:

$$\overrightarrow{AB}\times\overrightarrow{AC_0}=\begin{pmatrix}-8\\6\\0\end{pmatrix}\times\begin{pmatrix}-8\\0\\4\end{pmatrix}=\begin{pmatrix}24\\32\\48\end{pmatrix}=8\cdot\begin{pmatrix}3\\4\\6\end{pmatrix}\Rightarrow\vec{n}=\begin{pmatrix}3\\4\\6\end{pmatrix}.$$

Setzt man A und $\vec{n}$ in die Normalenform E: $(\vec{x}-\vec{a})\cdot\vec{n}=0$ ein, so ergibt sich für E:

$$\left(\vec{x}-\begin{pmatrix}8\\0\\0\end{pmatrix}\right)\cdot\begin{pmatrix}3\\4\\6\end{pmatrix}=0\Rightarrow \text{E: } 3x_1+4x_2+6x_3-24=0.$$

b) Damit das Dreieck ABC_t rechtwinklig ist, muss das Skalarprodukt von je zwei Verbindungsvektoren Null sein:

$$\overrightarrow{AB}\cdot\overrightarrow{AC_t}=0\Rightarrow\begin{pmatrix}-8\\6\\0\end{pmatrix}\cdot\begin{pmatrix}-8\\t\\4\end{pmatrix}=64+6t=0\Rightarrow t=-\tfrac{32}{3}.$$

$$\overrightarrow{AB}\cdot\overrightarrow{BC_t}=0\Rightarrow\begin{pmatrix}-8\\6\\0\end{pmatrix}\cdot\begin{pmatrix}0\\t-6\\4\end{pmatrix}=6t-36=0\Rightarrow t=6.$$

$$\overrightarrow{AC_t} \cdot \overrightarrow{BC_t} = 0 \Rightarrow \begin{pmatrix} -8 \\ t \\ 4 \end{pmatrix} \cdot \begin{pmatrix} 0 \\ t-6 \\ 4 \end{pmatrix} = t^2 - 6t + 16 = 0 \Rightarrow \text{keine reelle Lösung.}$$

Somit ist das Dreieck ABC_t für $t_1 = -\frac{32}{3}$ und $t_2 = 6$ rechtwinklig.

Der Flächeninhalt des Dreiecks ABC_6 lässt sich einfach bestimmen, da für $t = 6$ beim Punkt B ein rechter Winkel ist:

$$A = \frac{1}{2} \cdot \overline{AB} \cdot \overline{BC_6} = \frac{1}{2} \cdot \left| \begin{pmatrix} -8 \\ 6 \\ 0 \end{pmatrix} \right| \cdot \left| \begin{pmatrix} 0 \\ 0 \\ 4 \end{pmatrix} \right| = \frac{1}{2} \cdot 10 \cdot 4 = 20.$$

Das Dreieck ABC_6 hat einen Flächeninhalt von 20 FE.

c) Alle Punkte C_t liegen auf der Geraden g. Der Punkt A ist nicht in g enthalten. Somit liegen alle Geraden der Geradenschar h_t in einer Ebene, die den Punkt A und die Gerade g enthält.

Die Geradenschar h_t hat die Gleichung: $h_t\colon\ \vec{x} = \begin{pmatrix} 8 \\ 0 \\ 0 \end{pmatrix} + s \cdot \begin{pmatrix} -8 \\ t \\ 4 \end{pmatrix};\ s \in \mathbb{R}.$

Die Gerade h_{10} hat demzufolge die Gleichung: $h_{10}\colon\ \vec{x} = \begin{pmatrix} 8 \\ 0 \\ 0 \end{pmatrix} + s \cdot \begin{pmatrix} -8 \\ 10 \\ 4 \end{pmatrix};\ s \in \mathbb{R}.$

Damit eine der Geraden h_t auf der Geraden h_{10} senkrecht steht, muss das Skalarprodukt der beiden Richtungsvektoren Null sein:

$$\begin{pmatrix} -8 \\ 10 \\ 4 \end{pmatrix} \cdot \begin{pmatrix} -8 \\ t \\ 4 \end{pmatrix} = 0 \text{ führt zu } 64 + 10t + 16 = 0 \Rightarrow t = -8.$$

Somit steht die Gerade h_{-8} senkrecht auf h_{10}.

Wenn zwei beliebige Geraden h_{t_1} und h_{t_2} senkrecht aufeinander stehen, muss das Skalarprodukt der Richtungsvektoren ebenfalls Null sein:

$$\begin{pmatrix} -8 \\ t_1 \\ 4 \end{pmatrix} \cdot \begin{pmatrix} -8 \\ t_2 \\ 4 \end{pmatrix} = 0 \text{ führt zu } 64 + t_1 \cdot t_2 + 16 = 0 \Rightarrow t_1 \cdot t_2 = -80.$$

Somit muss das Produkt der beiden Parameter -80 sein.

d) Zur Erstellung der Matrix des Produktionsprozesses bestimmt man zuerst die Eingangs- bzw. Ausgangswerte. Die Eingangswerte x_1, x_2 und x_3 sind die Mengen an Farbtönen F_1, F_2 und F_3, die Ausgangswerte y_1, y_2 und y_3 sind die Mengen an Grundfarben G_1, G_2, und G_3. Somit gilt:

$$y_1 = 0,8 \cdot x_1 + 0,7 \cdot x_2 + 0,6 \cdot x_3$$
$$y_2 = 0,1 \cdot x_1 + 0,1 \cdot x_2 + 0,1 \cdot x_3 \quad \Rightarrow \text{Die Matrix hat die Form:} \begin{pmatrix} 0,8 & 0,7 & 0,6 \\ 0,1 & 0,1 & 0,1 \\ 0,1 & 0,2 & 0,3 \end{pmatrix}$$
$$y_3 = 0,1 \cdot x_1 + 0,2 \cdot x_2 + 0,3 \cdot x_3$$

Um den Bedarf an Grundfarben G_1, G_2, und G_3 zu bestimmen, multipliziert man die Matrix mit den Eingangswerten:

$$\begin{pmatrix} y_1 \\ y_2 \\ y_3 \end{pmatrix} = \begin{pmatrix} 0,8 & 0,7 & 0,6 \\ 0,1 & 0,1 & 0,1 \\ 0,1 & 0,2 & 0,3 \end{pmatrix} \cdot \begin{pmatrix} 200 \\ 300 \\ 400 \end{pmatrix} = \begin{pmatrix} 610 \\ 90 \\ 200 \end{pmatrix}$$

Es werden 610 kg von G_1, 90 kg von G_2 und 200 kg von G_3 benötigt.

27 Abbildungsmatrix – Würfel (CAS)

a) Die Eckpunkte des Würfels sind: $A(0 \mid 0 \mid 0)$, $B(2 \mid 0 \mid 0)$, $C(2 \mid 2 \mid 0)$, $D(0 \mid 2 \mid 0)$, $E(0 \mid 0 \mid 2)$, $F(2 \mid 0 \mid 2)$, $G(2 \mid 2 \mid 2)$ und $H(0 \mid 2 \mid 2)$.

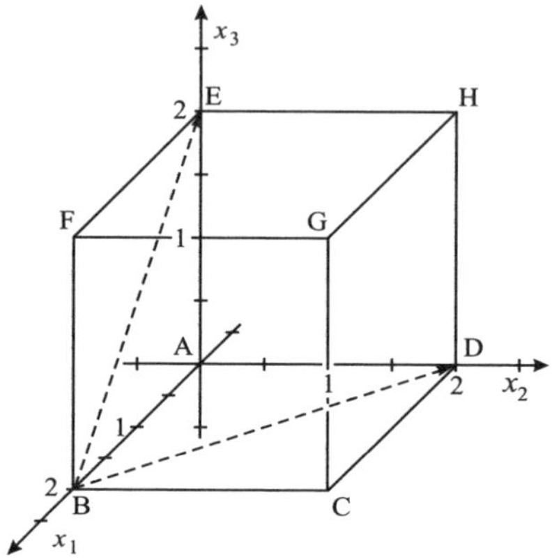

Den Winkel α zwischen den Vektoren $\overrightarrow{BD}$ und $\overrightarrow{BE}$ bestimmt man mit der Formel:

$$\cos\alpha = \frac{\overrightarrow{BD}\cdot\overrightarrow{BE}}{|\overrightarrow{BD}|\cdot|\overrightarrow{BE}|} = \frac{\begin{pmatrix}-2\\2\\0\end{pmatrix}\cdot\begin{pmatrix}-2\\0\\2\end{pmatrix}}{\left|\begin{pmatrix}-2\\2\\0\end{pmatrix}\right|\cdot\left|\begin{pmatrix}-2\\0\\2\end{pmatrix}\right|} = \frac{-2\cdot(-2)+2\cdot 0+0\cdot 2}{\sqrt{(-2)^2+2^2+0^2}\cdot\sqrt{(-2)^2+0^2+2^2}} = \frac{4}{\sqrt{8}\cdot\sqrt{8}} = \frac{1}{2}$$

$\Rightarrow \alpha = 60°$.

Den Flächeninhalt A_1 des Dreiecks EBD berechnet man mit der Formel:

$A_1 = \frac{1}{2}\cdot|\overrightarrow{BD}|\cdot|\overrightarrow{BE}|\cdot\sin\alpha = \frac{1}{2}\cdot\sqrt{8}\cdot\sqrt{8}\cdot\sin 60° = 4\cdot\sin 60° \approx 3{,}46.$

Der Flächeninhalt des Dreiecks EBD beträgt etwa 3,46 FE.

b) Den Mittelpunkt M_1 der Strecke HD erhält man mit folgender Vektorkette:

$$\overrightarrow{OM_1} = \overrightarrow{OH} + \frac{1}{2}\overrightarrow{HD} = \begin{pmatrix}0\\2\\2\end{pmatrix} + \frac{1}{2}\cdot\begin{pmatrix}0\\0\\-2\end{pmatrix} = \begin{pmatrix}0\\2\\1\end{pmatrix} \Rightarrow M_1(0 \mid 2 \mid 1).$$

Ebenso erhält man den Mittelpunkt M_2 der Strecke EH mit der Vektorkette:

$$\overrightarrow{OM_2} = \overrightarrow{OE} + \frac{1}{2}\overrightarrow{EH} = \begin{pmatrix}0\\0\\2\end{pmatrix} + \frac{1}{2}\cdot\begin{pmatrix}0\\2\\0\end{pmatrix} = \begin{pmatrix}0\\1\\2\end{pmatrix} \Rightarrow M_2(0 \mid 1 \mid 2).$$

Damit erhält man eine Ebenengleichung von E_1 in Dreipunkteform:

$$\mathrm{E}_1 : \vec{x} = \overrightarrow{\mathrm{OB}} + s \cdot \overrightarrow{\mathrm{BM}_1} + t \cdot \overrightarrow{\mathrm{BM}_2} = \begin{pmatrix} 2 \\ 0 \\ 0 \end{pmatrix} + s \cdot \begin{pmatrix} -2 \\ 2 \\ 1 \end{pmatrix} + t \cdot \begin{pmatrix} -2 \\ 1 \\ 2 \end{pmatrix}; \; s,t \in \mathbb{R}.$$

Zur Berechnung der Spurpunkte S_1, S_2 und S_3 der Ebene E_1 (Schnittpunkte mit den Koordinatenachsen) setzt man jeweils 2 der Koordinaten von E_1 gleich Null:

Für den Spurpunkt auf der x_1-Achse sind $x_2 = 0$ und $x_3 = 0$. Man erhält:

$$\begin{array}{llll} \text{I} & 0 & = & 2s + t \\ \text{II} & 0 & = & s + 2t \end{array} \quad \Rightarrow s = 0,\, t = 0 \;\Rightarrow\; S_1(2 \,|\, 0 \,|\, 0) = B.$$

Für den Spurpunkt auf der x_2-Achse sind $x_1 = 0$ und $x_3 = 0$. Man erhält:

$$\begin{array}{llll} \text{I} & 0 & = & 2 - 2s - 2t \\ \text{II} & 0 & = & s + 2t \end{array} \quad \Rightarrow s = 2,\, t = -1 \;\Rightarrow\; S_2(0 \,|\, 3 \,|\, 0).$$

Für den Spurpunkt auf der x_3-Achse sind $x_1 = 0$ und $x_2 = 0$. Man erhält:

$$\begin{array}{llll} \text{I} & 0 & = & 2 - 2s - 2t \\ \text{II} & 0 & = & 2s + t \end{array} \quad \Rightarrow s = -1,\, t = 2 \;\Rightarrow\; S_3(0 \,|\, 0 \,|\, 3).$$

Mit Hilfe dieser Spurpunkte kann man die Ebene E_1 in das vorhandene Koordinatensystem skizzieren:

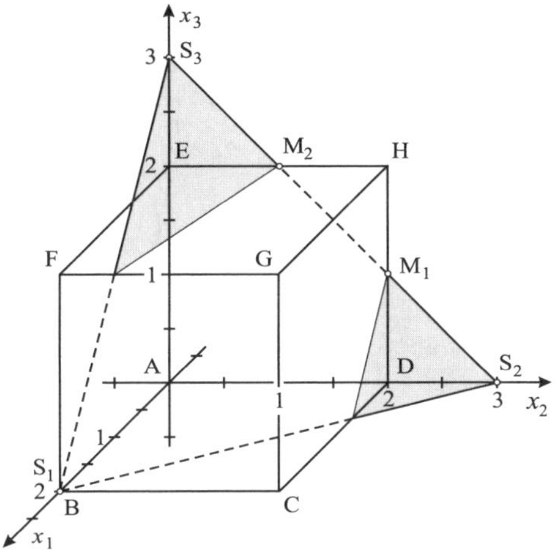

Zur Bestimmung der Koordinaten des Schwerpunkts des Dreiecks EHD stellt man die Gleichungen der Seitenhalbierenden s_1 durch E und M_1 und der Seitenhalbierenden s_2 durch D und M_2 auf:

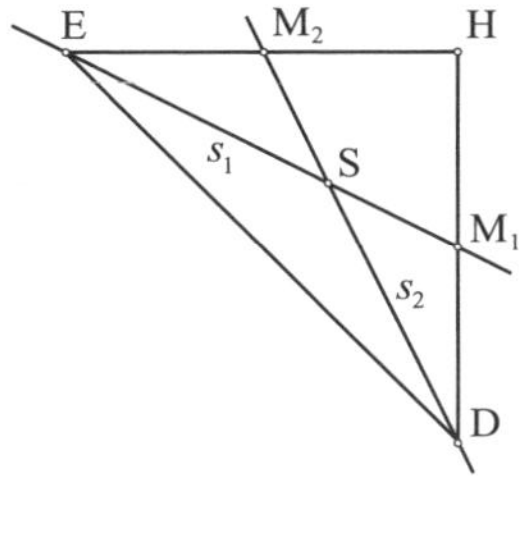

$$s_1: \vec{x} = \overrightarrow{OE} + r \cdot \overrightarrow{EM_1} = \begin{pmatrix} 0 \\ 0 \\ 2 \end{pmatrix} + r \cdot \begin{pmatrix} 0 \\ 2 \\ -1 \end{pmatrix}; \ r \in \mathbb{R}$$

$$s_2: \vec{x} = \overrightarrow{OD} + s \cdot \overrightarrow{DM_2} = \begin{pmatrix} 0 \\ 2 \\ 0 \end{pmatrix} + s \cdot \begin{pmatrix} 0 \\ -1 \\ 2 \end{pmatrix}; \ s \in \mathbb{R}$$

Schneidet man s_1 mit s_2, so erhält man folgendes Gleichungssystem:

$$\begin{array}{llcccccc} \text{I} & 0 & + & 0r & = & 0 & + & 0s \\ \text{II} & 0 & + & 2r & = & 2 & - & s \\ \text{III} & 2 & - & r & = & 0 & + & 2s \end{array}$$

$\Rightarrow s = \frac{2}{3}$ und $r = \frac{2}{3}$ (CAS).
Durch Einsetzen von s in s_2 bzw. r in s_1 erhält man die Koordinaten des Schwerpunkts des Dreiecks EHD: $S\left(0 \mid \frac{4}{3} \mid \frac{4}{3}\right)$.

c) Um zu zeigen Sie, dass die Gerade $g: \vec{x} = t \cdot \begin{pmatrix} 5 \\ 3 \end{pmatrix}; \ t \in \mathbb{R}$ Fixgerade von α ist, d.h. auf sich selbst abgebildet wird, setzt man die Koordinaten von g in α ein und erhält:

$$\begin{pmatrix} 2 & 10 \\ 6 & -2 \end{pmatrix} \cdot \left(t \cdot \begin{pmatrix} 5 \\ 3 \end{pmatrix}\right) = \begin{pmatrix} 2 & 10 \\ 6 & -2 \end{pmatrix} \cdot \begin{pmatrix} 5t \\ 3t \end{pmatrix}$$

$$= \begin{pmatrix} 2 \cdot 5t + 10 \cdot 3t \\ 6 \cdot 5t + (-2) \cdot 3t \end{pmatrix} = \begin{pmatrix} 40t \\ 24t \end{pmatrix} = t \cdot \begin{pmatrix} 40 \\ 24 \end{pmatrix}$$

Die Bildgerade g' hat somit die Gleichung: $g': \vec{x} = t \cdot \begin{pmatrix} 40 \\ 24 \end{pmatrix}; \ t \in \mathbb{R}$.

Da die Geraden g und g' Ursprungsgeraden mit gleicher Richtung sind, sind sie identisch. Also ist die Gerade g Fixgerade von α.

Wenn ein Punkt $P(a \mid b)$ durch α auf sich selbst abgebildet wird, muss gelten:

$$\vec{p} = \begin{pmatrix} 2 & 10 \\ 6 & -2 \end{pmatrix} \cdot \vec{p} \text{ bzw. } \begin{pmatrix} a \\ b \end{pmatrix} = \begin{pmatrix} 2 & 10 \\ 6 & -2 \end{pmatrix} \cdot \begin{pmatrix} a \\ b \end{pmatrix}.$$

Dies führt zu folgendem Gleichungssystem:

$$\begin{array}{llccccc} \text{I} & a & = & 2a & + & 10b \\ \text{II} & b & = & 6a & - & 2b \end{array} \Rightarrow \begin{array}{llcccc} \text{I} & a & + & 10b & = & 0 \\ \text{II} & 6a & - & 3b & = & 0 \end{array}$$

Subtrahiert man Gleichung II vom 6-fachen von Gleichung I, so erhält man: $b = 0 \Rightarrow a = 0$
$\Rightarrow P(0 \mid 0)$. Also wird nur der Ursprung auf sich selbst abgebildet.

Setzt man die Koordinaten von $h: \vec{x} = \begin{pmatrix} 2 \\ 1 \end{pmatrix} + s \cdot \begin{pmatrix} -2 \\ 1 \end{pmatrix}$ in α ein, erhält man:

$$\begin{pmatrix} 2 & 10 \\ 6 & -2 \end{pmatrix} \cdot \left(\begin{pmatrix} 2 \\ 1 \end{pmatrix} + s \cdot \begin{pmatrix} -2 \\ 1 \end{pmatrix} \right) = \begin{pmatrix} 2 & 10 \\ 6 & -2 \end{pmatrix} \cdot \begin{pmatrix} 2-2s \\ 1+s \end{pmatrix}$$

$$= \begin{pmatrix} 2 \cdot (2-2s) + 10 \cdot (1+s) \\ 6 \cdot (2-2s) + (-2) \cdot (1+s) \end{pmatrix} = \begin{pmatrix} 14+6s \\ 10-14s \end{pmatrix}$$

$$= \begin{pmatrix} 14 \\ 10 \end{pmatrix} + s \cdot \begin{pmatrix} 6 \\ -14 \end{pmatrix}$$

Die Bildgerade h' hat somit die Gleichung: $h': \vec{x} = \begin{pmatrix} 14 \\ 10 \end{pmatrix} + s \cdot \begin{pmatrix} 6 \\ -14 \end{pmatrix}$; $s \in \mathbb{R}$.

28 Abbildungsmatrix – Geraden (CAS)

a) Die Richtungsvektoren der beiden Geraden g und h sind nicht kollinear (bzw. linear abhängig/parallel), da es keine Zahl $k \in \mathbb{R}$ gibt, so dass $k \cdot \begin{pmatrix} 2 \\ 2 \\ -1 \end{pmatrix} = \begin{pmatrix} 0 \\ 1 \\ -1 \end{pmatrix}$. Daher müssen sich g und h schneiden oder windschief sein.

Um zu zeigen, dass sich die Geraden schneiden, werden die Gleichungen von g und h gleich gesetzt:

$$\begin{pmatrix} 1 \\ 0 \\ 1 \end{pmatrix} + r \cdot \begin{pmatrix} 2 \\ 2 \\ -1 \end{pmatrix} = \begin{pmatrix} -5 \\ -1 \\ -1 \end{pmatrix} + s \cdot \begin{pmatrix} 0 \\ 1 \\ -1 \end{pmatrix}$$

Dies führt auf folgendes Gleichungssystem:

$$\begin{array}{lccccccc} \text{I} & 1 & + & 2r & = & -5 & & \\ \text{II} & & & 2r & = & -1 & + & s \\ \text{III} & 1 & - & r & = & -1 & - & s \end{array}$$

Aus Gleichung I folgt $2r = -6 \Rightarrow r = -3$. Einsetzen von $r = -3$ in Gleichung II liefert $s = -5$. Zur Kontrolle werden $r = -3$ und $s = -5$ in Gleichung III eingesetzt: $1 - (-3) = -1 - (-5) \Rightarrow 4 = 4$. Da sich bei Gleichung III kein Widerspruch ergab, schneiden sich die Geraden.

Alternativ hätte man mit dem CAS auch folgende Matrix vereinfachen können:

$$\begin{pmatrix} 2 & 0 & -6 \\ 2 & -1 & -1 \\ -1 & 1 & -2 \end{pmatrix} \Rightarrow \begin{pmatrix} 1 & 0 & -3 \\ 0 & 1 & -5 \\ 0 & 0 & 0 \end{pmatrix} \text{ (CAS)}$$

Damit ist $r = -3$ und $s = -5$ wie oben.

Setzt man $r = -3$ und $s = -5$ in die Geradengleichungen von g bzw. h ein, so erhält man die Koordinaten des Schnittpunkts: S $(-5 \mid -6 \mid 4)$.

Für den Schnittwinkel α der Geraden g und h benötigt man die zugehörigen Richtungsvektoren $\overrightarrow{r_g} = \begin{pmatrix} 2 \\ 2 \\ -1 \end{pmatrix}$ und $\overrightarrow{r_h} = \begin{pmatrix} 0 \\ 1 \\ -1 \end{pmatrix}$:

$$\cos\alpha = \frac{|\overrightarrow{r_g} \cdot \overrightarrow{r_h}|}{|\overrightarrow{r_g}| \cdot |\overrightarrow{r_h}|} = \frac{\left| \begin{pmatrix} 2 \\ 2 \\ -1 \end{pmatrix} \cdot \begin{pmatrix} 0 \\ 1 \\ -1 \end{pmatrix} \right|}{\left| \begin{pmatrix} 2 \\ 2 \\ -1 \end{pmatrix} \right| \cdot \left| \begin{pmatrix} 0 \\ 1 \\ -1 \end{pmatrix} \right|} = \frac{|2+1|}{\sqrt{9} \cdot \sqrt{2}} = \frac{3}{3 \cdot \sqrt{2}} = \frac{1}{\sqrt{2}} \Rightarrow \alpha = 45^\circ$$

b) Um den Abstand d des Punktes P von der Geraden g zu bestimmen, benötigt man eine Hilfsebene E_H, die senkrecht zu g verläuft und den Punkt P enthält; ihr Normalenvektor ist der Richtungsvektor $\overrightarrow{r_g}$ der Geraden g:

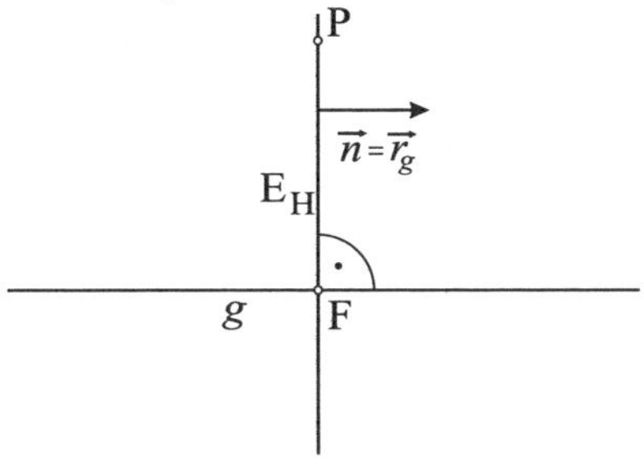

$$E_H\colon\ (\vec{x}-\vec{p})\cdot\overrightarrow{r_g}=0 \text{ bzw. } E_H\colon\ \left(\vec{x}-\begin{pmatrix}7\\3\\1\end{pmatrix}\right)\cdot\begin{pmatrix}2\\2\\-1\end{pmatrix}=0 \Rightarrow E_H\colon\ 2x_1+2x_2-x_3=19$$

Schneidet man E_H mit g, so erhält man:
$2\cdot(1+2r)+2\cdot 2r-(1-r)=19 \Rightarrow r=2$. Einsetzen von $r=2$ in die Geradengleichung von g liefert die Koordinaten des Lotfußpunkts F: $F(5\mid 4\mid -1)$.
Der Abstand d von P zu g ist die Länge der Strecke $\overline{FP}$, d.h der Betrag des Vektors $\overrightarrow{PF}$:

$$d=|\overrightarrow{PF}|=\left|\begin{pmatrix}-2\\1\\-2\end{pmatrix}\right|=\sqrt{(-2)^2+1^2+(-2)^2}=\sqrt{9}=3$$

Der Abstand des Punktes P von der Geraden g beträgt 3 LE.

c) Ein allgemeiner Punkt X auf der Geraden h hat die Koordinaten: $X(-5\mid -1+s\mid -1-s)$
Für den Verbindungsvektor $\overrightarrow{PX}$ gilt also:

$$\overrightarrow{PX}=\begin{pmatrix}-5\\-1+s\\-1-s\end{pmatrix}-\begin{pmatrix}7\\3\\1\end{pmatrix}=\begin{pmatrix}-12\\-4+s\\-2-s\end{pmatrix}$$

Da die Strecke $\overline{PX}$ eine Länge von 18 LE haben soll, muss die Länge des Verbindungsvektors $\overrightarrow{PX}$ 18 LE betragen:

$$|\overrightarrow{PX}|=18 \text{ bzw. } \left|\begin{pmatrix}-12\\-4+s\\-2-s\end{pmatrix}\right|=18 \Rightarrow \sqrt{(-12)^2+(-4+s)^2+(-2-s)^2}=18$$

Löst man diese Gleichung mit dem CAS, so erhält man: $s_1=-8$ und $s_2=10$.

Alternativ kann man die Gleichung «von Hand» lösen:
$\sqrt{(-12)^2+(-4+s)^2+(-2-s)^2}=18 \Rightarrow \sqrt{2s^2-4s+164}=18 \Rightarrow 2s^2-4s+164=324$
$\Rightarrow s^2-2s-80=0$. Lösen mit der pq- oder abc-Formel führt auf die beiden Lösungen

$s_1 = -8$ und $s_2 = 10$.

Setzt man $s_1 = -8$ in h ein, so erhält man: $X_1\,(-5\,|\,-9\,|\,7)$.

Setzt man $s_2 = 10$ in h ein, so erhält man: $X_2\,(-5\,|\,9\,|\,-11)$.

Damit gibt es genau zwei Punkte auf der Geraden h, die von P den Abstand 18 LE haben.

d) Als Ansatz für die affine Abbildung α verwendet man:

$$\alpha\colon \begin{pmatrix} x_1{}' \\ x_2{}' \end{pmatrix} = \begin{pmatrix} a_1 & b_1 \\ a_2 & b_2 \end{pmatrix} \cdot \begin{pmatrix} x_1 \\ x_2 \end{pmatrix} + \begin{pmatrix} c_1 \\ c_2 \end{pmatrix}$$

bzw.

$$\begin{aligned} x_1{}' &= a_1x_1 + b_1x_2 + c_1 \\ x_2{}' &= a_2x_1 + b_2x_2 + c_2 \end{aligned}$$

Setzt man die Koordinaten von $A\,(1\,|\,0)$, $A'(0\,|\,-1)$, $B\,(2\,|\,3)$, $B'(-3\,|\,7)$, $C\,(0\,|\,3)$ und $C'(-3\,|\,9)$ in α ein, so erhält man folgende Gleichungssysteme:

$$\begin{array}{lrcrcrcr} \text{I} & 0 & = & a_1 & & & + & c_1 \\ \text{II} & -3 & = & 2a_1 & + & 3b_1 & + & c_1 \\ \text{III} & -3 & = & & & 3b_1 & + & c_1 \end{array}$$

und

$$\begin{array}{lrcrcrcr} \text{IV} & -1 & = & a_2 & & & + & c_2 \\ \text{V} & 7 & = & 2a_2 & + & 3b_2 & + & c_2 \\ \text{VI} & 9 & = & & & 3b_2 & + & c_2 \end{array}$$

Subtrahiert man Gleichung III von Gleichung II, so erhält man: $a_1 = 0 \Rightarrow c_1 = 0$ und $b_1 = -1$.

Subtrahiert man Gleichung VI von Gleichung V, so erhält man: $a_2 = -1 \Rightarrow c_2 = 0$ und $b_2 = 3$.

Somit hat die affine Abbildung α folgende Matrixdarstellung:

$$\alpha\colon \vec{x}' = \begin{pmatrix} 0 & -1 \\ -1 & 3 \end{pmatrix} \cdot \vec{x}$$

Setzt man die Koordinaten der x_1-Achse: $\vec{x} = t \cdot \begin{pmatrix} 1 \\ 0 \end{pmatrix}$; $t \in \mathbb{R}$ in α ein, so erhält man:

$$\begin{pmatrix} 0 & -1 \\ -1 & 3 \end{pmatrix} \cdot \left(t \cdot \begin{pmatrix} 1 \\ 0 \end{pmatrix} \right) = \begin{pmatrix} 0 & -1 \\ -1 & 3 \end{pmatrix} \cdot \begin{pmatrix} t \\ 0 \end{pmatrix} = \begin{pmatrix} 0 \\ -t \end{pmatrix} = t \cdot \begin{pmatrix} 0 \\ -1 \end{pmatrix}$$

Das Bild der x_1-Achse ist somit die Gerade mit der Gleichung $\vec{x} = t \cdot \begin{pmatrix} 0 \\ -1 \end{pmatrix}$; $t \in \mathbb{R}$.

Wegen $x_1 = 0$ ist diese Gerade die x_2-Achse.

Setzt man die Koordinaten der x_2-Achse: $\vec{x} = t \cdot \begin{pmatrix} 0 \\ 1 \end{pmatrix}$; $t \in \mathbb{R}$ in α ein, so erhält man:

$$\begin{pmatrix} 0 & -1 \\ -1 & 3 \end{pmatrix} \cdot \left(t \cdot \begin{pmatrix} 0 \\ 1 \end{pmatrix} \right) = \begin{pmatrix} 0 & -1 \\ -1 & 3 \end{pmatrix} \cdot \begin{pmatrix} 0 \\ t \end{pmatrix} = \begin{pmatrix} -t \\ 3t \end{pmatrix} = t \cdot \begin{pmatrix} -1 \\ 3 \end{pmatrix}$$

Das Bild der x_2-Achse ist somit die Gerade mit der Gleichung $\vec{x} = t \cdot \begin{pmatrix} -1 \\ 3 \end{pmatrix}$; $t \in \mathbb{R}$.

Also wird nur die x_1-Achse durch α auf die x_2-Achse abgebildet.

29 Übergangsmatrix – Ebenen (CAS)

a) Die Normalenvektoren $\overrightarrow{n_1} = \begin{pmatrix} 2 \\ 2 \\ 1 \end{pmatrix}$ von E_1 und $\overrightarrow{n_2} = \begin{pmatrix} -1 \\ 2 \\ 2 \end{pmatrix}$ von E_2 sind nicht linear abhängig (kollinear), da es kein $k \in \mathbb{R}$ gibt, so dass $k \cdot \begin{pmatrix} 2 \\ 2 \\ 1 \end{pmatrix} = \begin{pmatrix} -1 \\ 2 \\ 2 \end{pmatrix}$. Daher sind die beiden Ebenen nicht parallel, sie schneiden sich also in einer Geraden.

Zur Bestimmung der Schnittgeraden stellt man folgende Matrix auf:

$$\begin{pmatrix} 2 & 2 & 1 & 6 \\ -1 & 2 & 2 & 12 \end{pmatrix} \text{ bzw. } \begin{pmatrix} 1 & 0 & -\frac{1}{3} & -2 \\ 0 & 1 & \frac{5}{6} & 5 \end{pmatrix} \text{ (CAS)}$$

Dies führt zum folgenden Gleichungssystem:

$$\begin{array}{llcll} \text{I} & x_1 & - & \frac{1}{3}x_3 & = -2 \\ \text{II} & x_2 & + & \frac{5}{6}x_3 & = 5 \end{array}$$

Wählt man $x_3 = t$, so gilt: $x_1 = -2 + \frac{1}{3}t$ und $x_2 = 5 - \frac{5}{6}t$.

Somit erhält man folgende Gleichung der Schnittgeraden g:

$$g\colon \vec{x} = \begin{pmatrix} -2 \\ 5 \\ 0 \end{pmatrix} + t \cdot \begin{pmatrix} \frac{1}{3} \\ -\frac{5}{6} \\ 1 \end{pmatrix} \text{ bzw. } g\colon \vec{x} = \begin{pmatrix} -2 \\ 5 \\ 0 \end{pmatrix} + t \cdot \begin{pmatrix} 2 \\ -5 \\ 6 \end{pmatrix}.$$

Alternativ kann man von Hand folgendes Gleichungssystem lösen:

$$\begin{array}{llclcll} \text{I} & 2x_1 & + & 2x_2 & + & x_3 & = 6 \\ \text{II} & -x_1 & + & 2x_2 & + & 2x_3 & = 12 \end{array}$$

Subtrahiert man Gleichung II von Gleichung I, so erhält man: $3x_1 - x_3 = -6$

Wählt man $x_3 = t$, so ist $x_1 = -2 + \frac{1}{3}t$.

Setzt man diese Werte in Gleichung I ein, so erhält man:

$2 \cdot \left(-2 + \frac{t}{3}\right) + 2x_2 + t = 6 \Rightarrow x_2 = 5 - \frac{5}{6}t$.

Damit erhält man als Gleichung der Schnittgeraden wie oben:

$$g\colon \vec{x} = \begin{pmatrix} -2 \\ 5 \\ 0 \end{pmatrix} + t \cdot \begin{pmatrix} \frac{1}{3} \\ -\frac{5}{6} \\ 1 \end{pmatrix} \text{ bzw. } g\colon \vec{x} = \begin{pmatrix} -2 \\ 5 \\ 0 \end{pmatrix} + t \cdot \begin{pmatrix} 2 \\ -5 \\ 6 \end{pmatrix}.$$

b) Schneidet man die drei Ebenen E_1, E_2 und E_3, so erhält man folgende Matrix:

$$\begin{pmatrix} 2 & 2 & 1 & 6 \\ -1 & 2 & 2 & 12 \\ 1 & 1 & 1 & 9 \end{pmatrix} \text{ bzw. } \begin{pmatrix} 1 & 0 & 0 & 2 \\ 0 & 1 & 0 & -5 \\ 0 & 0 & 1 & 12 \end{pmatrix} \text{ (CAS)}$$

Die drei Ebenen schneiden sich also in einem eindeutig bestimmten Punkt $P(2 \mid -5 \mid 12)$.

Alternativ kann man das Gleichungssystem «von Hand» lösen:

$$\begin{array}{lrcrcrcr} \text{I} & 2x_1 & + & 2x_2 & + & x_3 & = & 6 \\ \text{II} & -x_1 & + & 2x_2 & + & 2x_3 & = & 12 \\ \text{III} & x_1 & + & x_2 & + & x_3 & = & 9 \end{array}$$

Zuerst wird Gleichung II mit 2 und Gleichung III mit (-2) multipliziert, dann wird jeweils Gleichung I zu den beiden Gleichungen addiert. Es ergibt sich ein Gleichungssystem, das bereits Stufenform hat:

$$\begin{array}{lrcrcrcr} \text{I} & 2x_1 & + & 2x_2 & + & x_3 & = & 6 \\ \text{IIa} & & & 6x_2 & + & 5x_3 & = & 30 \\ \text{IIIa} & & & & - & x_3 & = & -12 \end{array}$$

Man setzt nun IIIa in IIa und die damit erhaltenen Werte für x_2 und x_3 in I ein. Man erhält somit wie oben einen eindeutig bestimmten Schnittpunkt P: $P(2 \mid -5 \mid 12)$.

Als weitere Alternative kann man die in Aufgabenteil a) ermittelte Schnittgerade g in $E_3: x_1 + x_2 + x_3 = 9$ einsetzen: $-2 + 2t + 5 - 5t + 6t = 9 \Rightarrow t = 2$.

Setzt man $t = 2$ in die Schnittgerade ein, erhält man

$\vec{p} = \begin{pmatrix} -2 \\ 5 \\ 0 \end{pmatrix} + 2 \cdot \begin{pmatrix} 2 \\ -5 \\ 6 \end{pmatrix} = \begin{pmatrix} 2 \\ -5 \\ 12 \end{pmatrix}$ und damit den selben Schnittpunkt P.

Die Aussage, dass drei Ebenen immer einen allen Ebenen gemeinsamen Schnittpunkt haben, ist falsch.

Mögliche Fälle, in denen dies nicht der Fall ist:

- Alle drei Ebenen sind zueinander parallel, dann gibt es keinen Schnittpunkt.
- Genau zwei der drei Ebenen sind zueinander parallel, dann gibt es zwei Schnittgeraden beim Schnitt der beiden parallelen Ebenen mit der dritten Ebene.

c) Die Eingangswerte x_1, x_2 und x_3 sind die Anzahl an Kunden von H_1, H_2 und H_3.
Jeweils 10 % der Kunden von H_2 bzw. H_3 wechseln zu H_1, 60 % der Kunden von H_1 bleiben bei H_1.
Somit gilt für die neue Anzahl der Kunden von H_1:
$y_1 = 0,6 \cdot x_1 + 0,1 \cdot x_2 + 0,1 \cdot x_3$
30 % der Kunden von H_1 und 20 % der Kunden von H_3 wechseln zu H_2, 80 % der Kunden von H_2 bleiben bei H_2.
Somit gilt für die neue Anzahl der Kunden von H_2:
$y_2 = 0,3 \cdot x_1 + 0,8 \cdot x_2 + 0,2 \cdot x_3$
Jeweils 10 % der Kunden von H_1 bzw. H_2 wechseln zu H_3, 70 % der Kunden von H_3 bleiben bei H_3.
Somit gilt für die neue Anzahl der Kunden von H_3:
$y_3 = 0,1 \cdot x_1 + 0,1 \cdot x_2 + 0,7 \cdot x_3$

Als Übergangsmatrix ergibt sich: $M = \begin{pmatrix} 0,6 & 0,1 & 0,1 \\ 0,3 & 0,8 & 0,2 \\ 0,1 & 0,1 & 0,7 \end{pmatrix}$

Man erhält die Kundenverteilung nach zwei Jahren, indem man zuerst die Matrix M mit sich selbst multipliziert und anschließend das Ergebnis mit den

Eingangswerten $\begin{pmatrix} 18 \\ 15 \\ 11 \end{pmatrix}$ (in Millionen) multipliziert:

$$M^2 = \begin{pmatrix} 0,6 & 0,1 & 0,1 \\ 0,3 & 0,8 & 0,2 \\ 0,1 & 0,1 & 0,7 \end{pmatrix}^2 = \begin{pmatrix} 0,40 & 0,15 & 0,15 \\ 0,44 & 0,69 & 0,33 \\ 0,16 & 0,16 & 0,52 \end{pmatrix} \text{(CAS)}$$

$$M^2 \cdot \begin{pmatrix} 18 \\ 15 \\ 11 \end{pmatrix} = \begin{pmatrix} 0,40 & 0,15 & 0,15 \\ 0,44 & 0,69 & 0,33 \\ 0,16 & 0,16 & 0,52 \end{pmatrix} \cdot \begin{pmatrix} 18 \\ 15 \\ 11 \end{pmatrix} = \begin{pmatrix} 11,1 \\ 21,9 \\ 11,0 \end{pmatrix}$$

Nach zwei Jahren hat H_1 11,1 Millionen Kunden, H_2 hat 21,9 Millionen Kunden und H_3 hat 11 Millionen Kunden.

Man erhält die Kundenverteilung nach fünf Jahren, indem man zuerst die Matrix M fünfmal mit sich selbst multipliziert und anschließend das Ergebnis mit den

Eingangswerten $\begin{pmatrix} 18 \\ 15 \\ 11 \end{pmatrix}$ (in Millionen) multipliziert:

$$M^5 = \begin{pmatrix} 0,6 & 0,1 & 0,1 \\ 0,3 & 0,8 & 0,2 \\ 0,1 & 0,1 & 0,7 \end{pmatrix}^5 \approx \begin{pmatrix} 0,23 & 0,19 & 0,19 \\ 0,54 & 0,58 & 0,50 \\ 0,23 & 0,23 & 0,31 \end{pmatrix}$$

$$M^5 \cdot \begin{pmatrix} 18 \\ 15 \\ 11 \end{pmatrix} \approx \begin{pmatrix} 0,23 & 0,19 & 0,19 \\ 0,54 & 0,58 & 0,50 \\ 0,23 & 0,23 & 0,31 \end{pmatrix} \cdot \begin{pmatrix} 18 \\ 15 \\ 11 \end{pmatrix} \approx \begin{pmatrix} 9,1 \\ 23,9 \\ 11,0 \end{pmatrix}$$

Nach fünf Jahren hat H_1 etwa 9,1 Millionen Kunden, H_2 hat etwa 23,9 Millionen Kunden und H_3 hat etwa 11 Millionen Kunden.

Um eine Gleichgewichtsverteilung (Eingangswerte = Ausgangswerte) für die Anzahl der Kunden zu bestimmen, muss gelten:

$$M \cdot \vec{x} = \vec{x} \text{ bzw. } \begin{pmatrix} 0,6 & 0,1 & 0,1 \\ 0,3 & 0,8 & 0,2 \\ 0,1 & 0,1 & 0,7 \end{pmatrix} \cdot \begin{pmatrix} x_1 \\ x_2 \\ x_3 \end{pmatrix} = \begin{pmatrix} x_1 \\ x_2 \\ x_3 \end{pmatrix}$$

Dies führt zu folgendem Gleichungssystem:

$$\begin{array}{llllllll} \text{I} & 0,6x_1 & + & 0,1x_2 & + & 0,1x_3 & = & x_1 \\ \text{II} & 0,3x_1 & + & 0,8x_2 & + & 0,2x_3 & = & x_2 \\ \text{III} & 0,1x_1 & + & 0,1x_2 & + & 0,7x_3 & = & x_3 \end{array}$$

bzw.

$$\begin{array}{llllllll} \text{I} & -0,4x_1 & + & 0,1x_2 & + & 0,1x_3 & = & 0 \\ \text{II} & 0,3x_1 & - & 0,2x_2 & + & 0,2x_3 & = & 0 \\ \text{III} & 0,1x_1 & + & 0,1x_2 & - & 0,3x_3 & = & 0 \end{array}$$

daraus folgt:

$$\begin{array}{llllllll} \text{I} & x_1 & & & - & 0,8x_3 & = & 0 \\ \text{II} & & & x_2 & - & 2,2x_3 & = & 0 \quad \text{(CAS)} \\ \text{III} & & & & & 0 & = & 0 \end{array}$$

Setzt man $x_3 = t$, so erhält man: $x_2 = 2,2t$ und $x_1 = 0,8t$.

Wegen $x_1 + x_2 + x_3 = 0,8t + 2,2t + t = 4t$ und $x_1 + x_2 + x_3 = 18 + 15 + 11 = 44$ gilt:

$4t = 44 \Rightarrow t = 11$. Somit ist:

$x_1 = 0,8t = 8,8$

$x_2 = 2,2t = 24,2$

$x_3 = t = 11$

Also erhält man eine Gleichgewichtsverteilung, wenn H_1 8,8 Millionen Kunden, H_2 24,2 Millionen Kunden und H_3 11 Millionen Kunden hat.

Stochastik

30 Handys

a) Da bei den Handys nur die Ausfälle «fehlerhaft» und «fehlerfrei» unterschieden werden, kann die Ziehung eines Handys als Bernoulli-Experiment angesehen werden. Ferner handelt es sich um Massenproduktion, so dass sich die Wahrscheinlichkeit beim Ziehen ohne Zurücklegen nur unwesentlich ändert. Somit kann mit einer binomialverteilten Zufallsgröße der Kettenlänge $n = 100$ mit der Trefferwahrscheinlichkeit $p = 0,1$ für «Handy ist fehlerhaft» gerechnet werden; die Zufallsvariable X gebe also die Anzahl der fehlerhaften Handys an.

Es ergeben sich mit Hilfe der Tabelle auf Seite 181 für die gesuchten Ereignisse folgende Wahrscheinlichkeiten:
$P(A) = P(\text{weniger als 5 fehlerhafte Handys}) = P(X \leqslant 4) = 0,0237 = 2,37\,\%$.
$P(B) = P(\text{genau 3 fehlerhafte Handys})$
$= P(X = 3) = P(X \leqslant 3) - P(X \leqslant 2) = 0,0078 - 0,0019 = 0,0059 = 0,59\,\%$.
$P(C) = P(\text{mindestens 90 Handys funktionieren}) = P(\text{höchstens 10 fehlerhafte Handys})$
$= P(X \leqslant 10) = 0,5832 = 58,32\,\%$.

b) Um das kleinstmögliche Intervall mit Mittelpunkt 10 zu bestimmen, bei dem die Anzahl der fehlerhaften Handys bei 100 betrachteten Handys mit einer Wahrscheinlichkeit von mindestens 95 % liegt, berechnet man diese Wahrscheinlichkeit für verschiedene Intervalle:
$P(9 \leqslant X \leqslant 11) = P(X \leqslant 11) - P(X \leqslant 8) = 0,7030 - 0,3209 = 0,3821 = 38,21\,\%$.
$P(8 \leqslant X \leqslant 12) = P(X \leqslant 12) - P(X \leqslant 7) = 0,8018 - 0,2061 = 0,5957 = 59,57\,\%$.
$P(7 \leqslant X \leqslant 13) = P(X \leqslant 13) - P(X \leqslant 6) = 0,8761 - 0,1172 = 0,7589 = 75,89\,\%$.
$P(6 \leqslant X \leqslant 14) = P(X \leqslant 14) - P(X \leqslant 5) = 0,9274 - 0,0576 = 0,8698 = 86,98\,\%$.
$P(5 \leqslant X \leqslant 15) = P(X \leqslant 15) - P(X \leqslant 4) = 0,9601 - 0,0237 = 0,9364 = 93,64\,\%$.
$P(4 \leqslant X \leqslant 16) = P(X \leqslant 16) - P(X \leqslant 3) = 0,9794 - 0,0078 = 0,9716 = 97,16\,\%$.
Damit ist $[4; 16]$ das kleinstmögliche Intervall mit den geforderten Eigenschaften.

Um die Anzahl der Handys zu bestimmen, die entnommen werden müssen, so dass mit einer Wahrscheinlichkeit von mehr als 99 % wenigstens ein fehlerhaftes dabei ist, rechnet man mit dem Gegenereignis «kein fehlerhaftes Handy». Die Wahrscheinlichkeit, kein fehlerhaftes Handy zu ziehen, beträgt pro Ziehung 0,9. Werden nun n Handys entnommen, so gilt:
$P(\text{wenigstens ein fehlerhaftes Handy}) = 1 - P(\text{kein fehlerhaftes Handy}) = 1 - 0,9^n$.
Damit diese Wahrscheinlichkeit mindestens 99 % beträgt, ist folgende Ungleichung zu lösen:
$1 - 0,9^n \geqslant 0,99 \Rightarrow 0,9^n \leqslant 0,01 \Rightarrow n \cdot \ln(0,9) \leqslant \ln(0,01) \Rightarrow n \geqslant \frac{\ln(0,01)}{\ln(0,9)} \approx 43,7$.

Es müssen also mindestens 44 Handys entnommen werden, um mit einer Wahrscheinlichkeit von mindestens 99 % mindestens ein fehlerhaftes Handy zu erhalten.

c) Es sei F: Handy fehlerhaft und A: Handy ausgesondert.
Es gelten entsprechend der gegebenen Daten folgende Wahrscheinlichkeiten:
$P(F) = 0{,}1$ und $P(\overline{F} \cap A) = 0{,}04$ sowie $P(\overline{A}) = 0{,}93$.
Hieraus folgt: $P(\overline{F}) = 1 - P(F) = 1 - 0{,}1 = 0{,}9$ und $P(A) = 1 - P(\overline{A}) = 1 - 0{,}93 = 0{,}07$.
Trägt man diese Wahrscheinlichkeiten in eine Vierfeldertafel ein und ergänzt diese, so ergibt sich:

	A	$\overline{A}$	
F	0,03	0,07	0,1
$\overline{F}$	0,04	0,86	0,9
	0,07	0,93	1

Die Wahrscheinlichkeit, dass ein Handy fehlerhaft ist und ausgesondert wird, kann aus der Vierfeldertafel abgelesen werden: $P(F \cap A) = 0{,}03 = 3\,\%$.
Der Anteil der fehlerhaften und ausgesonderten Handys im Verhältnis zu allen fehlerhaften Handys ist: $\frac{0{,}03}{0{,}1} = 30\,\%$.

d) Die Nullhypothese lautet: H_0: $p \leqslant 0{,}04$ bei Treffer «Handy fehlerhaft» und $n = 100$.
Es handelt sich um einen rechtsseitigen Test mit der Irrtumswahrscheinlichkeit $\alpha = 5\,\%$.
Ist X die Anzahl der fehlerhaften Handys, so liefert die Tabelle:
$P(X \leqslant 6) = 0{,}8936 \Rightarrow P(X > 6) = 1 - P(X \leqslant 6) = 1 - 0{,}8936 = 0{,}1064 = 10{,}64\,\%$.
$P(X \leqslant 7) = 0{,}9525 \Rightarrow P(X > 7) = 1 - P(X \leqslant 7) = 1 - 0{,}9525 = 0{,}0475 = 4{,}75\,\%$.
Da für die Zahlen des Ablehnungsbereichs $\overline{A^*}$ die Wahrscheinlichkeit höchstens den Wert $\alpha = 5\,\%$ erreichen darf, ist der Ablehnungsbereich $\overline{A^*} = \{8, ..., 100\}$ und der Annahmebereich ist demzufolge $A^* = \{0, ..., 7\}$.
Da 7 nicht im Ablehnungsbereich liegt, kann der Großhändler nicht schließen, dass die Firma Noko eine falsche Angabe gemacht hat.

31 Glücksspiel 1

a) Um eine Übersicht über alle möglichen Ausgänge des Spiels und deren Wahrscheinlichkeiten zu erhalten, bietet es sich an, ein Baumdiagramm zu zeichnen. Dabei ist darauf zu achten, dass sich nach Ziehung einer roten Kugel die Verhältnisse in der Urne ändern.
Es ist b: blau und r: rot.

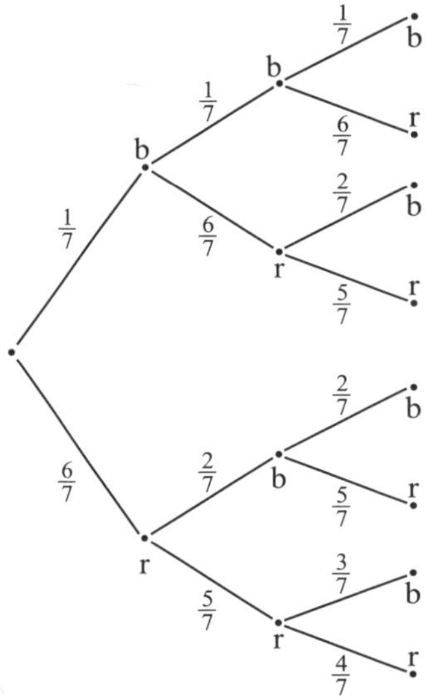

Hinweis: Die einzelnen Ziehungen sind nicht unabhängig voneinander, da die Wahrscheinlichkeitsverteilung einer Ziehung vom Ausgang der vorherigen Ziehung abhängt. Es handelt sich hier um bedingte Wahrscheinlichkeiten, für die entsprechend der Pfadregeln (Produkt- und Summenregel) folgendes gilt:

$P(A) = P(\text{nur die zweite Kugel ist rot}) = P(\text{brb})$
$= \frac{1}{7} \cdot \frac{6}{7} \cdot \frac{2}{7} = \frac{12}{343} \approx 3{,}5\,\%$

$P(B) = P(\text{genau eine blaue Kugel}) = P(\text{brr}) + P(\text{rbr}) + P(\text{rrb})$
$= \frac{1}{7} \cdot \frac{6}{7} \cdot \frac{5}{7} + \frac{6}{7} \cdot \frac{2}{7} \cdot \frac{5}{7} + \frac{6}{7} \cdot \frac{5}{7} \cdot \frac{3}{7} = \frac{180}{343} \approx 52{,}5\,\%$

$P(C) = P(\text{höchstens zwei rote Kugeln})$
$= 1 - P(\text{alle Kugeln rot}) = 1 - P(\text{rrr})$
$= 1 - \frac{6}{7} \cdot \frac{5}{7} \cdot \frac{4}{7} = \frac{223}{343} \approx 65{,}0\,\%$ (Gegenereignis).

$P(D) = P(\text{zweite Kugel blau}) = P(\text{bb}) + P(\text{rb})$
$= \frac{1}{7} \cdot \frac{1}{7} + \frac{6}{7} \cdot \frac{2}{7} = \frac{13}{49} \approx 26{,}5\,\%$

$P(E) = P(\text{mindestens eine blaue Kugel}) = 1 - P(\text{alle Kugeln rot}) = 1 - P(\text{rrr})$
$= 1 - \frac{6}{7} \cdot \frac{5}{7} \cdot \frac{4}{7} = \frac{223}{343} \approx 65{,}0\,\%$ (Gegenereignis)

b) Um die Gewinnerwartung des Standbesitzers pro Glücksspiel zu ermitteln, berechnet man für die einzelnen Ereignisse die Wahrscheinlichkeiten (mit Hilfe des Baumdiagramms und der Pfadregeln). Es ist
$P(\text{keine blaue Kugel}) = P(\text{rrr}) = \frac{6}{7} \cdot \frac{5}{7} \cdot \frac{4}{7} = \frac{120}{343}$.

$P(\text{genau eine blaue Kugel}) = P(\text{brr}) + P(\text{rbr}) + P(\text{rrb}) = P(B)$
$= \frac{1}{7} \cdot \frac{6}{7} \cdot \frac{5}{7} + \frac{6}{7} \cdot \frac{2}{7} \cdot \frac{5}{7} + \frac{6}{7} \cdot \frac{5}{7} \cdot \frac{3}{7} = \frac{180}{343}$

$P(\text{genau zwei blaue Kugeln}) = P(bbr) + P(brb) + P(rbb)$
$= \frac{1}{7} \cdot \frac{1}{7} \cdot \frac{6}{7} + \frac{1}{7} \cdot \frac{6}{7} \cdot \frac{2}{7} + \frac{6}{7} \cdot \frac{2}{7} \cdot \frac{2}{7} = \frac{42}{343}.$

$P(\text{drei blaue Kugeln}) = P(bbb) = \frac{1}{7} \cdot \frac{1}{7} \cdot \frac{1}{7} = \frac{1}{343}.$

Wird der Einsatz des Spielers mit x Euro angesetzt, erhält man folgende Tabelle:

Anzahl blaue Kugeln	0	1	2	3
Wahrscheinlichkeit	$\frac{120}{343}$	$\frac{180}{343}$	$\frac{42}{343}$	$\frac{1}{343}$
Gewinn des Standbesitzers in Euro	x	$x-2$	$x-10$	$x-50$

Die Gewinnerwartung $E(X)$ des Standbesitzers pro Spiel erhält man, indem man die Wahrscheinlichkeit jedes Ereignisses mit dem entsprechenden Gewinn multipliziert und anschließend aufsummiert:

$E(X) = \frac{120}{343} \cdot x + \frac{180}{343} \cdot (x-2) + \frac{42}{343} \cdot (x-10) + \frac{1}{343} \cdot (x-50) = x - \frac{830}{343}.$

Damit die langfristige Gewinnerwartung des Standbesitzers pro Spiel 0,58 Euro beträgt, muss gelten:

$E(X) = 0,58$. Diese Gleichung führt zu $x - \frac{830}{343} = 0,58$ bzw. $x = 0,58 + \frac{830}{343} \approx 3,00$.

Der Spieleinsatz muss also 3,- Euro betragen.

c) Zuerst bestimmt man die Wahrscheinlichkeit für das Ereignis F: mindestens eine rote Kugel bei n Ziehungen:
Hierzu verwendet man das Gegenereignis $\overline{F}$: alle n Kugeln sind blau.
Es gilt: $P(F) = 1 - P(\overline{F}) = 1 - \left(\frac{1}{7}\right)^n$.
Der Spieler behauptet, dass $P(F) \geqslant 0,99$ für alle $n \geqslant 2$.
Nun berechnet man, für welche n die Wahrscheinlichkeit $P(F) \geqslant 0,99$ gilt:
$1 - \left(\frac{1}{7}\right)^n \geqslant 0,99$ führt zu $\left(\frac{1}{7}\right)^n \leqslant 0,01 \Rightarrow n \geqslant \frac{\ln 0,01}{\ln\left(\frac{1}{7}\right)} \approx 2,37$.
Die Behauptung des Spielers ist falsch, da $P(F) \geqslant 0,99$ erst für $n \geqslant 3$ gilt.

Wenn sich in der Urne statt 6 roter Kugeln nur noch 4 befinden, beträgt die Wahrscheinlichkeit, dass bei einer Ziehung eine blaue Kugel gezogen wird, $\frac{1}{5}$.
Mit der gleichen Argumentation wie oben beträgt bei n Ziehungen die Wahrscheinlichkeit für das Ereignis F^*: mindestens eine Kugel ist rot:
$P(F^*) = 1 - \left(\frac{1}{5}\right)^n$.
Da diese mindestens 99 % betragen soll, muss gelten:
$1 - \left(\frac{1}{5}\right)^n = 0,99 \Rightarrow \left(\frac{1}{5}\right)^n = 0,01 \Rightarrow \ln\left(\frac{1}{5}\right)^n = \ln(0,01) \Rightarrow n \cdot \ln\left(\frac{1}{5}\right) = \ln(0,01)$
$\Rightarrow n = \frac{\ln(0,01)}{\ln\left(\frac{1}{5}\right)} \approx 2,86.$
Auch wenn die Anzahl der roten Kugeln auf 4 reduziert wird, muss man also mindestens dreimal ziehen, um mit einer Wahrscheinlichkeit von mindestens 99 % mindestens eine rote Kugel zu ziehen.

32 Überraschungseier

a) Allgemein gilt für eine binomialverteilte Zufallsvariable X mit Kettenlänge n und Trefferwahrscheinlichkeit p: Die Wahrscheinlichkeit für genau k Treffer beträgt:
$P(X=k) = \binom{n}{k} \cdot p^k \cdot (1-p)^{n-k}$.
In diesem Fall beschreibt X die Anzahl der Überraschungseier, die eine Filmfigur enthalten, wenn man zufällig 20 Eier erwirbt: $n = 20$, $p = \frac{1}{5}$.
Die Rechnung: $\binom{20}{2} \cdot \left(\frac{1}{5}\right)^2 \cdot \left(\frac{4}{5}\right)^{18} \approx 0{,}1369$ liefert somit die Wahrscheinlichkeit $P(X=2)$, d.h. die Wahrscheinlichkeit, dass bei 20 Eiern genau zwei Eier eine Figur aus dem Film enthalten beträgt etwa 0,1369 bzw. etwa 14 %.
Für die Wahrscheinlichkeit des Ereignisses A, dass sich in keinem Ei eine Filmfigur befindet, gilt mit $k = 0$ entsprechend:
$P(A) = P(X=0) = \binom{20}{0} \cdot \left(\frac{1}{5}\right)^0 \cdot \left(\frac{4}{5}\right)^{20} = \left(\frac{4}{5}\right)^{20} \approx 0{,}0115$ bzw. etwa 1 %.
Für die Wahrscheinlichkeit des Ereignisses B, dass sich in höchstens zwei Eiern eine Filmfigur befindet, erhält man durch Aufsummieren der Wahrscheinlichkeiten für $k = 0$, $k = 1$, und $k = 2$:

$$\begin{aligned} P(B) &= P(X=0) + P(X=1) + P(X=2) \\ &= \binom{20}{0} \cdot \left(\tfrac{1}{5}\right)^0 \cdot \left(\tfrac{4}{5}\right)^{20} + \binom{20}{1} \cdot \left(\tfrac{1}{5}\right)^1 \cdot \left(\tfrac{4}{5}\right)^{19} + \binom{20}{2} \cdot \left(\tfrac{1}{5}\right)^2 \cdot \left(\tfrac{4}{5}\right)^{18} \\ &\approx 0{,}0115 + 0{,}0577 + 0{,}1369 = 0{,}2061 \text{ bzw. etwa } 21\,\%. \end{aligned}$$

b) Um zu berechnen, wie viele Überraschungseier ein Käufer mindestens kaufen muss, um mit einer Sicherheit von 99,9 % mindestens ein Überraschungsei mit einer Filmfigur zu erhalten, stellt man folgende Ungleichung auf (wobei X wieder Zufallsvariable für die Anzahl der Filmfiguren bei n gekauften Eiern ist): $P(X \geqslant 1) \geqslant 0{,}999$.
Das Gegenereignis zu $X \geqslant 1$ ist $X < 1$, also $X = 0$ («keine Filmfigur»)
Wegen $P(X \geqslant 1) = 1 - P(X=0)$ folgt:
$P(X \geqslant 1) \geqslant 0{,}999 \Rightarrow 1 - P(X=0) \geqslant 0{,}999 \Rightarrow 1 - 0{,}999 \geqslant P(X=0)$
$\Rightarrow P(X=0) \leqslant 0{,}001$.
Es ist: $P(X=0) = \binom{n}{0} \cdot p^0 \cdot (1-p)^n = 1 \cdot 1 \cdot \left(\frac{4}{5}\right)^n$ und somit erhält man:
$P(X=0) = \left(\frac{4}{5}\right)^n \leqslant 0{,}001 \Rightarrow \ln\left(\frac{4}{5}\right)^n \leqslant \ln(0{,}001) \Rightarrow n \cdot \ln\left(\frac{4}{5}\right) \leqslant \ln(0{,}001)$
$\Rightarrow n \geqslant \frac{\ln(0{,}001)}{\ln\left(\frac{4}{5}\right)} \approx 30{,}96$.
Es müssen also mindestens 31 Eier gekauft werden.

c) Um die Zusammenhänge in einem Baumdiagramm darstellen zu können, überlegt man sich zunächst, welche Fälle auftreten können. Man kann insgesamt vier Fälle unterscheiden:
1. F_1 tritt auf und F_2 tritt auf
2. F_1 tritt auf und F_2 tritt nicht auf
3. F_1 tritt nicht auf und F_2 tritt auf
4. F_1 tritt nicht auf und F_2 tritt nicht auf

Im Folgenden bezeichnet $\overline{F_1}$ bzw. $\overline{F_2}$ den Fall, dass Fehler F_1 bzw. F_2 nicht auftritt («Gege-

nereignis»). Außerdem ist $P(F_1) = 0,075$ und $P\left(\overline{F_1} \cap \overline{F_2}\right) = 0,9$ (laut Aufgabenstellung).
In einem Baumdiagramm lässt sich dieser Zusammenhang so darstellen:

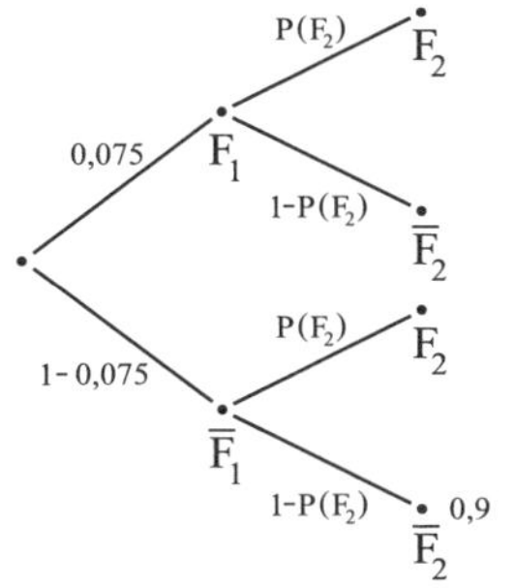

Die Fehler treten unabhängig voneinander auf, also kann die Produktregel benutzt werden: P(«Ei ist einwandfrei») $= P\left(\overline{F_1} \cap \overline{F_2}\right) = P\left(\overline{F_1}\right) \cdot P\left(\overline{F_2}\right) = 0,9$ und es gilt: $P(F_1) = 0,075$.
Mit $P\left(\overline{F_1}\right) = 1 - P(F_1)$ bzw. $P\left(\overline{F_2}\right) = 1 - P(F_2)$ folgt:
$P\left(\overline{F_1}\right) \cdot P\left(\overline{F_2}\right) = (1 - 0,075) \cdot (1 - P(F_2)) = 0,9 \Rightarrow 1 - P(F_2) = \frac{0,9}{0,925} = \frac{36}{37}$
$\Rightarrow P(F_2) = 1 - \frac{36}{37} \approx 0,027.$
Der Fehler F_2 tritt also mit einer Wahrscheinlichkeit von etwa $2,7\,\%$ auf.

d) Aus Sicht des Kunden ist die Behauptung «In jedem fünften Ei ...» nur dann abzulehnen, wenn sich zu wenige Filmfiguren in den Überraschungseiern befinden, da er einen höheren Anteil gerne akzeptiert. Es liegt hier also ein linksseitiger Signifikanztest vor.
Ein Fehler 1. Art bedeutet, dass eine richtige Hypothese abgelehnt wird.
Anschaulich heißt dies hier: Obwohl jedes fünfte Ei eine Filmfigur enthält, wird dem Hersteller Betrug vorgeworfen.
Die Zufallsvariable X beschreibe die Anzahl der Überraschungseier mit Filmfigur.
X ist binomialverteilt mit Kettenlänge $n = 100$ und Trefferwahrscheinlichkeit $p = \frac{1}{5}$.
Der Erwartungswert μ beträgt: $\mu = n \cdot p = 100 \cdot \frac{1}{5} = 20$.
Die Standardabweichung σ beträgt: $\sigma = \sqrt{n \cdot p \cdot (1-p)} = \sqrt{100 \cdot \frac{1}{5} \cdot \frac{4}{5}} = 4$.
Getestet wird die Hypothese $H_0:\ p \geqslant \frac{1}{5}$ (linksseitiger Signifikanztest).
Laut Aufgabenstellung wird die Hypothese H_0 verworfen, wenn höchstens 11 Filmfiguren gefunden werden; der Ablehnungsbereich $\overline{A}$ ist also: $\overline{A} = \{0; \ldots; 11\}$. Damit liegt der Ablehnungsbereich $\overline{A}$ außerhalb der 2σ-Umgebung des Erwartungswerts μ:
$\mu \pm 2\sigma = 20 \pm 8 > 11$.
Die Wahrscheinlichkeit für einen Fehler 1. Art ist hierbei kleiner als 2,5 %, da die Wahrscheinlichkeit aller Ereignisse innerhalb der 2σ-Umgebung des Erwartungswerts etwa 95,5 % beträgt. Somit bleiben für alle Ereignisse außerhalb der 2σ-Umgebung des Erwartungswerts nur etwa 4,5 %; jeweils 2,25 % auf jeder Seite.
Das Ereignis «$X \leqslant 11$» hat also eine Wahrscheinlichkeit von maximal 2,25 % (< 2,5 %).
Alternativ könnte man auch mit Hilfe einer Binomialverteilungstabelle mit $n = 100$ und $p = \frac{1}{5}$ diesen Wert bestätigen: Es gilt $P(X \leqslant 11) \approx 0,0126 = 1,26\,\% < 2,5\,\%$.

33 Glücksspiel 2

a) Es gibt neun verschiedene Ereignisse bei der Ziehung einer Kugel aus Urne A und einer Kugel aus Urne B. Diese sind im folgenden Baumdiagramm dargestellt:

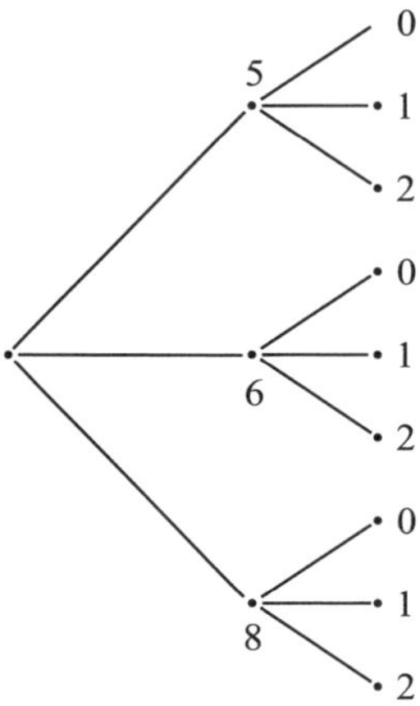

Zuerst bestimmt man die Wahrscheinlichkeiten für die einzelnen Ziehungen:
In Urne A sind insgesamt 8 Kugeln. Es gibt 3 Kugeln mit Nummer 5, 2 Kugeln mit Nummer 6 und 3 Kugeln mit Nummer 8. Somit gelten folgende Wahrscheinlichkeiten für die Ereignisse «die Kugel aus Urne A hat die Nummer 5» bzw. «6»; «8»:
$P(5) = \frac{3}{8}$; $P(6) = \frac{2}{8}$; $P(8) = \frac{3}{8}$.
In Urne B sind ebenfalls insgesamt 8 Kugeln. Es gibt 2 Kugeln mit Nummer 0, 3 Kugeln mit Nummer 1 und 3 Kugeln mit Nummer 2. Somit gelten folgende Wahrscheinlichkeiten für die Ereignisse «die Kugel aus Urne B hat die Nummer 0» bzw. «1»; «2»:
$P(0) = \frac{2}{8}$; $P(1) = \frac{3}{8}$; $P(2) = \frac{3}{8}$.
Da die Ziehung einer Kugel aus Urne A unabhängig von der Ziehung einer Kugel aus Urne B ist, gelten für die Ereignisse «Die Kugel aus Urne A hat die Nummer x und die Kugel aus Urne B hat die Nummer y» folgende Wahrscheinlichkeiten (Produktregel):

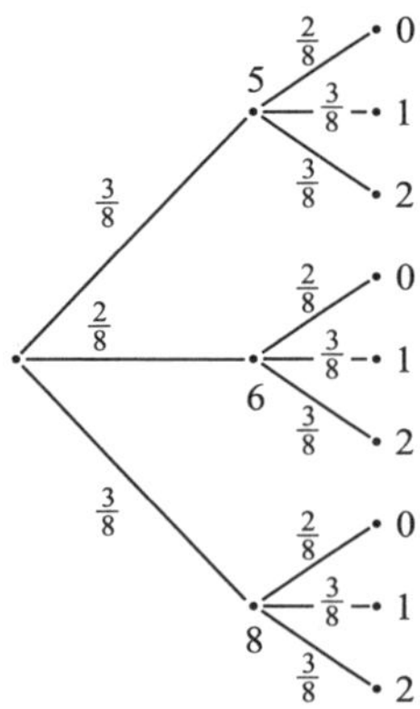

$P(5;0) = \frac{3}{8} \cdot \frac{2}{8} = \frac{6}{64}$
$P(5;1) = \frac{3}{8} \cdot \frac{3}{8} = \frac{9}{64}$
$P(5;2) = \frac{3}{8} \cdot \frac{3}{8} = \frac{9}{64}$
$P(6;0) = \frac{2}{8} \cdot \frac{2}{8} = \frac{4}{64}$
$P(6;1) = \frac{2}{8} \cdot \frac{3}{8} = \frac{6}{64}$
$P(6;2) = \frac{2}{8} \cdot \frac{3}{8} = \frac{6}{64}$
$P(8;0) = \frac{3}{8} \cdot \frac{2}{8} = \frac{6}{64}$
$P(8;1) = \frac{3}{8} \cdot \frac{3}{8} = \frac{9}{64}$
$P(8;2) = \frac{3}{8} \cdot \frac{3}{8} = \frac{9}{64}$

Um den Erwartungswert der Zufallsgröße X («Gewinn») zu bestimmen, muss man zuerst überlegen, welche Werte X annehmen kann. Dabei ist zu beachten, dass X laut Aufgabenstellung «Auszahlung minus Einsatz» ist. Folgende Fälle können auftreten:

1. Die zweite Kugel ist eine 0: Der «Gewinn» ist -2.
2. Die zweite Kugel ist eine 1: Der «Gewinn» ist -4.
3. Die zweite Kugel ist eine 2: Der Gewinn ist der Betrag der Differenz der Kugelnummern abzüglich 2 € Einsatz.

Für die neun auftretenden Ereignisse (x; y) ergibt sich also:

i	Ereignis E_i	Gewinn X_i	Wahrscheinlichkeit $P(E_i)$	$X_i \cdot P(E_i)$
1	(5;0)	-2	$\frac{6}{64}$	$-\frac{12}{64}$
2	(5;1)	-4	$\frac{9}{64}$	$-\frac{36}{64}$
3	(5;2)	$+1$	$\frac{9}{64}$	$\frac{9}{64}$
4	(6;0)	-2	$\frac{4}{64}$	$-\frac{8}{64}$
5	(6;1)	-4	$\frac{6}{64}$	$-\frac{24}{64}$
6	(6;2)	$+2$	$\frac{6}{64}$	$\frac{12}{64}$
7	(8;0)	-2	$\frac{6}{64}$	$-\frac{12}{64}$
8	(8;1)	-4	$\frac{9}{64}$	$-\frac{36}{64}$
9	(8;2)	$+4$	$\frac{9}{64}$	$\frac{36}{64}$
	$\sum$		1	$-\frac{71}{64}$

Die Summe der Werte der letzten Spalte ergibt den Erwartungswert der Zufallsgröße X:

$$E(X) = \sum_{i=1}^{9} X_i \cdot P(E_i) = -\frac{12}{64} + \left(-\frac{36}{64}\right) + \frac{9}{64} + \left(-\frac{8}{64}\right) + \left(-\frac{24}{64}\right) + \frac{12}{64} + \left(-\frac{12}{64}\right) + \left(-\frac{36}{64}\right) + \frac{36}{64}$$
$$= -\frac{71}{64} \approx -1,11$$

Da der Erwartungswert negativ ist, hat ein Spieler auf längere Sicht pro Spiel durchschnittlich mit einem Verlust von 1,11 € zu rechnen. Das Glücksspiel benachteiligt also den Spieler.

b) Es gilt nach der Aufgabenstellung für jedes Spiel: $P(\text{«Höchstgewinn»}) = 0,14$ und damit $P(\text{«kein Höchstgewinn»}) = 1 - 0,14 = 0,86$.
Sei K das Ereignis «mindestens ein Höchstgewinn bei n Spielen». Das Gegenereignis $\overline{K}$ zu K lautet: «kein Höchstgewinn bei n Spielen». Da jedes Spiel unabhängig von den vorangehenden ist, da nach jedem Spiel die gezogenen Kugeln in die entprechenden Urnen zurückgelegt werden, d.h. die Ausgangssituation wieder hergestellt wird, erhält man mit der Produktregel:
$$P(\overline{K}) = \underbrace{0,86 \cdot 0,86 \cdot \ldots \cdot 0,86}_{\text{n-mal}} = (0,86)^n$$

Daraus folgt: $P(K) = 1 - P(\overline{K}) = 1 - (0,86)^n$.

Laut Aufgabenstellung soll die Wahrscheinlichkeit für das Ereignis K mindestens 90 % betragen, also erhält man die folgende Ungleichung:

$P(K) = 1 - (0,86)^n \geqslant 0,90$ bzw. $0,1 \geqslant (0,86)^n \Rightarrow n \geqslant \frac{\ln(0,1)}{\ln(0,86)} \Rightarrow n \geqslant 15,27$

Somit muss der Spieler mindestens 16 Spiele machen, um mit einer Wahrscheinlichkeit von mindestens 90 % mindestens einen Höchstgewinn zu erzielen.

34 Wahlbeteiligung

a) Zuerst sind die fehlenden Werte der Tabelle zu berechnen:

1990:

Die Wahlbeteiligung beträgt $77,8\,\% = 0,778$. Es ist $\frac{x}{60,4} = 0,778$ also gilt

$$x = 0,778 \cdot 60,4 = 46,9912 \approx 47$$

Also betrug die Anzahl der Wähler ca. 47 Millionen.

2005:

Laut Aufgabenstellung beträgt der Mittelwert der Jahre 1990 - 2009 61,2 Millionen. Also gilt

$$\frac{60,4 + 60,5 + 60,8 + 61,4 + x + 62,2}{6} = 61,2$$

Diese Gleichung löst man nach x auf und erhält $x = 61,9$.

Nun kann auch die Wahlbeteiligung im Jahr 2005 berechnet werden:

$$\frac{48,1}{61,9} \approx 0,777 = 77,7\,\%$$

Im Jahr 2009 gab es laut Aufgabenstellung etwa 18,2 Millionen Nichtwähler.

Wenn CDU / CSU auf $33,2\,\%$ der abgegebenen Stimmen kamen, kann man daraus die absolute Anzahl der Stimmen berechnen:

$$\frac{x}{44} = 0,332 \Rightarrow x \approx 14,6$$

Es gab also etwa 14,6 Millionen CDU / CSU-Wähler. Dem stehen 18,2 Millionen Nichtwähler gegenüber. Damit ist die Aussage im Artikel richtig.

b) Es ist $\mathrm{n} = 15\,320$, die relative Häufigkeit beträgt $72,4\,\% = 0,724$. Mit Hilfe der Formel für das 95 %-Vertrauensintervall ergibt sich

$$|\mathrm{h} - \mathrm{p}| \leqslant 1,96 \cdot \sqrt{\frac{\mathrm{p} \cdot (1 - \mathrm{p})}{\mathrm{n}}}$$
$$|0,724 - \mathrm{p}| \leqslant 1,96 \cdot \sqrt{\frac{\mathrm{p} \cdot (1 - \mathrm{p})}{15\,320}}$$

Lösen mit dem GTR / CAS ergibt $[\,0,716;\ 0,731\,]$. Damit liegt die bundesweite Wahlbeteiligung auf einem Signifikanzniveau von 95 % zwischen $71,7\,\%$ und $73,1\,\%$.

Alternativ kann man auch die Näherungsformel verwenden und erhält:

$$\begin{aligned} I &= \left[\mathrm{h} - 1,96 \cdot \sqrt{\frac{\mathrm{h}(1-\mathrm{h})}{\mathrm{n}}};\ \mathrm{h} + 1,96 \cdot \sqrt{\frac{\mathrm{h}(1-\mathrm{h})}{\mathrm{n}}}\right] \\ &= \left[0,724 - 1,96 \cdot \sqrt{\frac{0,724 \cdot (1 - 0,724)}{15\,320}};\ 0,724 + 1,96 \cdot \sqrt{\frac{0,724 \cdot (1 - 0,724)}{15\,320}}\right] \\ &= [\,0,717;\ 0,731\,] \end{aligned}$$

Die tatsächliche Wahlbeteiligung betrug 70,7 % und wird nicht vom Vertrauensinterval überdeckt. Mögliche Ursachen für dieses Ergebnis können sein:

- Das Ergebnis beruht ja auf einer Schätzung, daher wird ein Intervall angegeben. Etwa 95 % dieser Intervalle überdecken den tatsächlichen Wert von 70,7 %. Es ist von daher möglich, dass das berechnete Intervall zu den 5 % gehört, die den tatsächlichen Wert nicht überdecken.
- Es könnte sein, dass die ersten Wahlbezirke, auf deren Basis die Berechnung beruht, nicht repräsentativ ausgewählt sind. Das Wahlergebnis dieser Bezirke kann von daher nicht das tatsächliche Ergebnis widerspiegeln.

Lösen der Ungleichung mit GTR und CAS

TI: GTR:
Die linke Seite der Gleichung wird als Y_1 im Funktioneneditor eingegeben, die rechte Seite der Gleichung als Y_2.
Um den Betrag einzugeben, benutzt manim Funktioneneditor [MATH] → NUM → abs(
Die Schnittpunkte der beiden Funktionsgraphen sind die Grenzen des Vertrauensintervalls.
CAS:
Mit dem CAS können Sie die Ungleichung auch direkt lösen

Casio: GTR:
Die linke Seite der Gleichung wird als Y_1 im Grafikeditor eingegeben, die rechte Seite der Gleichung als Y_2.
Um den Betrag einzugeben, benutzt man im Grafikeditor [OPT] → NUM → Abs.
Die Schnittpunkte der beiden Funktionsgraphen sind die Grenzen des Vertrauensintervalls.
CAS:
Mit dem CAS können Sie die Ungleichung auch direkt lösen, benutzen Sie am besten das 2D-Menü.

c) Die Aussage kann auf zwei verschiedene Arten beurteilt werden:

1. Allgemein: Die Gesamtanzahl n fließt nicht linear in die Berechnung des Vertrauensintervalls ein, sondern steht im Nenner der Wurzel. (Dadurch wird bei Verdopplung von n die Länge nicht halbiert, sondern nur um den Faktor $\frac{1}{\sqrt{2}}$ verkürzt. Man hätte also vier mal so viele Wahlberechtigte befragen müssen.)
2. Konkret kann man das Vertrauensintervall für $n = 30640$, $\gamma = 0,95$ und die gleiche relative Häufigkeit von $0,724$ berechnen. Es ergibt sich ein Vertrauensintervall von $[0,719; 0,729]$ mit einer Länge von $0,01$. Die Länge des oben berechneten Vertrauensintervalls beträgt $0,014$. Also hat sich die Intervalllänge nicht halbiert.

35 Bundesbürger (CAS)

a) Man kann folgendes Urnenmodell zugrunde legen:
Addiert man die Personenzahlen aller Altersgruppen, so erhält man 82 536 000 Personen. Wählt man pro Person eine Kugel, so enthält die Urne insgesamt 82 536 000 Kugeln. Somit benötigt man für die einzelnen Altersgruppen folgende Anzahlen von Kugeln:

Altersgruppe	Anzahl in Millionen	Anzahl Kugeln in Millionen
unter 6	4,623	4,623
6 bis unter 18	10,645	10,645
18 bis unter 25	6,661	6,661
25 bis unter 45	24,764	24,764
45 bis unter 65	21,404	21,404
65 und älter	14,439	14,439
gesamt	82,536	82,536

Um die gesuchten Wahrscheinlichkeiten zu berechnen, muss angenommen werden, dass die Kugel nach jeder Ziehung zurückgelegt wird, damit die Ausgangsbedingungen bei der zufälligen Auswahl eines Bürgers immer gleich sind.
Man berechnet nun die relativen Häufigkeiten h(n). Hierzu teilt man die jeweilige Anzahl pro Altersgruppe durch die Gesamtzahl:

Altersgruppe n	Durchschnittsalter D(n)	Anzahl H(n) in Tausend	relative Häufigkeit h(n)
unter 6	3	4623	0,056
6 bis unter 18	12	10645	0,129
18 bis unter 25	21	6661	0,081
25 bis unter 45	35	24764	0,300
45 bis unter 65	55	21404	0,259
65 und älter	75	14439	0,175
gesamt		82536	1

Zur Berechnung der Wahrscheinlichkeit von Ereignis E_1, dass eine Person zwischen 18 und 65 Jahren alt ist, verwendet man die Summenregel:

$$P(E_1) = P(18\,\text{bis}\,65) = P(18\,\text{bis}\,25) + P(25\,\text{bis}\,45) + P(45\,\text{bis}\,65)$$
$$= 0{,}081 + 0{,}300 + 0{,}259 = 0{,}640 = 64\,\%.$$

Zur Berechnung der Wahrscheinlichkeit von Ereignis E_2, dass mindestens eine Person nicht zwischen 6 und 18 Jahren alt ist, rechnet man mit dem Gegenereignis:

$$P(E_2) = P(\text{nicht}\,6\,\text{bis}\,18) = 1 - P(6\,\text{bis}\,18) = 1 - 0{,}129 = 0{,}871 = 87{,}1\,\%.$$

Zur Berechnung der Wahrscheinlichkeit von Ereignis E_3, dass von 100 Personen genau

11 Personen 65 Jahre alt oder älter sind, verwendet man die Formel für ein 100-stufiges Bernoulli-Experiment:

$P(E_3) = P$ (genau 11 von 100 sind 65 oder älter)$= \binom{100}{11} \cdot 0,175^{11} \cdot (1-0,175)^{89} \approx 0,024$ $= 2,4\,\%$.

Zur Berechnung der Wahrscheinlichkeit von Ereignis E_4, dass von 90 Personen weniger als 6 Kinder unter 6 Jahren sind, verwendet man die Summenformel für ein 90-stufiges Bernoulli-Experiment:

$$P(E_4) = \sum_{k=0}^{5} \binom{90}{k} \cdot 0,056^k \cdot (1-0,056)^{90-k} \approx 0,609 = 60,9\,\%.$$

b) Den Mittelwert der Daten erhält man, indem man alle Werte addiert und durch die Anzahl 50 dividiert:

$\overline{x} = \frac{x_1+\ldots..+x_{50}}{50} = 49,66.$

Den Erwartungswert des Alters eines Bundesbürgers von Tabelle 1 erhält man, indem man jeweils das Durchschnittsalter mit der relativen Häufigkeit der Altersgruppe multipliziert und anschließend die Ergebnisse addiert.

Altersgruppe n	Durchschnittsalter D(n)	relative Häufigkeit h(n)	n · h(n)
unter 6	3	0,056	0,168
6 bis unter 18	12	0,129	1,548
18 bis unter 25	21	0,081	1,701
25 bis unter 45	35	0,300	10,500
45 bis unter 65	55	0,259	14,245
65 und älter	75	0,175	13,125
Erwartungswert			41,287

Der Erwartungswert beträgt ca. 41,3 Jahre.

Damit weichen der Mittelwert der Daten und der Erwartungswert der Tabelle 1 um etwa 8,4 Jahre voneinander ab. Die Fälschung ist deutlich. Die Ursache für die Abweichung liegt u.a. darin, dass der Zufallsgenerator eine Gleichverteilung der einzelnen Altersgruppen erzeugt, was aber in der Realität nicht gegeben ist.

Bei der Stichprobe handelt es sich um einen zweiseitigen Test eines 50-stufigen Bernoulli-Experiments.

Die relative Häufigkeit der 25- bis 45-Jährigen ist $h(n) = p = 0,3$.

Mit Hilfe des CAS bestimmt man für alle möglichen Ereignisse $k = 0, \ldots, 50$ des Experiments die Binomialverteilung $P(X=k) = \binom{50}{k} \cdot p^k \cdot (1-p)^{50-k}$, wobei X Zufallsvariable ist, welche die Anzahl der 25- bis 45-jährigen angibt, sowie die Summenverteilung (kumulierte Summe):

Es ergeben sich folgende Ergebnisse:

k	....	6	7	8	9	10	11
P(X = k)		0,0016	0,0048	0,0110	0,0219	0,0387	0,0601
Summenverteilung		0,0025	0,0073	0,0183	0,0402	0,0789	0,1390

k	....	19	20	21	22	23	....
P(X = k)		0,0558	0,0370	0,0227	0,0128	0,0067	
Summenverteilung		0,9152	0,9522	0,9749	0,9877	0,9944	

Bei einer Irrtumswahrscheinlichkeit von 5 % sucht man die Werte für k, bei denen die Summenverteilung mehr als $2{,}5\,\% = 0{,}025$ bzw. weniger als $97{,}5\,\% = 0{,}975$ beträgt. Dies ist der Fall für $9 \leqslant k \leqslant 21$.
Wenn von den 50 betrachteten Personendaten zwischen 9 und 21 in der Altersgruppe der 25- bis 45-jährigen liegen, sind die Daten mit einer Wahrscheinlichkeit von 95 % richtig.

c) Es gibt 6 661 000 18- bis 25-jährige Bundesbürger (Tabelle 1), 70762 davon verursachten einen Unfall mit Personenschaden. Damit ist die Wahrscheinlichkeit des Ereignisses U_1:
$P(U_1) = \frac{70\,762}{6\,661\,000} \approx 0{,}0106.$
Es gibt 14 439 000 Bundesbürger über 65 Jahre (Tabelle 1), 22526 davon verursachten einen Unfall mit Personenschaden. Damit ist die Wahrscheinlichkeit des Ereignisses U_2:
$P(U_2) = \frac{22\,526}{14\,439\,000} \approx 0{,}00156.$
Anhand der Ergebnisse scheint das Unfallrisiko von Fahranfängern deutlich höher zu sein als bei Senioren.
Dennoch ist die Aussagekraft dieser Ergebnisse zweifelhaft, da wichtige Gesichtspunkte fehlen, wie z.B. der Anteil der Führerscheininhaber in jeder Altersgruppe, die jährliche km-Leistung, der Gesundheitszustand, Alkoholgenuss, etc...

Binomialverteilung – Summenverteilung

Wertetafel zur Binomialverteilung (n = 10; 20; 25) $P(X=k)=\binom{n}{k}\cdot p^k\cdot(1-p)^{n-k}$

n	k	p 0,01	0,05	0,1	$\frac{1}{6}$	0,2	0,25	0,3	$\frac{1}{3}$	0,4	0,5	*k*	*n*
10	0	0,9044	0,5987	0,3487	0,1615	0,1074	0,0563	0,0282	0,0173	0,0060	0,0010	*10*	*10*
	1	0,0914	0,3151	0,3874	0,3230	0,2684	0,1877	0,1211	0,0867	0,0403	0,0098	*9*	
	2	0,0042	0,0746	0,1937	0,2907	0,3020	0,2816	0,2335	0,1951	0,1209	0,0439	*8*	
	3	0,0001	0,0105	0,0574	0,1550	0,2013	0,2503	0,2668	0,2601	0,2150	0,1172	*7*	
	4	0,0000	0,0010	0,0112	0,0543	0,0881	0,1460	0,2001	0,2276	0,2508	0,2051	*6*	
	5		0,0001	0,0015	0,0130	0,0264	0,0584	0,1029	0,1366	0,2007	0,2461	*5*	
	6		0,0000	0,0001	0,0022	0,0055	0,0162	0,0368	0,0569	0,1115	0,2051	*4*	
	7			0,0000	0,0002	0,0008	0,0031	0,0090	0,0163	0,0425	0,1172	*3*	
	8				0,0000	0,0001	0,0004	0,0014	0,0030	0,0106	0,0439	*2*	
	9					0,0000	0,0000	0,0001	0,0003	0,0016	0,0098	*1*	
	10							0,0000	0,0000	0,0001	0,0010	*0*	
20	0	0,8179	0,3585	0,1216	0,0261	0,0115	0,0032	0,0008	0,0003	0,0000		*20*	*20*
	1	0,1652	0,3774	0,2702	0,1043	0,0576	0,0211	0,0068	0,0030	0,0005	0,0000	*19*	
	2	0,0159	0,1887	0,2852	0,1982	0,1369	0,0669	0,0278	0,0143	0,0031	0,0002	*18*	
	3	0,0010	0,0596	0,1901	0,2379	0,2054	0,1339	0,0716	0,0429	0,0123	0,0011	*17*	
	4	0,0000	0,0133	0,0898	0,2022	0,2182	0,1897	0,1304	0,0911	0,0350	0,0046	*16*	
	5		0,0022	0,0319	0,1294	0,1746	0,2023	0,1789	0,1457	0,0746	0,0148	*15*	
	6		0,0003	0,0089	0,0647	0,1091	0,1686	0,1916	0,1821	0,1244	0,0370	*14*	
	7		0,0000	0,0020	0,0259	0,0545	0,1124	0,1643	0,1821	0,1659	0,0739	*13*	
	8			0,0004	0,0084	0,0222	0,0609	0,1144	0,1480	0,1797	0,1201	*12*	
	9			0,0001	0,0022	0,0074	0,0271	0,0654	0,0987	0,1597	0,1602	*11*	
	10			0,0000	0,0005	0,0020	0,0099	0,0308	0,0543	0,1171	0,1762	*10*	
	11				0,0001	0,0005	0,0030	0,0120	0,0247	0,0710	0,1602	*9*	
	12				0,0000	0,0001	0,0008	0,0039	0,0092	0,0355	0,1201	*8*	
	13					0,0000	0,0002	0,0010	0,0028	0,0146	0,0739	*7*	
	14						0,0000	0,0002	0,0007	0,0049	0,0370	*6*	
	15							0,0000	0,0001	0,0013	0,0148	*5*	
	16								0,0000	0,0003	0,0046	*4*	
	17									0,0000	0,0011	*3*	
	18										0,0002	*2*	
	19										0,0000	*1*	
	20											*0*	
25	0	0,7778	0,2774	0,0718	0,0105	0,0038	0,0008	0,0001	0,0000			*25*	*25*
	1	0,1964	0,3650	0,1994	0,0524	0,0236	0,0063	0,0014	0,0005	0,0000		*24*	
	2	0,0238	0,2305	0,2659	0,1258	0,0708	0,0251	0,0074	0,0030	0,0004	0,0000	*23*	
	3	0,0018	0,0930	0,2265	0,1929	0,1358	0,0641	0,0243	0,0114	0,0019	0,0001	*22*	
	4	0,0001	0,0269	0,1384	0,2122	0,1867	0,1175	0,0572	0,0313	0,0071	0,0004	*21*	
	5	0,0000	0,0060	0,0646	0,1782	0,1960	0,1645	0,1030	0,0658	0,0199	0,0016	*20*	
	6		0,0010	0,0239	0,1188	0,1633	0,1828	0,1472	0,1096	0,0442	0,0053	*19*	
	7		0,0001	0,0072	0,0645	0,1108	0,1654	0,1712	0,1487	0,0800	0,0143	*18*	
	8		0,0000	0,0018	0,0290	0,0623	0,1241	0,1651	0,1673	0,1200	0,0322	*17*	
	9			0,0004	0,0110	0,0294	0,0781	0,1336	0,1580	0,1511	0,0609	*16*	
	10			0,0001	0,0035	0,0118	0,0417	0,0916	0,1264	0,1612	0,0974	*15*	
	11			0,0000	0,0010	0,0040	0,0189	0,0536	0,0862	0,1465	0,1328	*14*	
	12				0,0002	0,0012	0,0074	0,0268	0,0503	0,1140	0,1550	*13*	
	13				0,0000	0,0003	0,0025	0,0115	0,0251	0,0760	0,1550	*12*	
	14					0,0001	0,0007	0,0042	0,0108	0,0434	0,1328	*11*	
	15					0,0000	0,0002	0,0013	0,0040	0,0212	0,0974	*10*	
	16						0,0000	0,0004	0,0012	0,0088	0,0609	*9*	
	17							0,0001	0,0003	0,0031	0,0322	*8*	
	18							0,0000	0,0001	0,0009	0,0143	*7*	
	19								0,0000	0,0002	0,0053	*6*	
	20									0,0000	0,0016	*5*	
	21										0,0004	*4*	
	22										0,0001	*3*	
	23										0,0000	*2*	
n	k	*p* *0,99*	*0,95*	*0,9*	$\frac{5}{6}$	*0,8*	*0,75*	*0,7*	$\frac{2}{3}$	*0,6*	*0,5*	*k*	*n*

Alle freien Plätze dieser Seite würden durch das Runden auf vier Nachkommastellen den Wert 0,0000 enthalten.

Wertetafel zur Binomialverteilung (n = 50)

$$P(X=k)=\binom{n}{k}\cdot p^k\cdot(1-p)^{n-k}$$

n	k	p 0,01	0,05	0,1	$\frac{1}{6}$	0,2	0,25	0,3	$\frac{1}{3}$	0,4	0,5	*k*	*n*
	0	0,6050	0,0769	0,0052	0,0001	0,0000						*50*	
	1	0,3056	0,2025	0,0286	0,0011	0,0002	0,0000					*49*	
	2	0,0756	0,2611	0,0779	0,0054	0,0011	0,0001					*48*	
	3	0,0122	0,2199	0,1386	0,0172	0,0044	0,0004	0,0000				*47*	
	4	0,0015	0,1360	0,1809	0,0405	0,0128	0,0016	0,0001	0,0000			*46*	
	5	0,0001	0,0658	0,1849	0,0745	0,0295	0,0049	0,0006	0,0001			*45*	
	6	0,0000	0,0260	0,1541	0,1118	0,0554	0,0123	0,0018	0,0004			*44*	
	7		0,0086	0,1076	0,1405	0,0870	0,0259	0,0048	0,0012	0,0000		*43*	
	8		0,0024	0,0643	0,1510	0,1169	0,0463	0,0110	0,0033	0,0002		*42*	
	9		0,0006	0,0333	0,1410	0,1364	0,0721	0,0220	0,0077	0,0005		*41*	
	10		0,0001	0,0152	0,1156	0,1398	0,0985	0,0386	0,0157	0,0014		*40*	
	11		0,0000	0,0061	0,0841	0,1271	0,1194	0,0602	0,0286	0,0035	0,0000	*39*	
	12			0,0022	0,0546	0,1033	0,1294	0,0838	0,0465	0,0076	0,0001	*38*	
	13			0,0007	0,0319	0,0755	0,1261	0,1050	0,0679	0,0147	0,0003	*37*	
	14			0,0002	0,0169	0,0499	0,1110	0,1189	0,0898	0,0260	0,0008	*36*	
	15			0,0001	0,0081	0,0299	0,0888	0,1223	0,1077	0,0415	0,0020	*35*	
	16			0,0000	0,0035	0,0164	0,0648	0,1147	0,1178	0,0606	0,0044	*34*	
	17				0,0014	0,0082	0,0432	0,0983	0,1178	0,0808	0,0087	*33*	
	18				0,0005	0,0037	0,0264	0,0772	0,1080	0,0987	0,0160	*32*	
50	19				0,0002	0,0016	0,0148	0,0558	0,0910	0,1109	0,0270	*31*	*50*
	20				0,0001	0,0006	0,0077	0,0370	0,0705	0,1146	0,0419	*30*	
	21				0,0000	0,0002	0,0036	0,0227	0,0503	0,1091	0,0598	*29*	
	22					0,0001	0,0016	0,0128	0,0332	0,0959	0,0788	*28*	
	23					0,0000	0,0006	0,0067	0,0202	0,0778	0,0960	*27*	
	24						0,0002	0,0032	0,0114	0,0584	0,1080	*26*	
	25						0,0001	0,0014	0,0059	0,0405	0,1123	*25*	
	26						0,0000	0,0006	0,0028	0,0259	0,1080	*24*	
	27							0,0002	0,0013	0,0154	0,0960	*23*	
	28							0,0001	0,0005	0,0084	0,0788	*22*	
	29							0,0000	0,0002	0,0043	0,0598	*21*	
	30								0,0001	0,0020	0,0419	*20*	
	31								0,0000	0,0009	0,0270	*19*	
	32									0,0003	0,0160	*18*	
	33									0,0001	0,0087	*17*	
	34									0,0000	0,0044	*16*	
	35										0,0020	*15*	
	36										0,0008	*14*	
	37										0,0003	*13*	
	38										0,0001	*12*	
	39										0,0000	*11*	
n	k	*p* *0,99*	*0,95*	*0,9*	$\frac{5}{6}$	*0,8*	*0,75*	*0,7*	$\frac{2}{3}$	*0,6*	*0,5*	*k*	*n*

Alle freien Plätze dieser Seite würden durch das Runden auf vier Nachkommastellen den Wert 0,0000 enthalten.

Wertetafel zur Binomialverteilung (n = 100)

$$P(X=k)=\binom{n}{k}\cdot p^k\cdot(1-p)^{n-k}$$

n	k	p 0,01	0,05	0,1	$\frac{1}{6}$	0,2	0,25	0,3	$\frac{1}{3}$	0,4	0,5	k	n
100	0	0,3660	0,0059	0,0000								100	100
	1	0,3697	0,0312	0,0003								99	
	2	0,1849	0,0812	0,0016								98	
	3	0,0610	0,1396	0,0059	0,0000							97	
	4	0,0149	0,1781	0,0159	0,0001							96	
	5	0,0029	0,1800	0,0339	0,0003	0,0000						95	
	6	0,0005	0,1500	0,0596	0,0009	0,0001						94	
	7	0,0001	0,1060	0,0889	0,0025	0,0002						93	
	8	0,0000	0,0649	0,1148	0,0058	0,0006						92	
	9		0,0349	0,1304	0,0118	0,0015	0,0000					91	
	10		0,0167	0,1319	0,0214	0,0034	0,0001					90	
	11		0,0072	0,1199	0,0350	0,0069	0,0003					89	
	12		0,0028	0,0988	0,0520	0,0128	0,0006					88	
	13		0,0010	0,0743	0,0703	0,0216	0,0014	0,0000				87	
	14		0,0003	0,0513	0,0874	0,0335	0,0030	0,0001				86	
	15		0,0001	0,0327	0,1002	0,0481	0,0057	0,0002	0,0000			85	
	16		0,0000	0,0193	0,1065	0,0638	0,0100	0,0006	0,0001			84	
	17			0,0106	0,1052	0,0789	0,0165	0,0012	0,0001			83	
	18			0,0054	0,0971	0,0909	0,0254	0,0024	0,0003			82	
	19			0,0026	0,0838	0,0981	0,0365	0,0044	0,0006			81	
	20			0,0012	0,0679	0,0993	0,0493	0,0076	0,0013			80	
	21			0,0005	0,0517	0,0946	0,0626	0,0124	0,0024	0,0000		79	
	22			0,0002	0,0371	0,0849	0,0749	0,0190	0,0043	0,0001		78	
	23			0,0001	0,0252	0,0720	0,0847	0,0277	0,0073	0,0001		77	
	24			0,0000	0,0162	0,0577	0,0906	0,0380	0,0117	0,0003		76	
	25				0,0098	0,0439	0,0918	0,0496	0,0178	0,0006		75	
	26				0,0057	0,0316	0,0883	0,0613	0,0256	0,0012		74	
	27				0,0031	0,0217	0,0806	0,0720	0,0351	0,0022		73	
	28				0,0016	0,0141	0,0701	0,0804	0,0458	0,0038		72	
	29				0,0008	0,0088	0,0580	0,0856	0,0569	0,0063		71	
	30				0,0004	0,0052	0,0458	0,0868	0,0673	0,0100	0,0000	70	
	31				0,0002	0,0029	0,0344	0,0840	0,0760	0,0151	0,0001	69	
	32				0,0001	0,0016	0,0248	0,0776	0,0819	0,0217	0,0001	68	
	33				0,0000	0,0008	0,0170	0,0685	0,0844	0,0297	0,0002	67	
	34					0,0004	0,0112	0,0579	0,0831	0,0391	0,0005	66	
	35					0,0002	0,0070	0,0468	0,0784	0,0491	0,0009	65	
	36					0,0001	0,0042	0,0362	0,0708	0,0591	0,0016	64	
	37					0,0000	0,0024	0,0268	0,0612	0,0682	0,0027	63	
	38						0,0013	0,0191	0,0507	0,0754	0,0045	62	
	39						0,0007	0,0130	0,0403	0,0799	0,0071	61	
	40						0,0004	0,0085	0,0308	0,0812	0,0108	60	
	41						0,0002	0,0053	0,0225	0,0792	0,0159	59	
	42						0,0001	0,0032	0,0158	0,0742	0,0223	58	
	43						0,0000	0,0019	0,0107	0,0667	0,0301	57	
	44							0,0010	0,0069	0,0576	0,0390	56	
	45							0,0005	0,0043	0,0478	0,0485	55	
	46							0,0003	0,0026	0,0381	0,0580	54	
	47							0,0001	0,0015	0,0292	0,0666	53	
	48							0,0001	0,0008	0,0215	0,0735	52	
	49							0,0000	0,0004	0,0152	0,0780	51	
	50								0,0002	0,0103	0,0796	50	
	51								0,0001	0,0068	0,0780	49	
	52								0,0001	0,0042	0,0735	48	
	53								0,0000	0,0026	0,0666	47	
	54									0,0015	0,0580	46	
	55									0,0008	0,0485	45	
	56									0,0004	0,0390	44	
	57									0,0002	0,0301	43	
	58									0,0001	0,0223	42	
	59									0,0001	0,0159	41	
	60									0,0000	0,0108	40	
	61										0,0071	39	
	62										0,0045	38	
	63										0,0027	37	
	64										0,0016	36	
	65										0,0009	35	
	66										0,0005	34	
	67										0,0002	33	
	68										0,0001	32	
	69										0,0001	31	
n	k	p 0,99	0,95	0,9	$\frac{5}{6}$	0,8	0,75	0,7	$\frac{2}{3}$	0,6	0,5	k	n

Alle freien Plätze dieser Seite würden durch das Runden auf vier Nachkommastellen den Wert 0,0000 enthalten.

Summierte Binomialverteilung (n = 10; 20; 25)

$$P(X \le k) = \sum_{i=0}^{k} \binom{n}{i} \cdot p^i \cdot (1-p)^{n-i}$$

n	k	p: 0,01	0,05	0,1	$\frac{1}{6}$	0,2	0,25	0,3	$\frac{1}{3}$	0,4	0,5	*k*	*n*
10	0	0,9044	0,5987	0,3487	0,1615	0,1074	0,0563	0,0282	0,0173	0,0060	0,0010	*9*	*10*
	1	0,9957	0,9139	0,7361	0,4845	0,3758	0,2440	0,1493	0,1040	0,0464	0,0107	*8*	
	2	0,9999	0,9885	0,9298	0,7752	0,6778	0,5256	0,3828	0,2991	0,1673	0,0547	*7*	
	3	1,0000	0,9990	0,9872	0,9303	0,8791	0,7759	0,6496	0,5593	0,3823	0,1719	*6*	
	4		0,9999	0,9984	0,9845	0,9672	0,9219	0,8497	0,7869	0,6331	0,3770	*5*	
	5		1,0000	0,9999	0,9976	0,9936	0,9803	0,9527	0,9234	0,8338	0,6230	*4*	
	6			1,0000	0,9997	0,9991	0,9965	0,9894	0,9803	0,9452	0,8281	*3*	
	7				1,0000	0,9999	0,9996	0,9984	0,9966	0,9877	0,9453	*2*	
	8					1,0000	1,0000	0,9999	0,9996	0,9983	0,9893	*1*	
	9							1,0000	1,0000	0,9999	0,9990	*0*	
20	0	0,8179	0,3585	0,1216	0,0261	0,0115	0,0032	0,0008	0,0003	0,0000	0,0000	*19*	*20*
	1	0,9831	0,7358	0,3917	0,1304	0,0692	0,0243	0,0076	0,0033	0,0005	0,0000	*18*	
	2	0,9990	0,9245	0,6769	0,3287	0,2061	0,0913	0,0355	0,0176	0,0036	0,0002	*17*	
	3	1,0000	0,9841	0,8670	0,5665	0,4114	0,2252	0,1071	0,0604	0,0160	0,0013	*16*	
	4		0,9974	0,9568	0,7687	0,6296	0,4148	0,2375	0,1515	0,0510	0,0059	*15*	
	5		0,9997	0,9887	0,8982	0,8042	0,6172	0,4164	0,2972	0,1256	0,0207	*14*	
	6		1,0000	0,9976	0,9629	0,9133	0,7858	0,6080	0,4793	0,2500	0,0577	*13*	
	7			0,9996	0,9887	0,9679	0,8982	0,7723	0,6615	0,4159	0,1316	*12*	
	8			0,9999	0,9972	0,9900	0,9591	0,8867	0,8095	0,5956	0,2517	*11*	
	9			1,0000	0,9994	0,9974	0,9861	0,9520	0,9081	0,7553	0,4119	*10*	
	10				0,9999	0,9994	0,9961	0,9829	0,9624	0,8725	0,5881	*9*	
	11				1,0000	0,9999	0,9991	0,9949	0,9870	0,9435	0,7483	*8*	
	12					1,0000	0,9998	0,9987	0,9963	0,9790	0,8684	*7*	
	13						1,0000	0,9997	0,9991	0,9935	0,9423	*6*	
	14							1,0000	0,9998	0,9984	0,9793	*5*	
	15								1,0000	0,9997	0,9941	*4*	
	16									1,0000	0,9987	*3*	
	17										0,9998	*2*	
	18										1,0000	*1*	
25	0	0,7778	0,2774	0,0718	0,0105	0,0038	0,0008	0,0001	0,0000	0,0000	0,0000	*24*	*25*
	1	0,9742	0,6424	0,2712	0,0629	0,0274	0,0070	0,0016	0,0005	0,0001	0,0000	*23*	
	2	0,9980	0,8729	0,5371	0,1887	0,0982	0,0321	0,0090	0,0035	0,0004	0,0000	*22*	
	3	0,9999	0,9659	0,7636	0,3816	0,2340	0,0962	0,0332	0,0149	0,0024	0,0001	*21*	
	4	1,0000	0,9928	0,9020	0,5937	0,4207	0,2137	0,0905	0,0462	0,0095	0,0005	*20*	
	5		0,9988	0,9666	0,7720	0,6167	0,3783	0,1935	0,1120	0,0294	0,0020	*19*	
	6		0,9998	0,9905	0,8908	0,7800	0,5611	0,3407	0,2215	0,0736	0,0073	*18*	
	7		1,0000	0,9977	0,9553	0,8909	0,7265	0,5118	0,3703	0,1536	0,0216	*17*	
	8			0,9995	0,9843	0,9532	0,8506	0,6769	0,5376	0,2735	0,0539	*16*	
	9			0,9999	0,9953	0,9827	0,9287	0,8106	0,6956	0,4246	0,1148	*15*	
	10			1,0000	0,9988	0,9944	0,9703	0,9022	0,8220	0,5858	0,2122	*14*	
	11				0,9997	0,9985	0,9893	0,9558	0,9082	0,7323	0,3450	*13*	
	12				0,9999	0,9996	0,9966	0,9825	0,9585	0,8462	0,5000	*12*	
	13				1,0000	0,9999	0,9991	0,9940	0,9836	0,9222	0,6550	*11*	
	14					1,0000	0,9998	0,9982	0,9944	0,9656	0,7878	*10*	
	15						1,0000	0,9995	0,9984	0,9868	0,8852	*9*	
	16							0,9999	0,9996	0,9957	0,9461	*8*	
	17							1,0000	0,9999	0,9988	0,9784	*7*	
	18								1,0000	0,9997	0,9927	*6*	
	19									0,9999	0,9980	*5*	
	20									1,0000	0,9995	*4*	
	21										0,9999	*3*	
	22										1,0000	*2*	
n	k	*p*: *0,99*	*0,95*	*0,9*	$\frac{5}{6}$	*0,8*	*0,75*	*0,7*	$\frac{2}{3}$	*0,6*	*0,5*	*k*	*n*

Alle freien Plätze dieser Seite würden durch das Runden auf vier Nachkommastellen den Wert 1,0000 enthalten.

Werden Werte über den nicht hinterlegten, kursiv gedruckten Eingang der Tabelle abgelesen, also für $p \ge 0{,}5$, muss die Differenz $1 - (\text{abgelesener Wert})$ ermittelt werden.

Summierte Binomialverteilung (n = 50)

$$P(X \le k) = \sum_{i=0}^{k} \binom{n}{i} \cdot p^i \cdot (1-p)^{n-i}$$

n	k	p 0,01	0,05	0,1	$\frac{1}{6}$	0,2	0,25	0,3	$\frac{1}{3}$	0,4	0,5	*k*	*n*
	0	0,6050	0,0769	0,0052	0,0001	0,0000	0,0000	0,0000	0,0000	0,0000	0,0000	*49*	
	1	0,9106	0,2794	0,0338	0,0012	0,0002	0,0000	0,0000	0,0000	0,0000	0,0000	*48*	
	2	0,9862	0,5405	0,1117	0,0066	0,0013	0,0001	0,0000	0,0000	0,0000	0,0000	*47*	
	3	0,9984	0,7604	0,2503	0,0238	0,0057	0,0005	0,0000	0,0000	0,0000	0,0000	*46*	
	4	0,9999	0,8964	0,4312	0,0643	0,0185	0,0021	0,0002	0,0000	0,0000	0,0000	*45*	
	5	1,0000	0,9622	0,6161	0,1388	0,0480	0,0070	0,0007	0,0001	0,0000	0,0000	*44*	
	6		0,9882	0,7702	0,2506	0,1034	0,0194	0,0025	0,0005	0,0000	0,0000	*43*	
	7		0,9968	0,8779	0,3911	0,1904	0,0453	0,0073	0,0017	0,0001	0,0000	*42*	
	8		0,9992	0,9421	0,5421	0,3073	0,0916	0,0183	0,0050	0,0002	0,0000	*41*	
	9		0,9998	0,9755	0,6830	0,4437	0,1637	0,0402	0,0127	0,0008	0,0000	*40*	
	10		1,0000	0,9906	0,7986	0,5836	0,2622	0,0789	0,0284	0,0022	0,0000	*39*	
	11			0,9968	0,8827	0,7107	0,3816	0,1390	0,0570	0,0057	0,0000	*38*	
	12			0,9990	0,9373	0,8139	0,5110	0,2229	0,1035	0,0133	0,0002	*37*	
	13			0,9997	0,9693	0,8894	0,6370	0,3279	0,1715	0,0280	0,0005	*36*	
	14			0,9999	0,9862	0,9393	0,7481	0,4468	0,2612	0,0540	0,0013	*35*	
	15			1,0000	0,9943	0,9692	0,8369	0,5692	0,3690	0,0955	0,0033	*34*	
	16				0,9978	0,9856	0,9017	0,6839	0,4868	0,1561	0,0077	*33*	
	17				0,9992	0,9937	0,9449	0,7822	0,6046	0,2369	0,0164	*32*	
	18				0,9997	0,9975	0,9713	0,8594	0,7126	0,3356	0,0325	*31*	
50	19				0,9999	0,9991	0,9861	0,9152	0,8036	0,4465	0,0595	*30*	*50*
	20				1,0000	0,9997	0,9937	0,9522	0,8741	0,5610	0,1013	*29*	
	21					0,9999	0,9974	0,9749	0,9244	0,6701	0,1611	*28*	
	22					1,0000	0,9990	0,9877	0,9576	0,7660	0,2399	*27*	
	23						0,9996	0,9944	0,9778	0,8438	0,3359	*26*	
	24						0,9999	0,9976	0,9892	0,9022	0,4439	*25*	
	25						1,0000	0,9991	0,9951	0,9427	0,5561	*24*	
	26							0,9997	0,9979	0,9686	0,6641	*23*	
	27							0,9999	0,9992	0,9840	0,7601	*22*	
	28							1,0000	0,9997	0,9924	0,8389	*21*	
	29								0,9999	0,9966	0,8987	*20*	
	30								1,0000	0,9986	0,9405	*19*	
	31									0,9995	0,9675	*18*	
	32									0,9998	0,9836	*17*	
	33									0,9999	0,9923	*16*	
	34									1,0000	0,9967	*15*	
	35										0,9987	*14*	
	36										0,9995	*13*	
	37										0,9998	*12*	
	38										1,0000	*11*	
n	k	*p 0,99*	*0,95*	*0,9*	$\frac{5}{6}$	*0,8*	*0,75*	*0,7*	$\frac{2}{3}$	*0,6*	*0,5*	*k*	*n*

Alle freien Plätze dieser Seite würden durch das Runden auf vier Nachkommastellen den Wert 1,0000 enthalten.

Werden Werte über den nicht hinterlegten, kursiv gedruckten Eingang der Tabelle abgelesen, also für $p \ge 0,5$, muss die Differenz $1-$(abgelesener Wert) ermittelt werden.

Summierte Binomialverteilung (n = 100)

$$P(X \le k) = \sum_{i=0}^{k} \binom{n}{i} \cdot p^i \cdot (1-p)^{n-i}$$

n	k	p 0,01	0,05	0,1	$\frac{1}{6}$	0,2	0,25	0,3	$\frac{1}{3}$	0,4	0,5	*k*	*n*
100	0	0,3660	0,0059	0,0000	0,0000	0,0000	0,0000	0,0000	0,0000	0,0000	0,0000	*99*	*100*
	1	0,7358	0,0371	0,0003	0,0000	0,0000	0,0000	0,0000	0,0000	0,0000	0,0000	*98*	
	2	0,9206	0,1183	0,0019	0,0000	0,0000	0,0000	0,0000	0,0000	0,0000	0,0000	*97*	
	3	0,9816	0,2578	0,0078	0,0000	0,0000	0,0000	0,0000	0,0000	0,0000	0,0000	*96*	
	4	0,9966	0,4360	0,0237	0,0001	0,0000	0,0000	0,0000	0,0000	0,0000	0,0000	*95*	
	5	0,9995	0,6160	0,0576	0,0004	0,0000	0,0000	0,0000	0,0000	0,0000	0,0000	*94*	
	6	0,9999	0,7660	0,1172	0,0013	0,0001	0,0000	0,0000	0,0000	0,0000	0,0000	*93*	
	7	1,0000	0,8720	0,2061	0,0038	0,0003	0,0000	0,0000	0,0000	0,0000	0,0000	*92*	
	8		0,9369	0,3209	0,0095	0,0009	0,0000	0,0000	0,0000	0,0000	0,0000	*91*	
	9		0,9718	0,4513	0,0213	0,0023	0,0000	0,0000	0,0000	0,0000	0,0000	*90*	
	10		0,9885	0,5832	0,0427	0,0057	0,0001	0,0000	0,0000	0,0000	0,0000	*89*	
	11		0,9957	0,7030	0,0777	0,0126	0,0004	0,0000	0,0000	0,0000	0,0000	*88*	
	12		0,9985	0,8018	0,1297	0,0253	0,0010	0,0000	0,0000	0,0000	0,0000	*87*	
	13		0,9995	0,8761	0,2000	0,0469	0,0025	0,0001	0,0000	0,0000	0,0000	*86*	
	14		0,9999	0,9274	0,2874	0,0804	0,0054	0,0002	0,0000	0,0000	0,0000	*85*	
	15		1,0000	0,9601	0,3877	0,1285	0,0111	0,0004	0,0000	0,0000	0,0000	*84*	
	16			0,9794	0,4942	0,1923	0,0211	0,0010	0,0001	0,0000	0,0000	*83*	
	17			0,9900	0,5994	0,2712	0,0376	0,0022	0,0002	0,0000	0,0000	*82*	
	18			0,9954	0,6965	0,3621	0,0630	0,0045	0,0005	0,0000	0,0000	*81*	
	19			0,9980	0,7803	0,4602	0,0995	0,0089	0,0011	0,0000	0,0000	*80*	
	20			0,9992	0,8481	0,5595	0,1488	0,0165	0,0024	0,0000	0,0000	*79*	
	21			0,9997	0,8998	0,6540	0,2114	0,0288	0,0048	0,0000	0,0000	*78*	
	22			0,9999	0,9369	0,7389	0,2864	0,0479	0,0091	0,0001	0,0000	*77*	
	23			1,0000	0,9621	0,8109	0,3711	0,0755	0,0164	0,0003	0,0000	*76*	
	24				0,9783	0,8686	0,4617	0,1136	0,0281	0,0006	0,0000	*75*	
	25				0,9881	0,9125	0,5535	0,1631	0,0458	0,0012	0,0000	*74*	
	26				0,9938	0,9442	0,6417	0,2244	0,0715	0,0024	0,0000	*73*	
	27				0,9969	0,9658	0,7224	0,2964	0,1066	0,0046	0,0000	*72*	
	28				0,9985	0,9800	0,7925	0,3768	0,1524	0,0084	0,0000	*71*	
	29				0,9993	0,9888	0,8505	0,4623	0,2093	0,0148	0,0000	*70*	
	30				0,9997	0,9939	0,8962	0,5491	0,2766	0,0248	0,0000	*69*	
	31				0,9999	0,9969	0,9307	0,6331	0,3525	0,0398	0,0001	*68*	
	32				1,0000	0,9984	0,9554	0,7107	0,4344	0,0615	0,0002	*67*	
	33					0,9993	0,9724	0,7793	0,5188	0,0913	0,0004	*66*	
	34					0,9997	0,9836	0,8371	0,6019	0,1303	0,0009	*65*	
	35					0,9999	0,9906	0,8839	0,6803	0,1795	0,0018	*64*	
	36					0,9999	0,9948	0,9201	0,7511	0,2386	0,0033	*63*	
	37					1,0000	0,9973	0,9470	0,8123	0,3068	0,0060	*62*	
	38						0,9986	0,9660	0,8630	0,3822	0,0105	*61*	
	39						0,9993	0,9790	0,9034	0,4621	0,0176	*60*	
	40						0,9997	0,9875	0,9341	0,5433	0,0284	*59*	
	41						0,9999	0,9928	0,9566	0,6225	0,0443	*58*	
	42						0,9999	0,9960	0,9724	0,6967	0,0666	*57*	
	43						1,0000	0,9979	0,9831	0,7635	0,0967	*56*	
	44							0,9989	0,9900	0,8211	0,1356	*55*	
	45							0,9995	0,9943	0,8689	0,1841	*54*	
	46							0,9997	0,9969	0,9070	0,2421	*53*	
	47							0,9999	0,9983	0,9362	0,3086	*52*	
	48							0,9999	0,9991	0,9577	0,3822	*51*	
	49							1,0000	0,9996	0,9729	0,4602	*50*	
	50								0,9998	0,9832	0,5398	*49*	
	51								0,9999	0,9900	0,6178	*48*	
	52								1,0000	0,9942	0,6914	*47*	
	53									0,9968	0,7579	*46*	
	54									0,9983	0,8159	*45*	
	55									0,9991	0,8644	*44*	
	56									0,9996	0,9033	*43*	
	57									0,9998	0,9334	*42*	
	58									0,9999	0,9557	*41*	
	59									1,0000	0,9716	*40*	
	60										0,9824	*39*	
	61										0,9895	*38*	
	62										0,9940	*37*	
	63										0,9967	*36*	
	64										0,9982	*35*	
	65										0,9991	*34*	
	66										0,9996	*33*	
	67										0,9998	*32*	
	68										0,9999	*31*	
	69										1,0000	*30*	
n	k	*p 0,99*	*0,95*	*0,9*	$\frac{5}{6}$	*0,8*	*0,75*	*0,7*	$\frac{2}{3}$	*0,6*	*0,5*	*k*	*n*

Alle freien Plätze dieser Seite würden durch das Runden auf vier Nachkommastellen den Wert 1,0000 enthalten.

Werden Werte über den nicht hinterlegten, *kursiv* gedruckten Eingang der Tabelle abgelesen, also für $p \ge 0{,}5$, muss die Differenz 1 – (abgelesener Wert) ermittelt werden.

Stichwortverzeichnis

Ihr Feedback zu diesem Buch

Für Ihre Anregungen, Hinweise und Bewertungen sind wir dankbar und offen.
Sie helfen damit, dieses Buch noch weiter zu optimieren ... für einen bestmöglichen Erfolg im Mathe-Abi.

Als einfache und schnelle Verfahren bieten sich folgende Wege für Ihr Feedback an:

* per Post: einfach dieses Blatt im frankierten Umschlag zurücksenden;
* per Fax: an unsere Faxnummer 0761 45699 45;
* per E-mail: an info@freiburger-verlag.de;
* per Internet: unter www.freiburger-verlag.de.

Besten Dank für Ihre Mithilfe! Zudem erhalten Sie für alle Vorschläge, die in Folgeauflagen eingearbeitet werden, als Dankeschön eine kleine Aufmerksamkeit von uns.

Erfolg im Mathe-Abi NRW
Das Prüfungsaufgaben-Übungsbuch für den Grundkurs

Seite	Anregung

Erfolg im Mathe-Abi NRW

Übungsbücher für das Basiswissen und für Prüfungsaufgaben

Freiburger Verlag GmbH
›Erfolg im Mathe-Abi‹
Hartkirchweg 37

79111 Freiburg

Fax: 0761 45699 45

Absender:

Name / Vorname / Position	Kundennummer, falls bekannt
Straße / Nr.	Schule
PLZ / Ort	Klasse
Tel. für Rückfragen	Schuladresse
email-Adresse	

Besten Dank für Ihre Mithilfe!
Ihr Freiburger-Verlags-Team